全国高职高专"十三五"规划教材

计算机应用基础

（Windows 7+Office 2010 版）

主　编　杨建存

副主编　张江荣　陈元丁　杨运涛
　　　　玉　冰　张　婧　王康碧　龚　薇

中国水利水电出版社
www.waterpub.com.cn
·北京·

内 容 提 要

　　本书采用由浅入深、循序渐进的原则，以相关知识为重点，以加强动手能力为目标。全书共分 6 章，主要内容包括计算机基础知识、Windows 7 操作系统、文字处理软件 Word 2010、电子表格软件 Excel 2010、演示文稿软件 PowerPoint 2010、计算机网络基础知识。

　　本书能够帮助读者提高计算机的基本操作能力，满足生活和工作对计算机应用能力的基本要求，同时为进一步学习计算机知识打下扎实的基础。

　　本书特别适合教学使用，其目的是帮助学生学会计算机的基本使用方法，培养学生的应用能力和动手能力，使学生掌握计算机的基本操作、Windows 7 操作系统的使用、常用办公软件的应用及网络的使用。

图书在版编目（CIP）数据

计算机应用基础 : Windows 7+Office 2010版 / 杨建存主编. -- 北京 : 中国水利水电出版社，2018.6
　全国高职高专"十三五"规划教材
　ISBN 978-7-5170-6533-3

　Ⅰ. ①计… Ⅱ. ①杨… Ⅲ. ①Windows操作系统－高等职业教育－教材②办公自动化－应用软件－高等职业教育－教材③Office 2010 Ⅳ. ①TP316.7②TP317.1

中国版本图书馆CIP数据核字(2018)第129972号

策划编辑：寇文杰　责任编辑：张玉玲　加工编辑：王玉梅　封面设计：李　佳

书　　名	全国高职高专"十三五"规划教材 计算机应用基础（Windows 7+Office 2010 版） JISUANJI YINGYONG JICHU（WINDOWS 7+OFFICE 2010 BAN）
作　　者	主　编　杨建存 副主编　张江荣　陈元丁　杨运涛 　　　　玉　冰　张　婧　王康碧　龚　薇
出版发行	中国水利水电出版社 （北京市海淀区玉渊潭南路 1 号 D 座　100038） 网址：www.waterpub.com.cn E-mail：mchannel@263.net（万水） 　　　　sales@waterpub.com.cn 电话：(010) 68367658（营销中心）、82562819（万水）
经　　售	全国各地新华书店和相关出版物销售网点
排　　版	北京万水电子信息有限公司
印　　刷	三河市鑫金马印装有限公司
规　　格	184mm×260mm　16 开本　17.25 印张　435 千字
版　　次	2018 年月 6 第 1 版　2018 年 6 月第 1 次印刷
印　　数	0001—5000 册
定　　价	39.00 元

编写委员会

主　任　张江荣　梁　盈

副主任　杨运涛　谭　琳　徐开宏　杨　锐

委　员　王　颖　常　勇　陈晓娜

　　　　李长科　田素琼　赵　芸

　　　　李道全　马晨晔　陈百丽

前　言

　　本书根据高职高专人才培养的新要求，凝聚了大量长期从事计算机基础课程老师的经验，在综合大量同类书籍的基础上，结合目前计算机发展现状编写而成。本着以实用为基础，以能力为目标的原则，本书既注重相关理论知识的学习，又注重相应操作技能的培养，目的就是为初学计算机的读者提供一本从入门到能应用会应用的教材。书中除基础知识外，还包含大量的应用案例，是学习计算机基础知识的指导教材。

　　本书由计算机基础知识、Windows 7 基础、Word 文字处理、Excel 电子表格、PowerPoint 演示文稿、计算机网络基础组成。

　　全书共分 6 章：

　　第 1 章：计算机基础知识，介绍了计算机硬件及软件概念。

　　第 2 章：Windows 7 操作系统，介绍了 Windows 7 系统组成及操作方法。

　　第 3 章：文字处理软件 Word 2010，介绍了利用 Word 2010 进行文档的录入及编辑等操作技术。

　　第 4 章：电子表格软件 Excel 2010，介绍了利用 Excel 2010 处理数据等操作技术。

　　第 5 章：演示文稿软件 PowerPoint 2010，介绍了演示文稿的建立、编辑及放映方法。

　　第 6 章：计算机网络基础知识，介绍了计算机网络的基础知识，常用网络软件及网络应用。

　　本书由杨建存主编，张江荣、陈元丁、杨运涛、玉冰、张婧、王康碧、龚薇任副主编。参与本书大纲讨论和部分内容编写的还有王颖、常勇、陈晓娜、李长科、田素琼、赵芸、李道全、马晨晔、陈百丽。由于计算机知识发展较快，加上我们的时间及知识有限，编写时难免出现错误，恳请广大读者批评指正，在此表示衷心的感谢。

编者

2018 年 4 月

目　　录

第 1 章　计算机基础知识

【学习目标】

● 掌握计算机系统组成关系；
● 掌握主要配件功能，理解参数意义；
● 根据需求选配计算机，能填写、阅读计算机配置清单，并把握市场价格；
● 熟练运用主键盘、小键盘录入，具有盲打能力。

【重点难点】

● 计算机系统组成关系；
● 数制转换方法。

电子计算机又称电脑，是 20 世纪最杰出的科技成就之一，是人类科学发展史上的重要里程碑。计算机及互联网正在改变着人们的生活、学习和工作方式，推动着世界各国经济的发展和社会的进步。随着数字化技术的发展，计算机、通信和办公自动化工具进一步走向融合，计算机已经成为办公自动化最基本的工具。

虽然计算机从出现到现在已经发生了巨大的变化，但在基本的硬件结构方面，一直沿用冯·诺依曼的体系结构。1946 年，美籍匈牙利数学家冯·诺依曼提出了一个全新的"内存储程序通用电子计算机方案"。此方案中冯·诺依曼总结并提出了三条思想。

第一，采用二进制表示数据和指令。

第二，计算机由运算器、控制器、存储器、输入设备和输出设备五个基本部分组成，也称计算机的五大部件，其结构如图 1-1 所示。

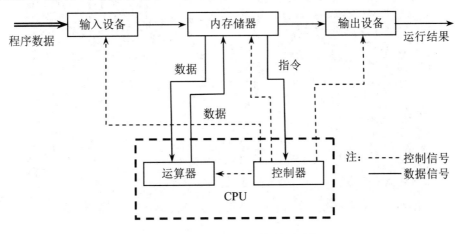

图 1-1　冯·诺依曼计算机体系结构

第三，存储程序控制。

根据冯·诺依曼体系结构构成的计算机，具有如下功能：

（1）将程序和数据送至计算机中；

（2）必须具有长期记忆程序、数据、中间结果及最终运算结果的能力；

（3）能够完成各种算术、逻辑运算和数据传送等数据加工处理的能力；

（4）能够根据需要控制程序走向，并能根据指令控制机器的各部件协调操作；

（5）能够按照要求将处理结果输出给用户。

为了完成上述的功能，计算机必须具备五大基本组成部件，包括：输入数据和程序的输入设备、记忆程序和数据的存储器、完成数据加工处理的运算器、控制程序执行的控制器、输出处理结果的输出设备。

1.1　计算机的产生和发展

1946 年 2 月，在美国宾夕法尼亚大学诞生了人类历史上第一台现代电子计算机。它就是世界上第一台现代电子计算机"埃尼阿克"（ENIAC），如图 1-2 所示。

这台名为"埃尼阿克"的电子计算机，占地面积达 170m^2，重达 30t；其内部有成千上万个电子管、二极管、电阻器等元件。它的耗电量超过 174kW/h，而且它的电子管平均每隔 15min 就要烧坏一只。然而，"埃尼阿克"的计算速度却是手工计算的 20 万倍、继电器计算机的 1000 倍。它分别在 1s 内进行了 5000 次加法运算和 500 次乘法运算，这比当时最快的继电器计算机的运算速度要快 1000 多倍。美国军方也从中尝到了甜头，因为它计算炮弹弹道只需要 3s，而在此之前，则需要 200 人手工计算两个月。除了常规的弹道计算外，它后来还涉及诸多的科研领域，曾在第一颗原子弹的研制过程中发挥了重要作用。

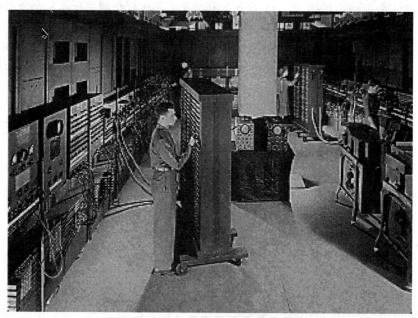

图 1-2　第一台计算机 ENIAC

自第一台计算机问世以来，计算机科学和计算机技术发展异常迅速，越来越多的高性能计算机被研制出来，更新换代的周期越来越短。以计算机中的逻辑部件使用了不同的电子器件和计算机系统结构，将计算机的发展划分为四个阶段。

第一代（1946～1957 年）是电子管计算机。计算机使用的主要逻辑元件是电子管，主存储器先采用延迟线，后采用磁鼓磁芯，外存储器使用磁带。软件方面，用机器语言和汇编语言编写程序。这个时期计算机的特点是，体积庞大、运算速度低（一般每秒几千次到几万次）、成本高、可靠性差、内存容量小。这个时期的计算机主要用于科学计算，从事军事和科学研究方面的工作。

第二代（1958～1964 年）是晶体管计算机。这个时期计算机使用的主要逻辑元件是晶体管，也称晶体管时代。主存储器采用磁芯，外存储器使用磁带和磁盘。软件方面开始使用管理程序，后期使用操作系统并出现了 FORTRAN、COBOL、ALGOL 等一系列高级程序设计语言。这个时期计算机的应用扩展到数据处理、自动控制等方面。计算机的运行速度已提高到每秒几十万次，体积已大大减小，可靠性和内存容量也有较大的提高。

第三代（1965～1970 年）是集成电路计算机。这个时期的计算机用中小规模集成电路代替了分立元件，用半导体存储器代替了磁芯存储器，外存储器使用磁盘。软件方面，操作系统进一步完善，高级语言数量增多，出现了并行处理、多处理机、虚拟存储系统以及面向用户的应用软件。计算机的运行速度也提高到每秒几十万次到几百万次，可靠性和存储容量进一步提高，外部设备种类繁多，计算机和通信密切结合起来，广泛地应用到科学计算、数据处理、事务管理、工业控制等领域。

第四代（1971 年以后）是大规模和超大规模集成电路计算机。这个时期的计算机主要逻辑元件是大规模和超大规模集成电路，一般称大规模集成电路时代。存储器采用半导体存储器，外存储器采用大容量的软、硬磁盘，并开始引入光盘。软件方面，操作系统不断发展和完善，同时发展了数据库管理系统、通信软件等。计算机的发展进入了以计算机网络为特征的时代。计算机的运行速度可达到每秒上千万次到万亿次，计算机的存储容量和可靠性又有了很大提高，功能更加完备。

目前新一代计算机正处在设想和研制阶段。新一代计算机是把信息采集、存储处理、通信和人工智能结合在一起的计算机系统。也就是说，新一代计算机由处理数据信息为主，转向处理知识信息为主，如获取、表达、存储及应用知识等，并有推理、联想和学习（如理解能力、适应能力、思维能力等）等人工智能方面的能力，能帮助人类开拓未知的领域和获取新的知识。

计算机今后的发展趋势有以下几个重要方向：

（1）巨型化。第一台电子计算机，它每秒钟运算速度为 5000 次。而巨型化计算机运算速度通常在每秒几百亿次，存储容量也相对增大，它主要用于天气预报、军事计算等方面。

（2）网络化。计算机网络是计算机技术与现代通信技术相结合的产物。它可以使计算机之间灵活方便地进行对话，相互传输数据、程序和信息，并能实现资源共享。现在很多银行、学校、公司都建立了自己的计算机网络。

（3）微型化。是指体积小、性能好的计算机，如笔记本式计算机。

（4）智能化。利用计算机模拟人脑的部分功能，使计算机具有"电子眼""电子耳"等能力，如智能机器人等。

（5）多媒体化。多媒体是指能同时对文字、图形、图像、声音、动画、活动影像等多种媒体进行编辑、播放、存储，并能同时对它们进行综合处理。如多媒体化教学，通过多媒体视听的结合要比阅读枯燥的课本有趣得多，把教育和娱乐结合在一起。

1.2　我国计算机的发展情况

1956 年，周恩来总理亲自提议、主持、制定我国《十二年科学技术发展规划》，选定了"计算机、电子学、半导体、自动化"作为"发展规划"的四项紧急措施，并制定了计算机科研、生产、教育发展计划。我国计算机事业由此起步。

1958 年，我国第一台自行研制的 331 型军用数字计算机由哈尔滨军事工程学院研制成功。1964 年，我国第一台自行研制的 119 型大型数字计算机在中国科学院计算技术研究所诞生，其运算速度每秒 5 万次，字长 44 位，内存容量 4KB。在该机上完成了我国第一颗氢弹研制的计算任务。

1981 年 3 月，《信息处理交换用汉字编码字符集（基本集）》（GB 2312—80）国家标准正式颁发。这是第一个汉字信息技术标准。1981 年 7 月，由北京大学负责总体设计的汉字激光照排系统原理样机通过鉴定。该系统在激光输出精度和软件的某些功能方面，达到了国际先进水平。

1983 年 12 月，国防科技大学研制成功我国第一台亿次巨型计算机银河-I，运算速度每秒 1 亿次。银河机的研制成功，标志着我国计算机科研水平达到了一个新高度。

1989 年 7 月，金山公司的 WPS 软件问世，它填补了我国计算机字处理软件的空白，并得到了极其广泛的应用。

1990 年，北京用友电子财务技术公司的 UFO 通用财务报表管理系统问世。这个被专家称誉为"中国第一表"的系统，改变了我国报表数据处理软件主要依靠国外产品的局面。

1992 年，国防科技大学计算机研究所研制的巨型计算机"银河-Ⅱ"通过鉴定，该机运行速度为每秒 10 亿次。

1995 年 5 月，国家智能计算机研究开发中心研制出曙光 1000。这是我国独立研制的第一套大规模并行机系统，峰值速度达每秒 25 亿次，实际运算速度超过 10 亿次浮点运算，内存容量为 1024 兆字节。

2005 年 4 月 18 日，"龙芯二号"正式亮相，由中国科学研究院计算技术研究所研制的中国首个拥有自主知识产权的通用高性能 CPU "龙芯二号"正式亮相。

2005 年 5 月 1 日，联想完成并购 IBM PC。联想正式宣布完成对 IBM 全球 PC 业务的收购，联想以合并后年收入约 130 亿美元，个人计算机年销售量约 1400 万台，一跃成为全球第三大 PC 制造商。

2005 年 8 月 5 日，百度 Nasdaq 上市暴涨。国内最大搜索引擎百度公司的股票在美国 Nasdaq 市场挂牌交易，一日之内股价上涨 354%，刷新美国股市 5 年来新上市公司首日涨幅的记录，百度也因此成为股价最高的中国公司，并募集到 1.09 亿美元的资金，比该公司最初预计的数额多出 40%。

2005 年 8 月 11 日，阿里巴巴收购雅虎中国。阿里巴巴公司和雅虎公司同时宣布，阿里巴巴收购雅虎中国全部资产，同时得到雅虎 10 亿美元投资，打造中国最强大的互联网搜索平台，这是中国互联网史上最大的一起并购案。

2007 年 6 月，《电子商务发展"十一五"规划》发布，首次在国家政策层面确立发展电子商务的战略和任务。

2008 年 3 月，工业和信息化部设立，成为互联网行业主管部门。5 月起，社交网站迅速发展。截至 6 月，中国网民人数达 2.53 亿，首次跃居世界第一。

2015 年，我国计算机产业持续平稳低速增长，行业长期提振因素缺乏。随着国内经济结构的不断调整，以及云计算、移动互联网、大数据、智能制造、工业互联网等引发的新一轮 IT 系统建设及业务投资落地，行业增速稳定维持在 2.5%～3%之间。技术与产品市场方面，存在的主要趋势和发展热点为多芯竞争、定制领跑、自主产品的规模行业应用。

2016 年，计算机行业业绩指标整体向好，行业前景可期。伴随大数据、云计算技术的不断突破，以及"互联网+"热潮的涌现，我国计算机行业迎来了前所未有的发展机遇，行业数据整体向好。其中营业收入增速稳健，盈利能力持续提升，经营性现金流保持高速增长。同时，2016 年计算机行业上市公司中报营收增幅明显。

2017 年是计算机技术特别是人工智能蓬勃发展的一年，国务院印发《新一代人工智能发展规划》，提出"到 2030 年人工智能理论、技术与应用总体达到世界领先水平，成为世界主要人工智能创新中心，智能经济、智能社会取得明显成效，为跻身创新型国家前列和经济强国奠定重要基础"。

1.3 计算机的分类及特点

1.3.1 计算机分类

根据 IEEE（美国电气和电子工程师协会）的划分标准，将计算机分成如下六类：

（1）巨型计算机：是一种超大型电子计算机，具有很强的计算和处理数据的能力，主要特点表现为高速度和大容量，配有多种外部和外围设备及丰富的、高功能的软件系统。巨型计算机实际上是一个巨大的计算机系统，主要用来承担重大的科学研究、国防尖端技术和国民经济领域的大型计算课题及数据处理任务（如大范围天气预报、整理卫星照片、原子核物的探索、研究洲际导弹、宇宙飞船等）。制定国民经济的发展计划，项目繁多，时间性强，要综合考虑各种各样的因素，依靠巨型计算机能较顺利地完成。我国高性能计算机包括："银河"系列巨型机、"曙光"系列巨型机、"神威"系列巨型机、"深腾"系列巨型机以及"深超"系列巨型机。

（2）小巨型计算机：功能较巨型机略差。

（3）大型主机：即大中型机，具有很强的数据处理和管理能力，工作速度相对较快。这是在微型机出现之前最主要的模式，用户通过终端访问主机。目前主要应用于高等学校、银行和科研院所。随着网络与微型机的发展，大型主机开始退出历史舞台。

（4）小型计算机：功能较大型机差，现受高档微机的挑战。

（5）工作站：与高档微型机之间的界限并不十分明确，接近小型机。通常使用大屏幕、高分辨率的显示器，有大容量的内、外存储器，主要用于计算机辅助设计与图像处理方面。

（6）微型计算机：又称个人计算机（PC 机），具有体积小、功耗低、功能全、成本低等优点。根据它所使用的微处理器芯片分为若干类型。例如 Intel 的 PII、PV 芯片。

注：计算机分类是一个相对的概念，一个时期内的巨型机到下一时期可能成为一般的计算机；一个时期内的巨型机技术到下一时期可能成为一般的计算机技术。

1.3.2 计算机特点

计算机作为一种通用的信息处理工具，具有极高的处理速度、很强的存储能力、精确的计算和逻辑判断能力，其主要特点如下：

（1）运算速度快。当今计算机系统的运算速度已达到每秒万亿次，微机也可达每秒亿次以上，使大量复杂的科学计算问题得以解决。例如：卫星轨道的计算、大型水坝的计算、24 小时天气预报的计算等，过去人工计算需要几年、几十年，而现在用计算机只需几天甚至几分钟就可完成。

（2）计算精确度高。科学技术的发展特别是尖端科学技术的发展，需要高度精确的计算。计算机控制的导弹之所以能准确地击中预定的目标，是与计算机的精确计算分不开的。一般计算机可以有十几位甚至几十位（二进制）有效数字，计算精度可由千分之几到百万分之几，是任何计算工具所望尘莫及的。

（3）具有记忆和逻辑判断能力。随着计算机存储容量的不断增大，可存储记忆的信息越来越多。计算机不仅能进行计算，而且能把参加运算的数据、程序以及中间结果和最后结果保存起来，以供用户随时调用；还可以对各种信息（如语言、文字、图形、图像、音乐等）通过编码技术进行算术运算和逻辑运算，甚至进行推理和证明。

（4）具有自动控制能力。计算机内部操作是根据人们事先编写好的程序自动控制进行的。用户根据解题需要，事先设计步骤与程序，计算机十分严格地按程序规定的步骤操作，整个过程不需人工干预。

1.4　计算机的应用领域

计算机的应用已渗透到社会的各个领域，正在改变着人们的工作、学习和生活的方式，推动着社会的发展。归纳起来可分为以下几个方面：

1.4.1　科学计算（数值计算）

科学计算也称数值计算。计算机最开始是为解决科学研究和工程设计中遇到的大量数学计算而研制的计算工具。随着现代科学技术的进一步发展，数值计算在现代科学研究中的地位不断提高，在尖端科学领域中显得尤为重要。例如，人造卫星轨迹的计算，房屋抗震强度的计算，火箭、宇宙飞船的研究设计都离不开计算机的精确计算。

1.4.2　数据处理（信息处理）

在科学研究和工程技术中，会得到大量的原始数据，其中包括大量图片、文字、声音等，信息处理就是对数据进行收集、分类、排序、存储、计算、传输、制表等操作。目前计算机的信息处理应用已非常普遍，如人事管理、库存管理、财务管理、图书资料管理、商业数据交流、情报检索、经济管理等。

1.4.3　自动控制

自动控制是指通过计算机对某一过程进行自动操作，它不需人工干预，能按人预定的目标和预定的状态进行过程控制。所谓过程控制是指对操作数据进行实时采集、检测、处理和判断，按最佳值进行调节的过程。目前被广泛用于操作复杂的钢铁企业、石油化工业、医药工业等生产中。使用计算机进行自动控制可大大提高控制的实时性和准确性，提高劳动效率、产品质量，降低成本，缩短生产周期。例如，无人驾驶飞机、导弹、人造卫星和宇宙飞船等飞行器的控制，都是靠计算机实现的。

1.4.4 计算机辅助设计和辅助教学

计算机辅助设计（简称 CAD）是指借助计算机的帮助，人们可以自动或半自动地完成各类工程设计工作。目前 CAD 技术已应用于飞机设计、船舶设计、建筑设计、机械设计、大规模集成电路设计等。在京九铁路的勘测设计中，使用计算机辅助设计系统绘制一张图纸仅需几个小时，而过去人工完成同样工作则要一周甚至更长时间。可见采用计算机辅助设计，可缩短设计时间，提高工作效率，节省人力、物力和财力，更重要的是提高了设计质量。CAD 已得到各国工程技术人员的高度重视。有些国家已把 CAD 和计算机辅助制造（CAM）、计算机辅助测试（CAT）及计算机辅助工程（CAE）组成一个集成系统，使设计、制造、测试和管理有机地组成为一体，形成高度的自动化系统，因此产生了自动化生产线和"无人工厂"。

计算机辅助教学（CAI）是指用计算机来辅助完成教学计划或模拟某个实验过程。计算机可按不同要求，分别提供所需教材内容，还可以个别教学，及时指出该学生在学习中出现的错误，根据计算机对该生的测试成绩决定该生的学习从一个阶段进入另一个阶段。CAI 不仅能减轻教师的负担，还能激发学生的学习兴趣，提高教学质量，为培养现代化高质量人才提供了有效方法。

1.4.5 人工智能方面的研究和应用

人工智能（简称 AI）是指计算机模拟人类某些智力行为的理论、技术和应用。人工智能是计算机应用的一个新的领域，这方面的研究和应用正处于发展阶段，在医疗诊断、定理证明、语言翻译、机器人等方面已有了显著的成效。例如，用计算机模拟人脑的部分功能进行思维学习、推理、联想和决策，使计算机具有一定"思维能力"。我国已开发成功一些中医专家诊断系统，可以模拟名医给患者诊病开方。机器人是计算机人工智能的典型例子。

1.4.6 多媒体技术应用

随着电子技术特别是通信和计算机技术的发展，人们已经有能力把文本、音频、视频、动画、图形和图像等各种媒体综合起来，构成一种全新的概念——多媒体。在医疗、教育、商业、银行、保险、行政管理、军事、工业、广播和出版等领域中，多媒体的应用发展很快。

随着网络技术的发展，计算机的应用进一步深入到社会的各行各业，通过高速信息网实现数据与信息的查询、高速通信服务（电子邮件、电视电话、电视会议、文档传输）、电子教育、电子娱乐、电子购物（通过网络选看商品、办理购物手续、质量投诉等）、远程医疗和会诊、交通信息管理等。计算机的应用将推动信息社会更快地向前发展。

1.5 计算机中信息的表示方法

1.5.1 相关术语

（1）数据：是反映客观事物属性的记录，是信息的具体表现形式。

（2）信息：信息是客观事物属性的反映。是经过加工处理并对人类客观行为产生影响的数据表现形式。

（3）位（bit）：二进制数系统中，每个 0 或 1 就是一个位，位是计算机中最小的信息单位。

（4）字节（Byte）：由 8 位二进制数组成的信息，是计算机数据的基本存储单位。即 1Byte=8bit。一般来说，一个英文字符占一个字节，一个汉字占两个字节。

通常我们更常用的是 KB、MB、GB、TB，它们之间的换算是：

$$1KB=1024Byte$$
$$1MB=1024KB$$
$$1GB=1024MB$$
$$1TB=1024GB$$

（5）字（word）：是指计算机一次并行处理的一组二进制数，一个"字"中可以存放一条计算机指令或一个数据。

1.5.2　数制的概念

数制也称计数制，是指用一组固定的符号和统一的规则来表示数值的方法。编码是采用少量的基本符号，选用一定的组合原则，以表示大量复杂多样的信息的技术。计算机是信息处理的工具，任何信息必须转换成二进制形式数据后才能由计算机进行处理、存储和传输。

二进制不符合人们的使用习惯，在日常生活中，不经常使用。计算机内部的数是用二进制表示的，其主要原因是：

（1）电路简单：二进制数只有 0 和 1 两个数码，计算机是由逻辑电路组成的，因此可以很容易地用电气元件的导通和截止来表示这两个数码。

（2）可靠性强：用电气元件的两种状态表示两个数码，数码在传输和运算中不易出错。

（3）简化运算：二进制的运算法则很简单，如果使用十进制要繁琐得多。

（4）逻辑性强：计算机在数值运算的基础上还能进行逻辑运算，逻辑代数是逻辑运算的理论依据。二进制的两个数码，正好代表逻辑代数中的"真"（True）和"假"（False）。

数制是用一组固定数字和一套统一规则来表示数目的方法。进位计数制是指按指定进位方式计数的数制。表示数值大小的数码与它在数中所处的位置有关，简称进位制。在计算机中，使用较多的是十进制、二进制、八进制和十六进制。

1．十进制（Decimal notation）

十进制的特点是有十个数码：0、1、2、3、4、5、6、7、8、9。运算规则：逢十进一，借一当十。进位基数是 10。

设任意一个具有 n 位整数，m 位小数的十进制数 D，可表示为：

$D=D_{n-1}\times10^{n-1}+D_{n-2}\times10^{n-2}+\cdots+D_1\times10^1+D_0\times10^0+D_{-1}\times10^{-1}+\cdots+D_{-m}\times10^{-m}$ 上式称为"按权展开式"。

例 1：将十进制数$(123)_{10}$按权展开。

解：$(123)_{10}=1\times10^2+2\times10^1+3\times10^0$

2．二进制（Binary notation）

二进制的特点是有两个数码：0、1。运算规则：逢二进一，借一当二。进位基数是 2。设任意一个具有 n 位整数，m 位小数的二进制数 B，可表示为：

$B=B_{n-1}\times2^{n-1}+B_{n-2}\times2^{n-2}+\cdots+B_1\times2^1+B_0\times2^0+B_{-1}\times2^{-1}+\cdots+B_{-m}\times2^{-m}$

权是以 2 为底的幂。

例 2：将$(1000001)_2$按权展开。

$(100001)_2=1\times2^5+0\times2^4+0\times2^3+0\times2^2+0\times2^1+1\times2^0$

3. 八进制（Octal notation）

八进制的特点是有八个数码：0、1、2、3、4、5、6、7。运算规则：逢八进一，借一当八。进位基数是 8。

设任意一个具有 n 位整数，m 位小数地八进制数 Q，可表示为：

$$Q=Q_{n-1}\times 8^{n-1}+Q_{n-2}\times 8^{n-2}+\cdots+Q_1\times 8^1+Q_0\times 8^0+Q_{-1}\times 8^{-1}+\cdots+Q_{-m}\times 8^{-m}$$

例 3：将$(654)_8$按权展开。

$$(654)_8=6\times 8^2+5\times 8^1+4\times 8^0$$

4. 十六进制（Hexadecimal notation）

十六进制有十六个数码：0、1、2、3、4、5、6、7、8、9、A、B、C、D、E、F。十六个数码中的 A，B，C，D，E，F 六个数码，分别代表十进制数中的 10，11，12，13，14，15。运算规则：逢十六进一，借一当十六。进位基数是 16。

设任意一个具有 n 位整数，m 位小数的十六进制数 H，可表示为：

$$H=H_{n-1}\times 16^{n-1}+H_{n-2}\times 16^{n-2}+\cdots+H_1\times 16^1+H_0\times 16^0+H_{-1}\times 16^{-1}+\cdots+H_{-m}\times 16^{-m}$$

权是以 16 为底的幂。

例 4：$(3A6E)_{16}$按权展开。

解：$(3A6E)_{16}=3\times 16^3+10\times 16^2+6\times 16^1+14\times 16^0$

1.5.3 数制转换

在计算机中能直接表示和使用的数据有数值数据和字符数据两大类。数值数据用于表示数量的多少，可带有表示数值正负的符号位。日常所使用的十进制数要转换成等值的二进制数才能在计算机中存储和操作。符号数据又叫非数值数据，包括英文字母、汉字、数字、运算符号以及其他专用符号。它们在计算机中也要转换成二进制编码的形式。

在程序设计中，为了区分不同进制数，通常在数字后用一个英文字母为后缀以示区别：

十进制数：数字后加 D 或不加，如：10D 或 10。

二进制：数字后加 B，如：10010B。

八进制：数字后加 Q，如：123Q。

十六进制：数字后加 H，如：2A5EH。

十进制、二进制、八进制和十六进制数的转换关系，如表 1-1 所示。

表 1-1　各种进制数码对照表

十进制	二进制	八进制	十六进制	十进制	二进制	八进制	十六进制
0	0	0	0	8	1000	10	8
1	1	1	1	9	1001	11	9
2	10	2	2	10	1010	12	A
3	11	3	3	11	1011	13	B
4	100	4	4	12	1100	14	C
5	101	5	5	13	1101	15	D
6	110	6	6	14	1110	16	E
7	111	7	7	15	1111	17	F

1．二进制与十进制之间的转换

（1）二进制转换成十进制只需按权展开后相加即可。

例 5：$(10010)_2=1\times2^4+0\times2^3+0\times2^2+1\times2^1+0\times2^0=(18)_{10}$

（2）十进制转换成二进制时，转换方法为：除 2 取余，逆序排列。

将十进制数反复除以 2，直到商为 0 为止，并将每次相除之后所得的余数按次序记下来，第一次相除所得余数是 K_0，最后一次相除所得的余数是 K_{n-1}，则 $K_{n-1}\,K_{n-2}\cdots K_2\,K_1$ 即为转换所得的二进制数。

例 6：将十进制数$(65)_{10}$转换成二进制数。

解：

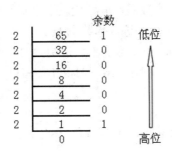

$(65)_{10}=(1000001)_2$

2．二进制与八进制之间的转换

十进制数转换成二进制数的过程书写比较长，同样数值的二进制数比十进制数占用更多的位数，容易混淆。为了方便，人们就采用八进制和十六进制表示数。八进制与二进制的关系是：一位八进制数对应三位二进制数。将二进制转换成八进制时，以小数点位中心向左和向右两边分组，每三位一组，两头不足补零。

例 7：将二进制数$(001\ 101\ 101\ 110)_2$转换成 8 进制数。

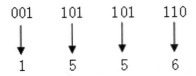

$(001\ 101\ 101\ 110)_2=(1556)_8$

例 8：将八进制数$(704)_8$转换成二进制数。

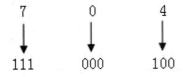

$(704)_8=(111\ 000\ 100)_2$

3．二进制与十六进制之间的转换

十六进制与二进制的关系是：一位十六进制数对应四位二进制数。将二进制转换成十六进制时，以小数点位中心向左和向右两边分组，每四位一组进行分组，两头不足补零。

例 9：将二进制数(0011 0110 1110)₂ 转换成 16 进制数。

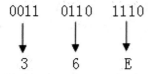

(0011 0110 1110)₂ =(36E)₁₆

例 10：将 16 进制数(10B3)₁₆ 转换成 2 进制数。

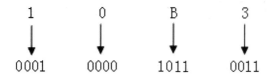

(10B3)₁₆=(0001 0000 1011 0011)₂

1.5.4 信息编码

前面已介绍过计算机中的数据是用二进制表示的，而人们习惯用十进制数，那么输入输出时，数据就要进行十进制和二进制之间的转换处理，因此，必须采用一种编码的方法，由计算机自己来承担这种识别和转换工作。

1. BCD 码（二－十进制编码）

BCD（Binary Code Decimal）码是用若干个二进制数表示一个十进制数的编码，BCD 码有多种编码方法，常用的有 8421 码。

2. ASCII 码

计算机中，对非数值的文字和其他符号进行处理时，要对文字和符号进行数字化处理，即用二进制编码来表示文字和符号。字符编码（Character Code）是用二进制编码来表示字母、数字以及专门符号。

目前计算机中普遍采用的是 ASCII（American Standard Code for Information Interchange）码，即美国信息交换标准代码，如图 1-3 所示。ASCII 码有 7 位版本和 8 位版本两种，国际上通用的是 7 位版本。7 位版本的 ASCII 码有 128 个元素，只需用 7 个二进制位表示，其中控制字符 34 个，阿拉伯数字 10 个，大小写英文字母 52 个，各种标点符号和运算符号 32 个。在计算机中实际用 8 位表示一个字符，最高位为"0"。

0～31 及 127（共 33 个）是控制字符或通信专用字符（其余为可显示字符），如控制符有 LF（换行）、CR（回车）、FF（换页）、DEL（删除）、BS（退格）、BEL（响铃）等；通信专用字符有 SOH（文头）、EOT（文尾）、ACK（确认）等；ASCII 值为 8、9、10 和 13，分别转换为退格、制表、换行和回车字符。它们并没有特定的图形显示，但会依据不同的应用程序对文本显示产生不同的影响。

32～126（共 95 个）是字符（32 是空格），其中 48～57 为 0 到 9 十个阿拉伯数字，65～90 为 26 个大写英文字母，97～122 为 26 个小写英文字母，其余为一些为标点符号、运算符号等。

同时还要注意，在标准 ASCII 中，其最高位（b7）用作奇偶校验位。所谓奇偶校验是指在代码传送过程中用来检验是否出现错误的一种方法，一般分奇校验和偶校验两种。奇校验规定：正确的代码一个字节中 1 的个数必须是奇数，若非奇数，则在最高位 b7 添 1；偶校验规定：正确的代码一个字节中 1 的个数必须是偶数，若非偶数，则在最高位 b7 添 1。

后 128 个称为扩展 ASCII 码。许多基于 X86 的系统都支持使用扩展（或"高"）ASCII。扩展 ASCII 码允许将每个字符的第 8 位用于确定附加的 128 个特殊符号字符、外来语字母和图形符号。

ASCII 字符代码表 一

高四位 →	ASCII非打印控制字符 0000 (0)					ASCII非打印控制字符 0001 (1)					0010 (2)		0011 (3)		0100 (4)		0101 (5)		0110 (6)		0111 (7)	
低四位	十进制	字符	ctrl	代码	字符解释	十进制	字符	ctrl	代码	字符解释	十进制	字符	十进制	字符	十进制	字符	十进制	字符	十进制	字符	十进制	字符
0000 (0)	0	BLANK NULL	^@	NUL	空	16	▶	^P	DLE	数据链路转意	32		48	0	64	@	80	P	96	`	112	p
0001 (1)	1	☺	^A	SOH	头标开始	17	◀	^Q	DC1	设备控制1	33	!	49	1	65	A	81	Q	97	a	113	q
0010 (2)	2	☻	^B	STX	正文开始	18	↕	^R	DC2	设备控制2	34	"	50	2	66	B	82	R	98	b	114	r
0011 (3)	3	♥	^C	ETX	正文结束	19	‼	^S	DC3	设备控制3	35	#	51	3	67	C	83	S	99	c	115	s
0100 (4)	4	♦	^D	EOT	传输结束	20	¶	^T	DC4	设备控制4	36	$	52	4	68	D	84	T	100	d	116	t
0101 (5)	5	♣	^E	ENQ	查询	21	§	^U	NAK	反确认	37	%	53	5	69	E	85	U	101	e	117	u
0110 (6)	6	♠	^F	ACK	确认	22	▬	^V	SYN	同步空闲	38	&	54	6	70	F	86	V	102	f	118	v
0111 (7)	7	●	^G	BEL	震铃	23	↨	^W	ETB	传输块结束	39	'	55	7	71	G	87	W	103	g	119	w
1000 (8)	8	◘	^H	BS	退格	24	↑	^X	CAN	取消	40	(	56	8	72	H	88	X	104	h	120	x
1001 (9)	9	○	^I	TAB	水平制表符	25	↓	^Y	EM	媒体结束	41	)	57	9	73	I	89	Y	105	i	121	y
1010 (A)	10	◎	^J	LF	换行/新行	26	→	^Z	SUB	替换	42	*	58	:	74	J	90	Z	106	j	122	z
1011 (B)	11	♂	^K	VT	直制表符	27	←	^[	ESC	转意	43	+	59	;	75	K	91	[	107	k	123	{
1100 (C)	12	♀	^L	FF	换页/新页	28	∟	^\	FS	文件分隔符	44	,	60	<	76	L	92	\	108	l	124	|
1101 (D)	13	♪	^M	CR	回车	29	↔	^]	GS	组分隔符	45	-	61	=	77	M	93	]	109	m	125	}
1110 (E)	14	♫	^N	SO	移出	30	▲	^6	RS	记录分隔符	46	.	62	>	78	N	94	^	110	n	126	~
1111 (F)	15	☼	^O	SI	移入	31	▼	^-	US	单元分隔符	47	/	63	?	79	O	95	_	111	o	127	Back space △

注：表中的ASCII字符可以用：ALT + "小键盘上的数字键" 输入

图 1-3　ASCII 码

3. 汉字编码

汉字也是字符，与西文字符比较，汉字数量大，字形复杂，同音字多，这就给汉字在计算机内部的存储、传输、交换、输入、输出等带来了一系列的问题。为了能直接使用西文标准键盘输入汉字，必须为汉字设计相应的编码，以适应计算机处理汉字的需要。

（1）国标码

1980 年我国颁布了《信息交换用汉字编码字符集（基本集）》（GB2312－80），是国家规定的用于汉字信息处理使用的代码依据，这种编码称为国标码。在国标码的字符集中共收录了 6763 个常用汉字和 682 个非汉字字符（图形、符号），其中一级汉字 3755 个，以汉语拼音为序排列，二级汉字 3008 个，以偏旁部首进行排列。

GB2312－80 规定，所有的国标汉字与符号组成一个 94×94 的矩阵，在此方阵中，每一行称为一个"区"（区号为 01～94），每一列称为一个"位"（位号为 01～94），该方阵实际组成了 94 个区，每个区内有 94 个位的汉字字符集，每一个汉字或符号在码表中都有一个唯一的位置编码，叫该字符的区位码。使用区位码方法输入汉字时，必须先在表中查找汉字并找出对应的代码，才能输入。区位码输入汉字的优点是无重码，而且输入码与内部编码的转换方便。

（2）机内码

汉字的机内码是计算机系统内部对汉字进行存储、处理、传输统一使用的代码，又称为汉字内码。由于汉字数量多，一般用 2 个字节来存放汉字的内码。在计算机内汉字字符必须与英文字符区别开，以免造成混乱。英文字符的机内码是用一个字节来存放 ASCII 码，一个 ASCII 码占一个字节的低 7 位，最高位为 "0"，为了区分，汉字机内码中两个字节的最高位均置 "1"。例如，汉字 "中" 的国标码为 5650H(0101011001010000)$_2$，机内码为 D6D0H(1101011011010000)$_2$。

（3）汉字的字形码

每一个汉字的字形都必须预先存放在计算机内，例如 GB2312 国标汉字字符集的所有字符的形状描述信息集合在一起，称为字形信息库，简称字库。通常分为点阵字库和矢量字库。目前汉字字形的产生方式大多是用点阵方式形成汉字，即用点阵表示的汉字字形代码。根据汉字输出精度的要求，有不同密度点阵。汉字字形点阵有 16×16 点阵、24×24 点阵、32×32 点阵等，如图 1-3 所示。

16×16 点阵汉字

图 1-3　16 点阵字模

汉字字形点阵中每个点的信息用一位二进制码来表示，"1" 表示对应位置处是黑点，"0" 表示对应位置处是空白。字形点阵的信息量很大，所占存储空间也很大，例如 16×16 点阵，每个汉字就要占 32 个字节（16×16÷8＝32）；24×24 点阵的字形码需要用 72 字节（24×24÷8＝72），因此字形点阵只能用来构成 "字库"，而不能用来替代机内码用于机内存储。字库中存储了每个汉字的字形点阵代码，不同的字体（如宋体、仿宋、楷体、黑体等）对应着不同的字库。在输出汉字时，计算机要先到字库中去找到它的字形描述信息，然后再把字形送去输出。

1.6　计算机系统的组成

计算机由硬件系统和软件系统组成。下面以选购电脑为例，对此进行简单介绍。

1.6.1　计算机硬件系统

1. CPU、主板

首先确定 CPU、主板类型。每台计算机的核心部件是 CPU 与主板，它们的性能、档次决定了其他配件的性能。

微型计算机的中央处理器（CPU）习惯上称为微处理器（Microprocessor），是微型计算机的核心，由运算器和控制器两部分组成：运算器（也称执行单元）是微机的运算部件；控制器是微机的指挥控制中心，如图 1-4 所示。

运算器又称算术逻辑单元（Arithmetic Logic Unit，简称 ALU），是计算机对数据进行加工处理的部件，它的主要功能是对二进制数码进行加、减、乘、除等算术运算和与、或、非等基本逻辑运算，实现逻辑判断。运算器在控制器的控制下实现其功能，运算结果由控制器指挥送到内存储器中。

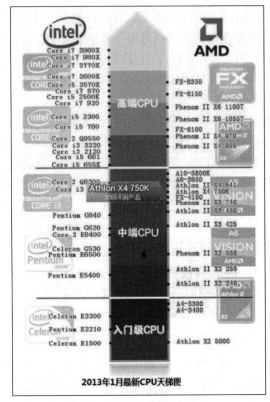

图 1-4 CPU 及天梯图

控制器主要由指令寄存器、译码器、程序计数器和操作控制器等组成，控制器用来控制计算机各部件协调工作，并使整个处理过程有条不紊地进行。它的基本功能就是从内存中取指令和执行指令，即控制器按程序计数器指出的指令地址从内存中取出该指令进行译码，然后根据该指令功能向有关部件发出控制命令，执行该指令。另外，控制器在工作过程中，还要接受各部件反馈回来的信息。

随着大规模集成电路的出现，使得微处理器的所有组成部分都集成在一块半导体芯片上，广泛使用的微处理器有：Intel 公司的 80486Pentium（奔腾）、PentiumPro（高能奔腾）、Pentium MMX（多能奔腾）、Pentium Ⅱ（奔腾二代）、Pentium Ⅲ（奔腾三代）、AMD 公司的 AMD K5、AMD K6、AMD K7 等。目前 Intel 又推出了双核 CPU、4 核 CPU。

衡量计算机运算速度的指标是 CPU 的主频，主频是 CPU 的时钟频率，主频的单位是 MHz（兆赫兹）。主频越高，微机的运算速度越快。

主板，又称为母板，是包含计算机系统的主要组件的主电路板，包括中央处理器、主存储器、支持电路和总线控制器以及接插件。其他板卡包括扩展内存和输入/输出板，可通过总线连接器与主板相连，如图 1-5 所示。

2. 存储设备、输入、输出设备

根据 CPU、主板类型确定了相匹配的内存条、硬盘等设备，还需对存储设备、输入、输出设备做出选择。

（1）存储设备

计算机的存储设备根据性能分为内存储器与外部存储器两大类。

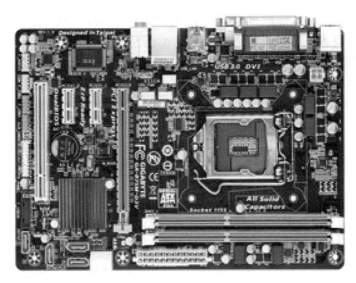

图 1-5　主板

内存储器，又称为主存。目前，微型计算机的内存由半导体器件构成。内存按功能可分为两种：只读存储器（Read Only Memory，ROM）和随机（存取）存储器（Random Access Memory，RAM），如图 1-6 所示。

图 1-6　内存条

ROM 的特点是：存储的信息只能读出（取出），不能改写（存入），断电后信息不会丢失。一般用来存放专用的或固定的程序和数据。

RAM 的特点是：可以读出，也可以改写，又称读写存储器，断电后，存储的内容立即消失。RAM 读取时不损坏原有存储的内容，只有写入时才修改原来所存储的内容。内存通常是按字节为单位编址的，一个字节由 8 个二进制位组成。目前微机内存一般有 128M、256M、512M、1G，甚至更多。

随着微机 CPU 工作频率的不断提高，RAM 的读写速度相对较慢，为解决内存速度与 CPU 速度不匹配，从而影响系统运行速度的问题，在 CPU 与内存之间设计了一个容量较小（相对主存）但速度较快的高速缓冲存储器（Cache），简称快存。CPU 访问指令和数据时，先访问

Cache，如果目标内容已在 Cache 中（这种情况称为命中），CPU 则直接从 Cache 中读取，否则为非命中，CPU 就从主存中读取，同时将读取的内容存于 Cache 中。Cache 可看成是主存中面向 CPU 的一组高速暂存存储器。这种技术早期在大型计算机中使用，现在应用在微机中，使微机的性能大幅度提高。随着 CPU 的速度越来越快，系统主存越来越大，Cache 的存储容量也由 128KB、256KB 扩大到现在的 512KB 或 2MB。Cache 的容量并不是越大越好，过大的 Cache 会降低 CPU 在 Cache 中查找的效率。

外存储器（简称外存）又称辅助存储器。外存储器主要由磁表面存储器和光盘存储器等设备组成。磁表面存储器可分为磁盘、磁带两大类。

● 硬磁盘存储器（Hard Disk）简称硬盘。

硬盘是由涂有磁性材料的合金圆盘组成，是计算机系统的主要外存储器（或称辅存）。硬盘按盘径大小可分为 3.5 英寸、2.5 英寸、1.8 英寸等。目前大多数微机上使用的硬盘是 3.5 英寸的，如图 1-7 所示。

图 1-7　硬盘

硬盘有一个重要的性能指标是存取速度。影响存取速度的因素有：平均寻道时间、数据传输率、盘片的旋转速度和缓冲存储器容量等。一般来说，转速越高的硬磁盘寻道的时间越短，而且数据传输率也越高。

一个硬盘一般由多个盘片组成，盘片的每一面都有一个读写磁头。硬盘在使用时，要对盘片格式化成若干个磁道（称为柱面），每个磁道再划分为若干个扇区。

硬盘的存储容量计算：

存储容量＝磁头数×柱面数×扇区数×每扇区字节数（512B）

目前常见硬盘的存储容量有：80GB、200GB、500GB、1TB 等。

● 磁带存储器。

磁带存储器也称为顺序存取存储器（Sequential Access Memory，SAM）即磁带上的文件依次存放。

● 光盘存储器。

光盘（Optical Disk）存储器是一种利用激光技术存储信息的装置。目前用于计算机系统的光盘有三类：只读型光盘、一次写入型光盘和可抹型（可擦写型）光盘。

只读型光盘 CD-ROM（Compact Disk-Read Only Memory）是一种小型光盘只读存储器。它的特点是只能写一次，而且是在制造时由厂家用冲压设备把信息写入的。写好后信息将永久保存在光盘上，用户只能读取，不能修改和写入。CD-ROM 最大的特点是存储容量大，一张 CD-ROM 光盘，其容量为 650MB 左右。计算机上用的 CD-ROM 有一个数据传输速率的指标：倍速。一倍速的数据传输速率是 150kbps；24 倍速的数据传输速率是 150kbps×24＝3.6Mbps。CD-ROM 适合于存储容量固定、信息量庞大的内容。

一次写入型光盘 WORM（Write Once Read Memory，简称 WO）可由用户写入数据，但只能写一次，写入后不能擦除修改。一次写入多次读出的 WORM 适用于存储允许随意更改的文档。

可擦写光盘（Magnetic Optical，简称 MO）是能够重写的光盘，它的操作完全和硬盘相同，故称磁光盘。MO 可反复使用一万次、可保存 50 年以上。MO 磁光盘具有可换性、高容量和随机存取等优点，但速度较慢，一次投资较高。

以上介绍的外存的存储介质，都必须通过机电装置才能进行信息的存取操作，这些机电装置称为驱动器。例如软盘驱动器（软盘片插在驱动器中读／写）、硬盘驱动器、磁带驱动器和光盘驱动器等。

- U 盘存储器。

U 盘即 USB 盘的简称，而优盘只是 U 盘的谐音称呼。U 盘是闪存（Flash Memory）是一种长寿命的非易失性（在断电情况下仍能保持所存储的数据信息）的存储器）的一种。U 盘的最大特点就是：小巧便于携带、存储容量大、价格便宜，是移动存储设备之一。一般的 U 盘容量有 256M、512M、1G、2G、4G、8G、16G、32G 等，如图 1-8 所示。

图 1-8　U 盘

相比于软盘，U 盘的容量大并且稳定性好，所以 U 盘出现后让软磁盘退出了历史舞台。

（2）输入设备和输出设备

计算机中的输入设备主要有键盘、鼠标、扫描仪；输出设备主要有显示器、打印机、绘图仪等。

- 键盘

键盘（Keyboard）是用户与计算机进行交流的主要工具，是计算机最重要的输入设备，也是微型计算机必不可少的外部设备。

- 鼠标

鼠标（Mouse）又称为鼠标器，也是一种常用的输入设备，是控制显示屏上光标移动位置的一种指点式设备。在软件支持下，通过鼠标器上的按钮，向计算机发出输入命令，或完成某种特殊的操作。目前常用的鼠标器有：机械式和光电式两类。鼠标器可以通过专用的鼠标器插头座与主机相连接，也可以通过计算机中通用的串行接口（RS-232-C 标准接口）与主机相连接。

● 显示器

显示器（Monitor）是微型计算机不可缺少的输出设备。用户可以通过显示器方便地观察输入和输出的信息。

显示器是用光栅来显示输出内容的，光栅的像素越小越好，光栅的密度越高，即单位面积的像素越多，分辨率越高，显示的字符或图形也就越清晰细腻。常用的分辨率有：800×600、1024×768、1440×900、1920×108 等。像素色度的浓淡变化称为灰度。

显示器按输出色彩可分为单色显示器和彩色显示器两大类；按显示器件可分为阴极射线管（CRT）显示器、液晶（LCD）显示器和发光二极管（LED）显示器；按显示器屏幕的对角线尺寸常见的有 17 英寸、19 英寸、21 英寸、23 英寸、27 英寸等几种。目前微型机上使用 LCD、LED 显示器较多，便携机上使用 LED 显示器。分辨率、彩色数目及屏幕尺寸是显示器的主要指标。

显示器必须配置正确的适配器（显示卡），才能构成完整的显示系统。常见的显示卡接口有：

VGA（Video Graphics Array）接口，即视频图形阵列，是 IBM 于 1987 年提出的一个使用模拟信号的电脑显示标准。这个标准对于现今的个人电脑市场已经十分过时。即使如此，VGA 仍然是最多制造商所共同支持的一个标准，个人电脑在加载自己独特的驱动程序之前，都必须支持 VGA 的标准。

DVI（Digital Visual Interface），即数字视频接口，由 1998 年 9 月在 Intel 开发者论坛上成立的数字显示工作小组（Digital Display Working Group，DDWG）发明的一种高速传输数字信号的技术，有 DVI-A、DVI-D 和 DVI-I 三种不同的接口形式。DVI-D 只有数字接口，DVI-I 有数字和模拟接口，目前应用主要以 DVI-D 为主。

HDMI 接口（High Definition Multimedia Interface，高清晰度多媒体接口），是一种数字化视频/音频接口技术，是适合影像传输的专用型数字化接口，可同时传送音频和影音信号，最高数据传输速度为 5Gbps，而且无需在信号传送前进行转换。

● 打印机

打印机（Printer）是计算机硬拷贝输出的一种设备，提供用户保存计算机处理的结果。打印机的种类很多，按工作原理可粗分为击打式打印机和非击打式打印机。目前微机系统中常用的针式打印机（又称点阵打印机）属于击打式打印机；喷墨打印机和激光打印机属于非击打式打印机。

针式打印机：针式打印机打印的字符和图形是以点阵的形式构成的。它的打印头由若干根打印针和驱动电磁铁组成。打印时使相应的针头接触色带击打纸面来完成。针式打印机的主要特点是价格便宜，使用方便，但打印速度较慢，噪音大。

喷墨打印机：喷墨打印机是直接将墨水喷到纸上来实现打印。喷墨打印机价格低廉、打印效果较好，较受用户欢迎，但喷墨打印机使用的纸张要求较高，墨盒消耗较快。

激光打印机：激光打印机是激光技术和电子照相技术的复合产物。激光打印机的技术来源于复印机，但复印机的光源是用灯光，而激光打印机用的是激光。由于激光光束能聚焦成很细的光点，因此，激光打印机能输出分辨率很高且色彩很好的图形。激光打印机正以速度快、分辨率高、无噪音等优势逐步进入微机外设市场，但价格稍高。

3. 电源、机箱、其他设备

从能耗上选配电源，从美观实用的角度上选配机箱。

微型机电源主要分为 AT 电源、ATX 电源。随着 ATX 电源的普及，AT 电源如今渐渐淡出市场。

（1）ATX 电源。Intel 于 1997 年 2 月推出 ATX 2.01 标准。和 AT 电源相比，其外形尺寸没有变化，主要增加了+3.3V 和+5V StandBy 两路输出和一个 PS-ON 信号，输出线改用一个 20 芯线给主板供电。可以实现软件开关机器、键盘开机、网络唤醒等功能。辅助 5V 始终是工作的，有些 ATX 电源在输出插座的下面加了一个开关，可切断交流电源输入，彻底关机。如图 1-9 所示。

图 1-9　电源

（2）Micro ATX 电源是 Intel 在 ATX 电源之后推出的标准，主要目的是降低成本。其与 ATX 的显著变化是体积和功率减小了。

计算机机箱也可以分为 AT 和 ATX 型，两者的区别在于放置 PC 各部件的位置有所差异，主要是主板的固定方向。AT 机箱属于旧式的机箱布局规范，由于很多配件布局位置设计不合理，所以不易进行跳线、升级工作，机箱内也显得比较拥挤，内存条和各种插卡的安装都不够方便。针对 AT 架构的不足，一些大厂商联合推出了 ATX 标准，它使机箱内部结构更为合理，对于经常拆卸电脑的人士是相当方便的。如图 1-10 所示。

图 1-10　机箱

注意：两种机箱的主板、电源都需要互相配套互不通用，不过目前绝大多数主板都采用 ATX 架构。注意选购机箱的时候尽量将主板、电源位置考虑清楚，这样可以看出内部设计是否合理。

最后确认配置清单。

根据电脑用途选配了配件后，通过网络初步了解配件品牌、当前市场价格后，到电脑城商家处与技术员沟通并填写配置清单，作为购机的依据，如下图 1-11 所示。

图 1-11   参考配置清单

（1）硬件价格查询：http://www.zol.com.cn（中关村在线网）

（2）硬件性能了解：http://www.pconline.com.cn/（太平洋电脑网）

http://www.enet.com.cn/hardwares/（eNET 硅谷动力网）

注意：对于大多数普通用户来说，可以从以下几个指标来大体评价计算机的性能：

- CPU 主频。CPU 主频是衡量计算机性能的一项重要指标。微型计算机一般采用主频来描述运算速度，例如，Pentium/133 的主频为 133 MHz，PentiumⅢ/800 的主频为 800 MHz，Pentium 4 1.5G 的主频为 1.5 GHz。一般说来，主频越高，运算速度就越快。主频和实际的运算速度存在一定的关系，但并不是一个简单的线性关系。

- CPU 字长。电脑技术中对 CPU 在单位时间内（同一时间）能一次处理的二进制数的位数叫字长。所以能处理字长为 8 位数据的 CPU 通常就叫 8 位的 CPU。同理 32 位的 CPU 就能在单位时间内处理字长为 32 位的二进制数据。当前的 CPU 大部分是 32 位的 CPU，但是字长的最佳是 CPU 发展的一个趋势。AMD 已经推出 64 位的 CPU-Atlon64。注：主频与字长是 CPU 的两个主要参数，决定 CPU 的性能优劣与档次。

- 内存储器的容量。内存储器容量的大小反映了计算机即时存储信息的能力。随着操作系统的升级，应用软件的不断丰富及其功能的不断扩展，人们对计算机内存容量的需求也不断提高。目前，运行 Windows XP 需要 128 M 以上的内存容量，运行 Windows 7 需要 512MB 以上的内存容量，运行 Windows 8 则需要 1G 以上的内存容量。内存容量越大，系统功能就越强大，能同时处理的数据量就越庞大。

- 外存储器的容量。外存储器容量通常是指硬盘容量（包括内置硬盘和移动硬盘）。外存储器容量越大，可存储的信息就越多，可安装的应用软件就越丰富。

除了上述这些主要性能指标外，微型计算机还有其他一些指标。例如，所配置外围设备的性能指标以及所配置系统软件的情况等。另外，各项指标之间也不是彼此孤立的，在实际应用时，应该把它们综合起来考虑，而且还要遵循"性能价格比"的原则。

1.6.2 计算机软件系统

软件是计算机系统必不可少的组成部分。微型计算机系统的软件分为系统软件和应用软件两类。系统软件一般包括操作系统、语言编译程序、数据库管理系统。应用软件是指计算机用户为某一特定应用而开发的软件。例如文字处理软件、表格处理软件、绘图软件、财务软件、过程控制软件等。下面简单介绍计算机软件的基本配置。

1. 操作系统 OS（Operating System）

操作系统是最基本、最重要的系统软件。它负责管理计算机系统的全部软件资源和硬件资源，合理地组织计算机各部分协调工作，为用户提供操作和编程界面。

随着计算机技术的迅速发展和计算机的广泛应用，用户对操作系统的功能、应用环境、使用方式不断提出新的要求，因而逐步形成了不同类型的操作系统。根据操作系统的功能和使用环境，大致可分为以下几类：

（1）单用户操作系统

计算机系统在单用户单任务操作系统的控制下，只能串行地执行用户程序，个人独占计算机的全部资源，CPU 运行效率低。DOS 操作系统属于单用户单任务操作系统。

现在大多数的个人计算机操作系统是单用户多任务操作系统，允许多个程序或多个作业同时存在和运行。常用的操作系统中，Windows XP 或 Windows 7 等是单用户多任务操作系统；Windows Server 2003、Windows Server 2008 等是多用户多任务操作系统。

（2）批处理操作系统

批处理操作系统是以作业为处理对象，连续处理在计算机系统运行的作业流。这类操作系统的特点是：作业的运行完全由系统自动控制，系统的吞吐量大，资源的利用率高。

（3）分时操作系统

分时操作系统使多个用户同时在各自的终端上联机地使用同一台计算机，CPU 按优先级分配各个终端的时间片，轮流为各个终端服务，对用户而言，有"独占"这一台计算机的感觉。分时操作系统侧重于及时性和交互性，使用户的请求尽量能在较短的时间内得到响应。常用的分时操作系统有：UNIX、VMS 等。

（4）实时操作系统

实时操作系统是对随机发生的外部事件在限定时间范围内作出响应并对其进行处理的系

统。外部事件一般指来自与计算机系统相联系的设备的服务要求和数据采集。实时操作系统广泛用于工业生产过程的控制和事务数据处理中，常用的系统有 RDOS 等。

（5）网络操作系统

为计算机网络配置的操作系统称为网络操作系统。它负责网络管理、网络通信、资源共享和系统安全等工作。常用的网络操作系统有 NetWare 和 Windows Server。NetWare 是 Novell 公司的产品，Windows Server 是 Microsoft 公司的产品。

（6）分布式操作系统

分布式操作系统是用于分布式计算机系统的操作系统。分布式计算机系统是由多个并行工作的处理机组成的系统，提供高度的并行性和有效的同步算法和通讯机制，自动实行全系统范围的任务分配并自动调节各处理机的工作负载。如 MDS、CDCS 等。

2．语言编译程序

人和计算机交流信息使用的语言称为计算机语言或称程序设计语言。计算机语言通常分为机器语言、汇编语言和高级语言三类。

（1）机器语言

机器语言是一种用二进制代码"0"和"1"形式表示的，能被计算机直接识别和执行的语言。用机器语言编写的程序，称为计算机机器语言程序。它是一种低级语言，用机器语言编写的程序不便于记忆、阅读和书写。通常不用机器语言直接编写程序。

（2）汇编语言

汇编语言是一种用助记符表示的面向机器的程序设计语言。汇编语言的每条指令对应一条机器语言代码，不同类型的计算机系统一般有不同的汇编语言。用汇编语言编制的程序称为汇编语言程序，机器不能直接识别和执行，必须由"汇编程序"（或汇编系统）翻译成机器语言程序才能运行。这种"汇编程序"就是汇编语言的翻译程序。

汇编语言适用于编写直接控制机器操作的低层程序，它与机器密切相关，不容易使用。

（3）高级语言

高级语言是一种比较接近自然语言和数学表达式的计算机程序设计语言。一般用高级语言编写的程序称为"源程序"，计算机不能识别和执行，要把用高级语言编写的源程序翻译成机器指令，通常有编译和解释两种方式。

编译方式是将源程序整个编译成目标程序，然后通过链接程序将目标程序链接成可执行程序。解释方式是将源程序逐句翻译，翻译一句执行一句，边翻译边执行，不产生目标程序。由计算机执行解释程序自动完成。

常用的高级语言程序有 BASIC 语言、FORTRAN 语言、PASCAL 语言、C 语言和 Java 语言。

BASIC 语言是一种简单易学的计算机高级语言。尤其是 Visual Basic 语言，具有很强的可视化设计功能。给用户在 Windows 环境下开发软件带来了方便，是重要的多媒体编程工具语言。

FORTRAN 是一种适合科学和工程设计计算的语言，它具有大量的工程设计计算程序库。

PASCAL 语言是结构化程序设计语言，适用于教学、科学计算、数据处理和系统软件的开发。

C 语言是一种具有很高灵活性的高级语言，适用于系统软件、数值计算、数据处理等。使用非常广泛。

Java 语言是近几年发展起来的一种新型的高级语言。它简单、安全、可移值性强。Java 适用于网络环境的编程，多用于交互式多媒体应用。

3. 数据库管理系统

数据库管理系统（DataBase Management System，DBMS）的作用是管理数据库。数据库管理系统是有效地进行数据存储、共享和处理的工具。目前，微机系统常用的单机数据库管理系统有：dBASE、FoxBase、Visual FoxPro 等，适合于网络环境的大型数据库管理系统 Sybase、Oracle、DB2、SQL Server 等。

当今数据库管理系统主要用于档案管理、财务管理、图书资料管理、仓库管理、人事管理等数据处理。

4. 联网及通信软件

网络上的信息和资料管理比单机上要复杂得多。因此，出现了许多专门用于联网和网络管理的系统软件。例如局域网操作系统 Novell NetWare、Microsoft Windows Server 等；通信软件有 Internet 浏览器软件，如北京奇虎科技有限公司的 360 安全浏览器、Microsoft 公司的 IE 等。

（1）应用软件

根据要求安装当前流行的 Microsoft Office 2010 办公软件。

应用软件是指计算机用户为某一特定应用而开发的软件。例如文字处理软件、表格处理软件、绘图软件、财务软件、过程控制软件等。

文字处理软件。文字处理软件主要用于用户对输入到计算机的文字进行编辑并能将输入的文字以多种字形、字体及格式打印出来。目前常用的文字处理软件有 Microsoft Word、WPS 等。

表格处理软件。表格处理软件是根据用户的要求处理各式各样的表格并存盘打印出来。目前常用的表格处理软件有 Microsoft Excel 等。

（2）工具软件

根据需求安装多媒体软件、杀毒软件及防火墙、Foxmail 邮件管理软件、QQ 通讯软件等工具软件，可以实现计算机安全管理需求与在线通讯的需求。

● 媒体与多媒体技术

媒体在计算机领域中有两种含义：一是指用以存储信息的实体，如磁带、磁盘、光盘和半导体存储器；另一种是指多媒体技术中的媒体，即指信息载体，如文本、声频、视频、图形、图像、动画等。

多媒体技术是指利用计算机技术把各种信息媒体综合一体化，使它们建立起逻辑联系，并进行加工处理的技术。所谓"加工处理"主要是指对这些媒体的录入、对信息进行压缩和解压缩、存储、显示、传输等。

● 多媒体技术的特性

多媒体技术具有以下五种特性：

多样性：指计算机所能处理的信息从最初的数值、文字、图形扩展到声音和视频信息（运动图像）。视频信息的处理是多媒体技术的核心。

集成性：是指将多媒体信息有机地组织在一起，综合地表达某个完整内容。

交互性：是指提供人们多种交互控制能力，使人们获取信息和使用信息，变被动为主动。交互性是多媒体技术的关键特征。

实时性：多媒体技术需要同时处理声音、文字、图像等多种信息，其中声音和视频图像还要求实时处理。因此，还需要能支持对多媒体信息进行实时处理的操作系统。

数字化：是指多媒体中的各个单媒体都是以数字形式存放在计算机中。

多媒体技术包括数字信号的处理技术、音频和视频技术、多媒体计算机系统（硬件和软件）技术、多媒体通信技术等。

● 多媒体计算机系统

多媒体计算机是指能对多媒体信息进行获取、编辑、存取、处理、加工和输出的一种交互性的计算机系统。多媒体计算机系统一般由多媒体计算机硬件系统和多媒体计算机软件系统组成，如图 1-12 所示。

图 1-12　多媒体计算机硬件系统

多媒体计算机硬件系统包括多媒体计算机（如个人机、工作站、超级微机等），多媒体输入输出设备（如打印机、绘图仪、音响、电视机、录像机、录音机、喇叭、高分辨率屏幕等），多媒体存储设备（如硬盘、光盘、声像磁带等），多媒体功能卡（视频卡、音频卡、压缩卡、加电控制卡、通信卡），操纵控制设备（如鼠标器、键盘、操纵杆、触摸屏等）等装置组成。

多媒体计算机软件系统包括支持多媒体功能的操作系统（如 Windows XP、Windows 7、Windows 8 等）、多媒体数据开发软件、多媒体压缩／解压缩软件、多媒体声像同步软件、多媒体通信软件、各种多媒体应用软件等组成。

1.7　计算机病毒

"计算机病毒"与医学上的"病毒"不同，它不是天然存在的，是某些人利用计算机软、硬件所固有的脆弱性，编制具有特殊功能的程序，对计算机资源进行破坏的一组程序或指令集合。1994 年 2 月 18 日，我国正式颁布实施了《中华人民共和国计算机信息系统安全保护条例》，在《条例》第二十八条中明确指出："计算机病毒，是指编制或者在计算机程序中插入的破坏计算机功能或者毁坏数据，影响计算机使用，并能自我复制的一组计算机指令或者程序代码。"

1.7.1　计算机病毒的特性

（1）传染性。计算机病毒的传染性是指病毒具有把自身复制到其他程序中的特性。计算机病毒一旦进入计算机并得以执行，它会搜寻其他符合其传染条件的程序或存储介质，确定目标后再将自身代码插入其中，达到自我繁殖的目的。只要一台计算机染毒，如不及时处理，那么病毒会在这台机子上迅速扩散，其中的大量文件（一般是可执行文件）会被感染。而被感染的文件又成了新的传染源，再与其他机器进行数据交换或通过网络接触，病毒会继续进行传染。

（2）非授权性。一般正常的程序是由用户调用，再由系统分配资源，完成用户交给的任务。其目的对用户是可见的、透明的。而病毒具有正常程序的一切特性，它隐藏在正常程序中，当用户调用正常程序时窃取到系统的控制权，先于正常程序执行，病毒的动作、目的对用户是未知的，是未经用户允许的。

（3）隐蔽性。病毒一般是具有很高编程技巧、短小精悍的程序，通常附在正常程序中或磁盘较隐蔽的地方，也有个别的以隐含文件形式出现，目的是不让用户发现它的存在。如果不经过代码分析，病毒程序与正常程序是不容易区别开来的。一般在没有防护措施的情况下，计算机病毒程序取得系统控制权后，可以在很短的时间里传染大量程序。而且受到传染后，计算机系统通常仍能正常运行，使用户不会感到任何异常。

（4）潜伏性。大部分的病毒感染系统之后一般不会马上发作，它可长期隐藏在系统中，只有在满足其特定条件时才启动其表现（破坏）模块。著名的"黑色星期五"在逢 13 号的星期五发作。国内的"上海一号"会在每年三、六、九月的 13 日发作。当然，最令人难忘的便是 26 日发作的 CIH。这些病毒在平时会隐藏得很好，只有在发作日才会露出本来面目。

（5）破坏性。任何病毒只要侵入系统，都会对系统及应用程序产生程度不同的影响。轻者会降低计算机工作效率，占用系统资源，重者可导致系统崩溃。

由此特性可将病毒分为良性病毒与恶性病毒。良性病毒可能只显示些画面或弹出音乐、无聊的语句，或者根本没有任何破坏动作，但会占用系统资源。恶性病毒则有明确的目的，或破坏数据、删除文件或加密磁盘、格式化磁盘，有的对数据造成不可挽回的破坏。

（6）不可预见性。从对病毒的检测方面来看，病毒还有不可预见性。不同种类的病毒，它们的代码千差万别，但有些操作是共有的（如驻内存，改中断）。病毒的制作技术也在不断的提高，病毒对反病毒软件永远是超前的。

1.7.2　计算机病毒的传播途径

计算机病毒的传播主要是通过拷贝文件、传送文件、运行程序等方式进行。而主要的传播途径有以下几种：

（1）硬盘。因为硬盘存储数据多，在其互相借用或维修时，容易将病毒传播到其他的硬盘或软盘上。

（2）U 盘。为了计算机之间互相传递文件，经常使用 U 盘，这样，通过 U 盘，也会将一台机子的病毒传播到另一台机子。

（3）光盘。光盘的存储容量大，所以大多数软件都刻录在光盘上，以便互相传递；由于购买正版软件的人少，一些非法商人就将软件放在光盘上，所以上面即使有病毒也不能清除，在制作过程中难免会将带毒文件刻录在上面。

（4）网络。在电脑日益普及的今天，人们通过计算机网络，互相传递文件、信件，这样病毒的传播速度又加快了。在网上下载免费、共享软件，病毒也难免会夹在其中。

1.7.3　计算机病毒的分类

计算机病毒可分类如下：

（1）按照计算机病毒存在的媒体进行分类，可分为网络病毒、文件病毒、引导型病毒还有这三种情况的混合型。

- 网络病毒通过计算机网络传播感染网络中的可执行文件。
- 文件病毒感染计算机中的文件（如：COM，EXE，DOC 等）。
- 引导型病毒感染启动扇区（Boot）和硬盘的系统引导扇区（MBR）。

（2）按照计算机病毒传染的方法进行分类，可分为驻留型病毒和非驻留型病毒。

- 驻留型病毒感染计算机后，把自身的内存驻留部分放在内存（RAM）中，这一部分程序挂接系统调用并合并到操作系统中去，它处于激活状态，一直到关机或重新启动。
- 非驻留型病毒在得到机会激活时并不感染计算机内存，一些病毒在内存中留有小部分，但是并不通过这一部分进行传染。

（3）根据病毒的破坏能力可划分为以下几种：

- 无害型：除了传染时减少磁盘的可用空间外，对系统没有其他影响。
- 无危险型：这类病毒仅仅是减少内存、显示图像、发出声音及同类音响。
- 危险型：这类病毒在计算机系统操作中造成严重的错误。
- 非常危险型：这类病毒会删除程序、破坏数据、清除系统内存区和操作系统中重要的信息。这些病毒对系统造成的危害，并不是本身的算法中存在危险的调用，而是当它们传染时会引起无法预料的和灾难性的破坏。

1.7.4　病毒的表现

在系统运行时，病毒通过病毒载体即系统的外存储器进入系统的内存储器，常驻内存。病毒在系统内存中监视系统的运行，当它发现有攻击的目标存在并满足条件时，便从内存中将自身存入被攻击的目标，从而将病毒进行传播。而病毒利用系统读写磁盘的中断又将其写入系统的外存储器软盘或硬盘中，再感染其他系统。计算机病毒对微型计算机而言，它的影响表现在：

- 磁盘坏簇莫名其妙地增多；
- 由于病毒程序附加在可执行程序头尾或插在中间，使可执行程序容量增大；
- 由于病毒本身或其复制品不断侵占系统空间，使可用系统空间变小；
- 由于病毒程序的异常活动，造成异常的磁盘访问；
- 由于病毒程序附加或占用引导部分，使系统引导变慢；
- 丢失数据和程序；
- 死机现象增多；
- 生成不可见的表格文件或特定文件；
- 系统出现异常动作，例如：突然死机，又在无任何外界介入下，自行起动；

- 出现一些无意义的画面问候语等显示；
- 系统不认识磁盘或硬盘不能引导系统等；
- 异常要求用户输入口令。

1.7.5　清除病毒

以 360 杀毒软件为例，可选择"全盘扫描"进行病毒的查杀。如下图 1-13 所示：

图 1-13　查杀病毒

　　清除病毒的方法有两类，一是手工清除，二是借助反病毒软件消除。用手工方法消除病毒不仅繁琐，而且对技术人员素质要求很高，只有具备较深的电脑专业知识的人员才能采用。用反病毒软件消除是当前比较流行的方法，它既方便又安全。

　　目前常用的杀毒软件有：卡巴斯基、百度杀毒、金山毒霸、江民、瑞星、360 安全卫士等。

　　正确的病毒查杀步骤：

- 如果发现病毒，首先停止使用计算机，用干净启动系统盘启动机器，将所有资料备份；
- 用正版杀毒软件进行杀毒，最好能将杀毒软件升级到最新版；
- 如果一个杀毒软件不能杀除，可到网上找一些专业性的杀病毒网站下载最新版的其他杀毒软件，进行查杀；
- 如果多个杀毒软件均不能杀除，可将此病毒发作情况发布到网上，或到专门的 BBS 论坛留下贴子；
- 可用此染毒文件上报杀病毒网站，让专业性的网站或杀毒软件公司帮你解决。

1.7.6　病毒的预防

1. 病毒的预防

首先，在思想上重视，加强管理，防止病毒的入侵。凡是使用外来的软盘往机器中拷贝信息，都应该先对软盘进行查毒，若有病毒必须清除，这样可以保证计算机不被新的病毒传染。此外，由于病毒具有潜伏性，可能机器中还隐蔽着某些旧病毒，一旦时机成熟还将发作，所以，要经常对磁盘进行检查，若发现病毒就及时杀除。

采取有效的查毒与消毒方法是技术保证。检查病毒与消除病毒目前通常有两种手段，一种是在计算机中加一块防病毒卡，另一种是使用防病毒软件。两者工作原理基本相同，一般用防病毒软件的用户更多一些。切记要注意一点，预防与消除病毒是一项长期的工作任务，不是一劳永逸的，应坚持不懈。

2. 预防病毒的注意事项

- 备好启动软盘，并贴上写保护。检查电脑的问题，最好应在没有病毒干扰的环境下进行，才能测出真正的原因，或阻止病毒的侵入。因此，在安装系统之后，应该及时做一张启动盘，以备不时之需。
- 重要资料，必须备份。资料是最重要的，程序损坏了可重新拷贝或再买一份，对于重要资料经常备份是绝对必要的。
- 尽量避免在无防毒软件的机器上使用可移动储存介质。
- 使用新软件时，先用扫毒程序检查，可减少中毒机会。
- 准备一份具有杀毒及保护功能的软件，将有助于杜绝病毒。
- 重建硬盘是有可能的，救回的机率相当高。若硬盘资料已遭破坏，不必急着格式化，因病毒不可能在短时间内将全部硬盘资料破坏，故可利用杀毒软件加以分析，恢复至受损前状态。
- 不要在互联网上随意下载软件。病毒的一大传播途径，就是 Internet。潜伏在网络上的各种可下载程序中，如果随意下载、随意打开，极易感染病毒。因此，不要贪图免费软件，如果需要，应在下载后执行杀毒软件彻底检查。
- 不要轻易打开电子邮件的附件。近年来造成大规模破坏的许多病毒，都是通过电子邮件传播的。不要以为只打开熟人发送的附件就一定保险，有的病毒会自动检查受害人电脑上的通讯录并向其中的所有地址自动发送带毒文件。最妥当的做法，是先将附件保存下来，不要打开，先用查毒软件彻底检查。

习题一

一、简答题

1. 计算机的特点有哪些？
2. 冯·诺依曼计算机基本工作原理是什么？
3. 计算机硬件系统的组成部分有哪些？各部分的功能是什么？
4. 什么是系统软件？高级语言中的编译与解释的含义是什么？
5. 什么是计算机病毒？如何防止病毒？

二、数据转换

1. $(125)_{10}=($ $)_2=($ $)_8=($ $)_{16}$
2. $($ $)_{10}=(1011101)_2=($ $)_8=($ $)_{16}$
3. $($ $)_{10}=($ $)_2=(72)_8=($ $)_{16}$
4. $($ $)_{10}=($ $)_2=($ $)_8=(12B4)_{16}$

三、选择题

1. 第四代计算机的基本电子元器件是（ ）。
   A．电子管   B．大规模、超大规模集成电路
   C．晶体管   D．中小规模集成电路
2. 关于"电子计算机的特点"，以下论述错误的是（ ）。
   A．运算速度快   B．存储容量大
   C．不能进行逻辑判断   D．计算精度高
3. 计算机辅助设计的英文缩写是（ ）。
   A．CAM   B．CAD
   C．CAI   D．CAE
4. 对于 N 进制数，每一位可以使用的数字符号的个数是（ ）。
   A．N-1   B．N
   C．2N   D．N+1
5. 在计算机中，一个字节可表示（ ）。
   A．2 位 16 进制数   B．2 位 10 进制数
   C．2 位 8 制数   D．2 位 2 进制数
6. 随机存储器 RAM 的特点是（ ）。
   A．RAM 中的信息既可读出也可写入
   B．RAM 中的信息只能写入
   C．RAM 中的信息只能读出
   D．RAM 中的信息既不可读出也不可写入
7. 与内存相比，外存储器的主要优点是（ ）。
   A．存储容量大，存储速度快   B．存储容量小，存储速度快
   C．存储容量大，存储速度慢   D．存储容量小，存储速度慢
8. 给软盘加上写保护后可以防止（ ）。
   A．数据丢失   B．读出数据错误
   C．病毒入侵   D．其他人拷贝文件
9. 计算机系统组成包括（ ）。
   A．系统软件和应用软件   B．系统硬件和软件系统
   C．主机和外设   D．运算器、控制器
10. 计算机硬件系统包括（ ）。
    A．主机和外设   B．CPU
    C．主机、鼠标、键盘   D．主机和光驱

11. 1KB 包括的字节数是（　　）。

    A．1000B   B．1024B

    C．512B   D．256B

12. 通常所说一台微机的内存容量为 32M，指的是（　　）。

    A．32Mb   B．32MB

    C．32M 字   D．32000K 字

13. 计算机病毒产生的原因是（　　）。

    A．用户程序有错误   B．计算机硬件故障

    C．计算机系统软件有错误   D．人为制造

14. 下列存储器中，存取速度最快的是（　　）。

    A．软盘   B．硬盘

    C．光盘   D．内存

15. 下列存储器中，断电后信息会丢失的是（　　）。

    A．CD-ROM   B．磁盘

    C．RAM   D．ROM

16. 组成微型计算机主机的硬件除 CPU 外，还有（　　）。

    A．RAM   B．ROM 和硬盘

    C．RAM 和 ROM   D．硬盘和显示器

17. 组成微型计算机主机的部件是（　　）。

    A．CPU、内存和硬盘

    B．CPU、内存、显示器和键盘

    C．CPU 和内存

    D．CPU、内存、硬盘、显示器和键盘套

18. UPS 的中文译名是（　　）。

    A．稳压电源   B．不间断电源

    C．高能电源   D．调压电源

19. 冯·诺依曼（Von Neumann）在他的 EDVAC 计算机方案中提出了两个重要的概念，它们是（　　）。

    A．采用二进制和存储程序控制的概念

    B．引入 CPU 和内存储器的概念

    C．机器语言和十六进制

    D．ASCII 编码和指令系统

20. 把存储在硬盘上的程序传送到指定的内存区域中，这种操作称为（　　）。

    A．输出   B．写盘

    C．输入   D．读盘

21. 为了提高软件开发效率，开发软件时应尽量采用（　　）。

    A．汇编语言   B．机器语言

    C．指令系统   D．高级语言

22. 二进制数 1001001 转换成十进制数是（　　）。

    A．72   B．71   C．75   D．73

23. 在一个非零无符号二进制整数之后添加一个 0，则此数的值为原数的（　　）。
    A．4 倍　　　　　　　　　　　　B．2 倍
    C．1/2 倍　　　　　　　　　　　D．1/4 倍

24. 在外部设备中，扫描仪属于（　　）。
    A．输出设备　　　　　　　　　　B．存储设备
    C．输入设备　　　　　　　　　　D．特殊设备

25 下列度量单位中，用来度量计算机外部设备传输率的是（　　）。
    A．MB/s　　　　B．MIPS　　　　C．GHz　　　　　D．MB

26. 计算机技术中，下列不是度量存储器容量的单位的是（　　）。
    A．KB　　　　　B．MB　　　　　C．GHz　　　　　D．GB

27. 控制器（CU）的功能是（　　）。
    A．指挥计算机各部件自动、协调一致地工作
    B．对数据进行算术运算或逻辑运算
    C．控制对指令的读取和译码
    D．控制数据的输入和输出

28. 以下说法中，正确的是（　　）。
    A．域名服务器（DNS）中存放 Internet 主机的 IP 地址
    B．域名服务器（DNS）中存放 Internet 主机的域名
    C．域名服务器（DNS）中存放 Internet 主机域名与 IP 地址的对照表
    D．域名服务器（DNS）中存放 Internet 主机的电子邮件地址

29. 下列用户 XUEJY 的电子邮件地址中，正确的是（　　）。
    A．XUEJY$bj163.com　　　　　　B．XUEJY&bjl63.com
    C．XUEJY#bj163.com　　　　　　D．XUEJY@bj163.com

30. 根据汉字国标码 GB2312－80 的规定，一级常用汉字数是（　　）。
    A．3477 个　　　　　　　　　　　B．3575 个
    C．3755 个　　　　　　　　　　　D．7445 个

31. 在微型计算机内部，对汉字进行传输、处理和存储时使用汉字的（　　）。
    A．国标码　　　　　　　　　　　B．字形码
    C．输入码　　　　　　　　　　　D．机内码

32. 组成一个计算机系统的两大部分是（　　）。
    A．系统软件和应用软件　　　　　B．硬件系统和软件系统
    C．主机和外部设备　　　　　　　D．主机和输入/输出设备

33. 下列关于计算机病毒的说法中，正确的是（　　）。
    A．计算机病毒是对计算机操作人员身体有害的生物病毒
    B．计算机病毒将造成计算机的永久性物理损害
    C．计算机病毒是一种通过自我复制进行传染的，破坏计算机程序和数据的小程序
    D．计算机病毒是一种感染在 CPU 中的微生物病毒

34. 操作系统的主要功能是（　　）。
    A．对用户的数据文件进行管理，为用户管理文件提供方便
    B．对计算机的所有资源进行统一控制和管理，为用户使用计算机提供方便

　　C．对源程序进行编译和运行

　　D．对汇编语言程序进行翻译

35．一个计算机操作系统通常应具有的功能模块是（　　）。

　　A．CPU 管理、显示器管理、键盘管理、打印机和鼠标器管理五大功能

　　B．硬盘管理、软盘驱动器管理、CPU 管理、显示器管理和键盘管理五大功能

　　C．CPU 管理、存储管理、文件管理、输入/输出管理和任务管理五大功能

　　D．计算机启动、打印、显示、文件存储和关机五大功能

第2章 中文 Windows 7 操作系统

【学习目标】

- 了解 Windows 7 新增的常用功能;
- 掌握 Windows 7 的启动与退出;
- 掌握设置操作系统工作环境;
- 了解 Windows 7 的窗口与对话框的区别,并能熟练操作窗口与对话框;
- 掌握资源管理器的操作;
- 熟练运用文档管理操作;
- 掌握常用附件的应用。

【重点难点】

- 重点: 操作系统工作环境的设置;
- 难点: 文档管理。

Windows 是 Microsoft 公司为 IBM PC 及其兼容机所设计的一种操作系统,也称"视窗操作系统",其前身是 MS-DOS(Microsoft Disk Operating System,微软磁盘操作系统)。Microsoft 公司从 1985 年开始推出 Windows 1.0 系统,然后逐步升级,到 1995 年推出 Windows 95(其版本号为 4.0)。Windows 95 以出色的多媒体特性、人性化的操作、美观的界面获得了用户的广泛认同,并以此奠定了其在微机桌面操作系统中的统治地位,结束了桌面操作系统间的竞争。在 Windows 95 系统获得巨大成功之后,又陆续推出了 Windows NT 4.0、Windows 98、Windows Me 及 Windows 2000 等版本,到 2001 年推出了 Windows XP,2003 年推出了 Windows 2003,2006 年推出了 Windows Vista,2009 年推出了 Windows 7。Windows 95 开始的各种版本的操作系统都以其直观的操作界面、强大的功能使众多的计算机用户能够方便快捷地使用自己的计算机,为人们的工作和学习提供了很大的便利。

2.1 Windows 7 基础知识

2.1.1 中文 Windows 7 的功能和特点

1. 中文 Windows 7 介绍

Windows 7 是由微软公司开发的,具有革命性变化的操作系统。该系统旨在让人们的日常电脑操作更加简单和快捷,为人们提供高效易行的工作环境。2009 年 10 月 22 日微软于美国正式发布 Windows 7。Windows 7 包含 6 个版本,分别为 Windows 7 Starter(初级版)、Windows 7 Home Basic(家庭普通版)、Windows 7 Home Premium(家庭高级版)、Windows 7 Professional(专业版)、Windows 7 Enterprise(企业版)和 Windows 7 Ultimate(旗舰版)。

在这六个版本中，Windows 7 家庭高级版和 Windows 7 专业版是两大主力版本，前者面向家庭用户，后者针对商业用户。此外，32 位版本和 64 位版本没有外观或者功能上的区别，但 64 位版本支持 16GB（最高至 192GB）内存，而 32 位版本只能支持最大 4GB 内存。目前所有新的和较新的 CPU 都是 64 位兼容的，均可使用 64 位版本。

2. 中文 Windows 7 的功能和特点

Windows 7 是一个 32/64 位的多用户、多任务的图形化界面的微型计算机操作系统。它采用了 Windows NT6.1 的核心技术，该系统具有运行可靠、稳定而且速度快的特点，Windows 7 可供家庭及商业工作环境、笔记本电脑、平板电脑、多媒体中心等使用。在新的中文版 Windows 7 系统中增加了众多的新技术和新功能，使用户能轻松地在其环境下完成各种管理和操作。

Windows 7 的设计主要围绕五个重点——针对笔记本电脑的特有设计、基于应用服务的设计、用户的个性化、视听娱乐的优化、用户易用性的新引擎。

- 更易用。Windows 7 做了许多方便用户的设计，如快速最大化，窗口半屏显示，跳转列表，系统故障快速修复等。这些新功能令 Windows 7 成为最易用的 Windows。

- 更快速。Windows 7 大幅缩减了 Windows 的启动时间。据实测，在 2008 年的中低端配置下运行，系统加载时间一般不超过 20 秒，这比 Windows Vista 的 40 余秒相比，是一个很大的进步。

- 更简单。Windows 7 将会让搜索和使用信息更加简单，包括本地、网络和互联网搜索功能，直观的用户体验将更加高级，还会整合自动化应用程序提交和交叉程序数据透明性。

- 更安全。Windows 7 包括了改进的安全和功能合法性,还会把数据保护和管理扩展到外围设备。Windows 7 改进了基于角色的计算方案和用户账户管理，在数据保护和坚固协作的固有冲突之间搭建沟通桥梁，同时也会开启企业级的数据保护和权限许可。

- 更低的成本。Windows 7 可以帮助企业优化它们的桌面基础设施，具有无缝操作系统、应用程序和数据移植功能，并简化 PC 供应和升级，进一步朝完整的应用程序更新和补丁方面努力。

- 更好的连接。Windows 7 进一步增强了移动工作能力，无论何时、何地、任何设备都能访问数据和应用程序，开启坚固的特别协作体验，无线连接、管理和安全功能会进一步扩展。令性能和当前功能以及新兴移动硬件得到优化，拓展了多设备同步、管理和数据保护功能。

2.1.2 中文 Windows 7 的运行环境与安装

1. Windows 7 的运行环境

由于 Windows 7 是一个 32/64 位的操作系统，其运行环境要求计算机硬件必须满足以下基本条件：

（1）CPU：最低计算机使用时钟频率为 1GHz 32 位或 64 位处理器，推荐使用 2GHz 处理器。

（2）内存：推荐使用 1G RAM 或更高。

（3）硬盘：16GB 以上可用空间，推荐 40GB 的可用空间（实际需求会根据系统配置与选装的应用程序和功能有所不同）。主分区，NTFS 格式。

（4）显卡：推荐显卡支持 DirectX 9128M 及以上（开启 AERO 效果）。

（5）显示器：要求分辨率在 1024×768 像素及以上（低于该分辨率则无法正常显示部分功能），或可支持触摸技术的显示设备。

（6）光盘驱动器：CD-ROM、DVD R/RW 驱动器。

（7）其他：键盘和 Microsoft 鼠标或兼容的指针设备。

2．Windows 7 的安装

根据计算机的现状及应用目标的不同，Windows 7 有多种安装模式：升级安装、全新安装、修复安装等，下面介绍全新安装模式的基本步骤：

（1）进入 BIOS 设置程序，将 CD-ROM/DVD 设置为第一启动设备。

（2）将 Windows 7 CD 插入 CD 或 DVD 驱动器，然后重新启动计算机。

（3）看到 "Press any key to boot from CD" 消息后，按任意键从 Windows 7 CD 启动计算机。

（4）在 "安装程序正在启动" 后，选择 "要安装的语言" 选择 "中文（简体）"，"时间和货币格式" 选择 "中文（简体，中国）"，"键盘和输入方法" 选择 "中文（简体）-美式键盘"，点击 "下一步"，进行版本选择，按照出厂随机系统版本的不同，此处可能略有不同，直接点击 "下一步" 即可。

（5）阅读 "Microsoft 软件许可条款"。

（6）按照屏幕上的说明创建分区，安装 Windows 7。

（7）按照屏幕上的指示完成输入个人信息、产品序列号，设置时间，网络连接，管理员密码等项目，以完成 Windows 7 的安装。

2.1.3　中文 Windows 7 的启动与退出

1．Windows 7 的启动

一般情况下，应先打开外部设备电源，然后再打开计算机的电源，此时计算机进入系统硬件自检，然后 Windows 7 就会以正常模式自行启动。如果是安装了多个操作系统或某些系统维护软件，就会出现一个系统选择菜单，要启动 Windows 7 只需单击其中的 "Windows 7" 选项，并按下回车键。对于多账户的系统，系统将呈现用户登录界面，选择相应的用户名，并输入有效的密码后进入系统；对于只有一个账户的系统，输入有效密码后进入系统（若未设置密码则直接进入系统）。最后在显示器上出现 Windows 7 桌面。

在特殊情况下，可能要求系统以非正常模式启动。当系统硬件自检结束后，随即按下 F8 键，显示器上就会出现如图 2-1 所示的系统启动模式菜单，根据需要选择相应的系统启动模式。

2．多用户间的切换

由于 Windows 7 是一个支持多用户的操作系统，各个用户可以进行个性化设置，并能实现私有信息的安全隔离而互不影响。为了便于以不同的用户快速登录来使用计算机，中文版 Windows 7 提供了注销的功能，该功能使用户不必重新启动计算机就可以实现不同的用户登录，还可以多个用户同时登录在一台计算机中（但某一时刻只能有一个用户与计算机进行交互操作），这样既快捷方便，又减少了对硬件的损耗。

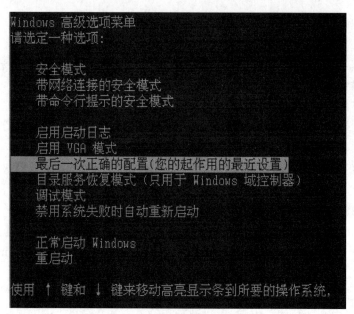

图 2-1　Windows 7 的高级选项菜单

多用户间的切换是通过 Windows 7 的注销功能来实现的，其操作方式为：

在"开始"菜单的关机按钮右侧下拉列表中分别单击"注销"按钮和"切换用户"按钮，会出现图 2-2 的画面，两者有区别，"切换用户"指在不注销当前登录用户的情况下而切换到另一个用户，当前用户正在执行的程序保持在后台运行状态，而当切换回该用户时就可以继续原来的操作。"注销"将保存当前用户的设置，关闭当前登录用户所运行的所有程序。这两种切换方式都会转换到用户登录界面。

图 2-2　Windows 7 的注销和切换用户

3．Windows 7 的退出

Windows 7 是一个采用虚拟存储技术的操作系统，在运行过程中，会将一部分外存空间当作内存来使用，以便临时存储某些系统信息，以降低系统对实际物理内存的需求，当系统被正常关闭时，系统会自动回收相应的存储空间。因此，在关闭计算机时，应该按正常的方式退出 Windows 7，而不能直接关闭计算机的电源来瞬时停止计算机的运行，否则可能会造成部分应用程序的数据丢失，导致外存里的数据遭受破坏，严重时可能会导致系统崩溃。

具体的操作过程如下：

（1）关闭所有正在运行的应用程序及其使用的文件。

（2）单击"开始"按钮，选择"关机"命令。

（3）关闭计算机电源（多数情况下，系统会自动关闭计算机电源），然后关闭其他设备的电源。

在"关机"按钮右侧的命令中还有四个图标，如图 2-3 所示，代表不同的关闭方式：

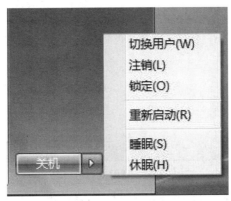

图 2-3　Windows 7 的关闭

- 锁定：当离开电脑的时间短而又不想让别人操作电脑的时候就可以设置锁定，那么必须输入账户密码才可以进入系统，所以起到一定的防护作用，类似挂机功能。
- 重新启动：此选项将关闭系统运行，紧接着重新启动计算机。
- 睡眠：是一种节能状态，当希望再次开始工作时，可使计算机快速恢复全功率工作（通常在几秒钟之内）。让计算机进入睡眠状态就像暂停 DVD 播放机一样，计算机会立即停止工作，并做好继续工作的准备。
- 休眠：是一种主要为便携式计算机设计的电源节能状态。睡眠通常会将工作和设置保存在内存中并消耗少量的电量，而休眠则将打开的文档和程序保存到硬盘中，然后关闭计算机。在 Windows 使用的所有节能状态中，休眠使用的电量最少。对于便携式计算机，如果将有很长一段时间不使用它，并且在那段时间不可能给电池充电，则应使用休眠模式。

除了使用"开始"菜单来关闭计算机之外，还可以重复使用 Alt+F4 组合键关闭所有的程序，直至出现"关闭计算机"的操作界面。也可以使用 Ctrl+Alt+Del 组合键或 Ctrl+Shift+ESC 组合键来打开"Windows 任务管理器"应用程序，选择其"关机"中的功能项来进行操作。

2.1.4　中文 Windows 7 的窗口与对话框

在 Windows 7 中，所有操作都是在可视的图形界面中完成的。Windows 7 的图形界面除桌面以外，还有窗口和对话框。

1. 窗口的组成

为了便于进行系统管理和信息处理，一般的 Windows 系统工具及其他软件在运行时都会显示一个窗口。下面以"计算机"窗口来简要介绍窗口的组成情况，如图 2-4 所示。

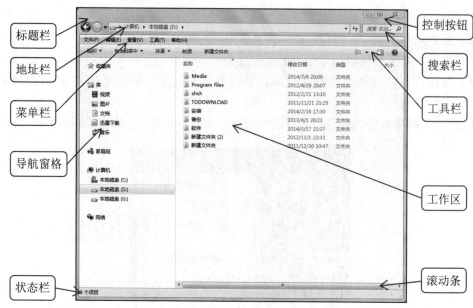

图 2-4　"计算机"窗口

窗口具有统一的设计风格，基本都包含标题栏、菜单栏、工具栏、工作区、状态栏等对象，每一种对象都有明确的功能：

- 标题栏：显示窗口标题，Windows 7 中部分窗口标题栏为空。
- 控制按钮：最小化、最大化（或还原，当窗口处于最大化时）、关闭按钮，通过它可以完成窗口的管理；
- 菜单栏：提供许多的菜单项以便进行各种功能操作；
- 工具栏：提供了操作中最常用的功能图标，如"计算机"的工具栏有"后退""前进""视图""显示/隐藏预览窗格"及"帮助"等工具；
- 工作区：显示文件、文件夹等信息；
- 滚动条：若显示内容超出工作区范围则会出现水平或垂直滚动条，用户可以拖动滚动条来查看整个信息；
- 地址栏：地址栏出现在窗口的顶部，将当前的位置显示为以箭头分隔的一系列链接，可以通过键入位置路径来导航到其他位置；
- 导航窗格：可以使用导航窗格（左窗格）来查找文件和文件夹。还可以在导航窗格中将项目直接移动或复制到目标位置；
- 状态栏：显示应用程序当前所处运行状态，常提示当前已完成的操作或提示应当进行的下一步操作信息。

2. 窗口的操作

窗口操作主要涉及打开窗口、移动窗口、改变窗口大小、最小化和最大化窗口以及关闭窗口等操作，下面对窗口操作简要介绍。

（1）打开窗口

一个窗口常常代表一个应用程序，打开窗口就是运行一个应用程序。在 Windows 7 系统中有多种方法可以运行应用程序，其中最常用的有两种方法：第一种是双击应用程序图标；第二种是通过"开始"菜单选择相应的应用程序。例如：要打开"计算机"，可以双击桌面上的

"计算机"图标，也可在"开始"菜单右窗格中选择"计算机"。

（2）移动窗口

打开 Windows 7 的窗口之后，用户还可以根据需要利用鼠标与键盘的操作移动窗口。使用鼠标进行窗口移动操作时，可单击 Windows 7 中窗口的标题，用鼠标将其拖动至目标处，释放鼠标即将窗口移动至新的位置。

使用键盘来移动窗口的操作步骤：打开窗口的控制菜单（按 Alt+空格组合键）→选择移动功能（按键盘上的 M 键）→移动到指定位置（按键盘上的方向键）→确认（按回车键）。

（3）改变窗口大小

打开 Windows 7 的窗口之后，用户还可以根据需要利用鼠标与键盘的操作改变窗口大小。使用鼠标进行改变窗口大小的操作时，将鼠标移动到窗口的边缘，当鼠标图标变为双箭头形状，按住鼠标左键拖动即可。使用键盘来实现的步骤同移动窗口相似。

（4）窗口的最大化与最小化

当使用某一应用程序工作时，常需要用尽可能大的显示区域来呈现相关的信息，此时可以将对应的窗口最大化。其操作方法是：用鼠标单击该窗口右上角的"最大化"按钮，或者单击窗口左上角的控制菜单，选择其中的"最大化"命令。如果用户要在切换窗口时最大化窗口，在任务栏上右击代表窗口的图标按钮，从弹出菜单中选择"最大化"命令即可。使用键盘使窗口最大化的操作步骤与移动窗口相似。

当暂时不想使用某个窗口，以免影响对其他窗口或者桌面的操作时，可将其最小化。当窗口最小化时，应用程序则转入后台执行。其操作方法是：用鼠标单击该窗口右上角的"最小化"按钮，或者单击该窗口左上角的控制菜单，选择"最小化"命令即可。

Windows 7 的另一个新功能就是智能排列窗口，当你把一个窗口拖拽到屏幕顶部时，它会自动最大化。

（5）关闭窗口

在桌面的使用过程中，如果不再使用某个程序窗口，可将其关闭。关闭窗口的方法有多种：

● 按 Alt+F4 组合键。
● 鼠标单击程序窗口右上角的关闭按钮。
● 打开应用程序窗口的"文件"菜单，选择执行其中的"关闭/退出"命令。

如果应用程序正在处理的信息需要保存，关闭窗口时，系统会弹出一个信息提示框，询问是否需要保存内容，进行相应选择之后才能关闭窗口。

（6）多窗口操作

Windows 7 是一个多任务操作系统，在计算机的使用过程中，可以打开多个窗口。在多个窗口中系统只允许其中一个为活动窗口，活动窗口呈深蓝色，其他窗口呈灰蓝色，通过鼠标单击相应窗口的区域可以进行应用程序的切换或点击任务栏上的窗口图标按钮来切换窗口，最后一次选择的窗口成为活动窗口。

通过任务栏的右键菜单，还能对系统中运行的窗口程序在桌面上的位置进行排列，排列方式有三种：层叠窗口、堆叠显示窗口、并排显示窗口。

3. 对话框

在 Windows 7 中，执行某些具体操作时，会出现一个对话框。对话框的大小、形式、外观等各不相同，但大部分对话框的组成基本相似，主要由选项卡、文本框、列表框、单选按钮、复选框、命令按钮等组成，如图 2-5 所示。

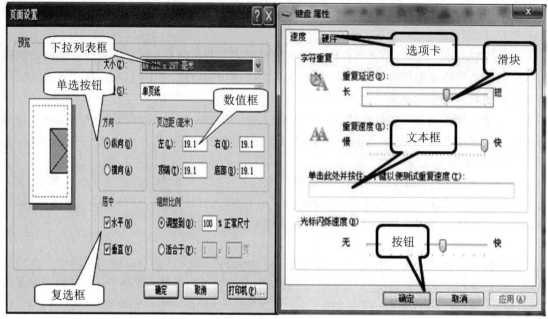

图 2-5　对话框

- 选项卡：当一个对话框下的命令有多组可供选择的参数时，系统把所有相关的功能放在一张选项卡上，多张选项卡合并在一个对话框中。单击某个选项卡，对话框就显示该选项卡对应的选项。
- 文本框：用于输入字符信息。
- 下拉列表框：以方框形式出现，其右边有一个向下的"黑三角"标志按钮，单击该按钮，会出现一个具有多项选择的列表，用户可以从中选择其一，这类列表称为列表框。
- 单选按钮：系统提供单项选择，用户只能从中选择一项，被选中项目前面的圆圈内，将打上"●"，这些选择框称为单选框。
- 复选框：系统提供多项选择，用户可以从中选择一项或多项，被选中项目前面的方框内，将打上"√"，这些选择框称为复选框。
- 按钮：用户单击该按钮时，系统就执行相应的操作。
- 数值框：单击数值框右边的箭头，可以调整其数值，多数情况也可直接输入其值。
- 滑块：用鼠标拖动其中的小标块，就能设置其值的大小。

对话框与窗口在外形上有许多相似之处，一般来讲，对话框依附于某一具体的窗口，它的大小是不能改变的（没有最大化和最小化按钮），也没有菜单栏。当某一窗口打开了对话框之后，窗口的其他部分是无法操作的。

4. 菜单

在应用程序的窗口都有一个菜单栏，菜单栏中有"文件""编辑""帮助"等按钮，这种菜单被称为应用程序菜单。应用程序菜单显示在窗口的菜单栏上，每个菜单对应的下拉菜单提供一组命令列表。当鼠标指向某一对象时，单击右键也会出现一个菜单，这种菜单称为右键菜单（也称快捷菜单）。菜单中通过一些特殊的符号和一些显示效果来指示各菜单的状态，如图2-6、图 2-7 所示。

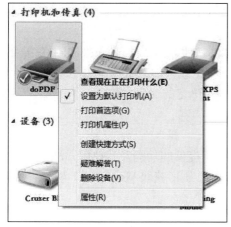

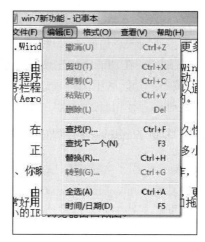

图 2-6　快捷菜单　　　　　　　　　　图 2-7　应用程序菜单

在菜单的选项里有不同样式的菜单项，样式代表不同的意义：

- 完成相关任务的命令成组放置，命令组之间用一条横线分隔。
- 灰色显示的命令表示这个命令当前处于不可用状态。
- 带省略号的命令表示选择这命令菜单项后，会出现一个对话框，要求输入更多的信息。
- 命令后带三角形 "▶"，表示该命令带有下级菜单。
- 命令前带复选 "√" 标记，表示这个菜单选项是一个逻辑开关，并处于被选中的状态。
- 命令组中某一命令前有 "●" 标记，表示该组菜单有且只有一项能被设置为当前项。有 "●" 标记的菜单项为当前项。
- 一些命令右边列出了组合键，表示可以直接按组合键执行该命令（同一组合键在不同的应用程序中可能代表不同的功能）。
- 应用程序菜单项左边有图标，表明该项功能会出现在某一工具栏，也就可以通过工具栏上的工具按钮来调用该菜单功能。
- 虽然不同应用程序的菜单或对象的快捷菜单在结构上有些差别，但菜单的形式是一致的，执行菜单命令的方法也相同。当需要执行菜单功能时，可以用鼠标去单击对应的菜单项；也可在菜单打开时，在键盘按菜单项中有下划线的字母；还可以直接按相应的组合键。

5. 选项卡

在 Office 2010 中改进了 2003 版的菜单，引入了选项卡的概念，如图 2-8 所示。

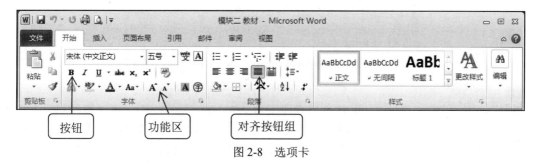

图 2-8　选项卡

（1）功能区：选择不同的选项卡，会出现此选项卡对应的功能区。有时可能将功能区最小化，可点击选项卡右边的"^"按钮。

（2）按钮组：在功能区中出现的一组功能相似的按钮。如"对齐"按钮组中有五个按钮。

（3）按钮：功能区中的选项。选中需要编辑的文字或其他对象，单击不同的按钮可以对文字或其他对象进行相应的设置。如"B"按钮可以对选定的文本加粗。

2.1.5　中文 Windows 7 的帮助系统

Windows 7 组织了大量的信息来解释和说明系统所提供的功能及其使用方法，通过系统所提供的帮助功能，可以快捷、高效地使用 Windows 7 系统。获取 Windows 7 帮助的途径主要有两种：帮助和支持中心、程序所自带的帮助信息。

1. 帮助和支持中心

Windows 7 中引入了全新的帮助系统，当打开"帮助和支持中心"窗口时可以看到一系列常用主题和多种任务的选项，其中的内容以超级链接的形式显示，结构更加合理，而且用户使用起来更加方便。

通过"开始"菜单中的"帮助和支持"菜单项就可以打开如图 2-9 所示的"帮助和支持中心"，还可以在桌面上直接按 F1 键来启动"帮助和支持中心"。

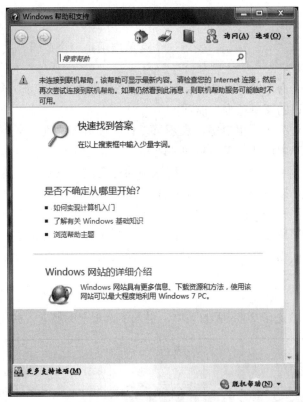

图 2-9　帮助和支持中心窗口

可以使用"搜索""索引"功能在帮助系统中查找所需要的内容，如果计算机是连入 Internet 的，可以通过列表中的内容获得 Microsoft 公司的在线支持，还可以和其他的中文版 Windows 7 使用者进行信息交流，或者向微软新闻组中的专家求助，也可以启动远程协助向在线的朋友或者专业人士寻求问题的解决方案。

2. 应用软件的帮助功能

Windows 7 中的应用软件基本都提供了"帮助"功能,复杂的应用软件还提供了一组帮助功能。应用软件的帮助信息用于说明本软件的功能、使用方法及有关的专用术语。

一般来讲,应用软件的帮助功能通过其菜单栏中的"帮助"菜单来打开,也可按 F1 键来启动。应用软件的帮助界面如图 2-10 所示,因 Windows 应用软件都按规定的模式来组织它的帮助信息,几乎所有的应用程序帮助界面都如此。

图 2-10　应用软件的帮助界面

2.1.6　中文 Windows 7 附件的应用

Windows 7 中提供了简单文档的处理能力。"记事本"是进行纯文本文档处理的实用工具,通过它可能完成无格式文档的创建、编辑及打印等操作。"写字板"则是一个具有较强文字处理能力的实用软件,通过它可以实现基本文档格式的设置及嵌入对象的功能。

1. 记事本

记事本具有纯文本文档的浏览、编辑、打印等功能,适于处理一些内容较少的文件。由于它使用方便、快捷,常用来阅读一些程序的功能介绍、版权声明等文档,还可用来浏览、修改高级语言的源程序及系统自身的一些纯文本格式的配置文件。记事本的窗口如图 2-11 所示。

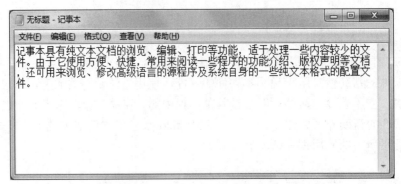

图 2-11　"记事本"应用程序窗口

记事本保存文档的扩展名默认为 txt，也可改为其他任意的扩展名，但文档的内容始终是以纯文本的格式存储的。

2．写字板

写字板不但可以创建和编辑包括有普通文本、格式文本和图形的文档，还可以将其他文档的信息链接或嵌入到写字板文档中。写字板应用程序窗口如图 2-12 所示。

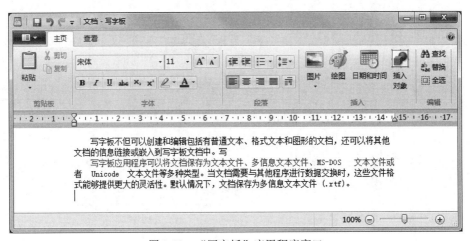

图 2-12　"写字板"应用程序窗口

写字板应用程序可以将文档保存为文本文件、多信息文本文件、MS-DOS 文本文件或者 Unicode 文本文件等多种类型。当文档需要与其他程序进行数据交换时，这些文件格式能够提供更大的灵活性。默认情况下，文档保存为多信息文本文件（.rtf）的。

在实际工作中，写字板程序使用很少，更多是使用 Office 中的 Word 来进行文档处理，除此之外，国产的文档处理软件还有方正排版和 WPS。

3．音量控制

当计算机安装了声卡及音箱，并安装了声卡驱动程序时，在 Windows 7 中就能实现多媒体功能。通过相应的应用程序可以播放音乐、视频，还可以进行录音。

通过音量控制可以控制音量的输入/输出。双击任务栏通知区域中的"音量"图标 ，打开"音量控制"程序窗口，如图 2-13 所示。

4．录音机

使用"录音机"可以完成声音的录制、混合、播放和编辑等操作。

在桌面上单击"开始"按钮，在打开的"开始"菜单中执行"所有程序"→"附件"→"录音机"命令，这时就可以打开"录音机"应用程序，如图 2-14 所示。

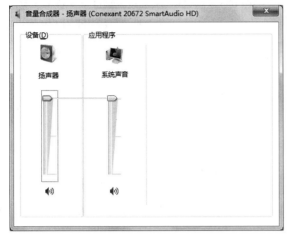

<table>
<tr><td>图 2-13　　"音量控制"窗口</td><td>图 2-14　　"录音机"窗口</td></tr>
</table>

在录音机中可以调整声音的音质，但声音最终只能被保存为波形（.wav）文件。

5. 画图程序应用

"画图"是个画图工具，可以用它创建简单或者精美的黑白或彩色的图画，并且可以打印输出。这些图画以位图格式保存，可以作为桌面背景，或者粘贴到另一个文档中，甚至还可以用"画图"程序查看和编辑扫描好的照片。

单击"开始"按钮，选择"更多程序"→"附件"→"画图"命令，打开"画图"窗口，如图 2-15 所示。

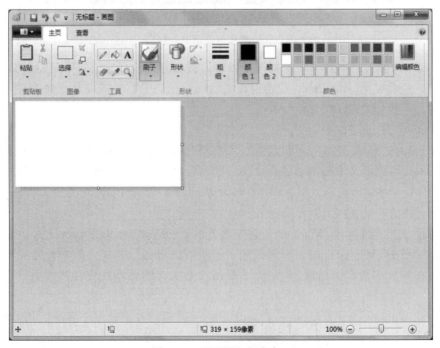

图 2-15　　"画图"程序窗口

当绘制完一幅图后，可将其按多种图像格式进行保存，例如 .jpg、.gif 或 .bmp 等格式，默认是以 24 位的 ".bmp" 格式来存储。

在实际工作中，图形、图像的处理一般不使用画图程序，而是利用相应的专业软件，例如：绘制工程图纸使用 AutoCAD，绘制基本图形使用 CorelDRAW，绘制三维立体图使用 Photoshop，制作动画使用 Flash，编辑视频使用 Adobe Premiere。

6. MS-DOS 环境应用

随着计算机系统的快速发展，Windows 操作系统的应用越来越广泛，MS-DOS 已逐步退出普通用户的视线。但它运行安全、稳定，并容易完成批处理的工作，深受传统用户喜爱，所以一般 Windows 的各种版本都与其兼容，用户可以在 Windows 系统下运行 DOS 的命令文件，中文版 Windows 7 中的 "命令提示符" 进一步提高了与 DOS 下操作命令的兼容性，可以在命令提示符下直接输入命令（命令不区分大小写），并支持长文件名。

当需要使用 DOS 模式工作时，可以在桌面上单击 "开始" 按钮，选择 "所有程序" → "附件" → "命令提示符" 命令，即可将系统切换到 MS-DOS 模式的命令提示符状态。如图 2-16 所示。

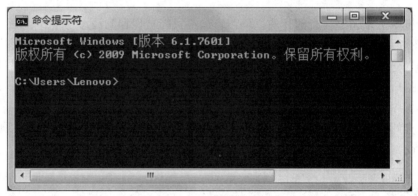

图 2-16　"命令提示符" 窗口

从 Windows 进行 MS-DOS 时，系统是以窗口程序方式运行的，如果需要以 DOS 的全屏方式运行时，可以使用 Alt+Enter 组合键在二者间进行切换；当需要从 "命令提示符" 返回 Windows 时，应执行 "EXIT" 命令。

7. Windows Media Player

使用 Windows Media Player 可以播放、编辑和嵌入多种多媒体文件，包括视频、音频和动画文件，不仅可以播放本地的多媒体文件，还可以播放来自 Internet 的流式媒体文件。

单击 "开始" 按钮，选择 "所有程序" → "Windows Media Player" 命令，打开 "Windows Media Player" 窗口，如图 2-17 所示。

多媒体播放器软件除了 Windows 7 系统内置的 Windows Media Player 之外，目前使用较多的还有 RealPlay、QuickTime、影音风暴、超级解霸等播放器。一般来说常见格式的多媒体文件均可在绝大多数媒体播放器中使用，只有少数的多媒体格式文件需要用特定的播放器来播放。

注意：在 Windows 7 中，Windows Media Player 属于附件中的一个程序，是常用的软件。

图 2-17　"Windows Media Player"窗口

2.2　了解 Windows 7 的新功能

为了适应社会的发展，很多单位和个人的计算机系统已经更新为 Windows 7 版本，本节介绍 Windows 7 新增的常用功能。

1．多功能任务栏

由于大多数用户把 Windows 任务栏设置成始终可见，对任务栏的设置就显得尤为重要。Windows 7 任务栏的三大改进：首先，可以将应用程序固定在任务栏便于快速启动。其次，在被多个窗口覆盖的桌面上，可以使用新的"航空浏览"功能从分组的任务栏程序中预览各个窗口，甚至可以通过缩略图关闭文件。最后，在任务栏的最右边，还有一个永久性的"显示桌面"按钮。

2．智能窗口排列

Windows 7 的另一个新功能就是智能排列窗口，把一个窗口拖拽到屏幕顶部时，它会自动最大化。

3．库（Libraries）

使用"库"可以更加便捷地查找、使用和管理分布于整个电脑或网络中的文件或文件夹。它是个虚拟的概念，把文件或文件夹收纳到库中并不是将文件真正复制到"库"这个位置，而是在"库"这个功能中"登记"了那些文件或文件夹的位置由 Windows 管理而已。因此，收纳到库中的内容除了它们自己占用的磁盘空间之外，几乎不会再额外占用磁盘空间，并且删除库及其内容时，也并不会影响到那些真实的文件。

4．人性化的用户账户控制（UAC）

用户账户控制（UAC）是 Windows Vista 中开始的一项新功能，可帮助防止恶意程序损坏计算机。UAC 可阻止未经授权应用程序的自动安装，并可防止在无意中更改系统设置。Windows 7 中可以对需要弹出的警告、确认提示信息详细定义，这样就能大大减少提示框弹出的频率，如图 2-18 所示。

图 2-18   "用户账户控制"对话框

5．托盘通知区域

Windows 7 可以通过一个详细对话框，设定需要在系统托盘中显示的图标和通知。

6．电源管理

Windows 7 的电源管理功能更加出色，大大延长笔记本电脑电池电量的使用时间。

7．自动电脑清理（PC Safeguard）

用户如果没有经验，可能会打乱先前的设置，安装可疑软件、删除重要文件或者是导致各种毁坏。但是注销登录时，电脑上所进行的一系列操作都将会被清除。

8．更好用的系统还原

在 Windows Vista 中，有关于系统还原的设置选项很少。这一点在 Windows 7 中终于有了改进，有几个实用选项可供选择。

9．调整电脑音量

在 Windows 7 的默认状态下，当有语音电话（基于 PC 的）打出或打进来时，它会自动降低 PC 音箱的音量。如果不想用此功能，可随时设置关掉它。

2.3   设置桌面

"桌面"就是用户启动计算机并登录到 Windows 7 系统后看到的整个屏幕界面，如图 2-19 所示。桌面是用户和计算机进行交流的窗口，通过桌面，用户可以有效地管理自己的计算机。打开程序或文件夹时，它们便会出现在桌面上，还可以将一些项目（文件和文件夹）放在桌面上，并且随意排列它们。

2.3.1   通用图标

桌面上存放着经常要用到的各种图标，如"计算机""用户的文件""网络""回收站"及"控制面板"等，还可以根据自己的需要在桌面上添加各类图标，如图 2-20 所示，此对话框按以下方式打开：在桌面上单击右键，在弹出的快捷菜单中选择"个性化"→"更改桌面图标"。

在 Windows 中一个图标就代表着一个对象，通过图标就能了解该对象的类型和用途，当需要进行某种操作时用鼠标双击对应的图标就可以了。

图 2-19　Windows 7 的桌面

图 2-20　桌面通用图标设置

下面简单介绍一下常见的图标：

● 计算机：通过该图标可以实现对计算机硬盘驱动器、文件和文件夹的管理，还新增了收藏夹和库的功能。把经常访问的文件夹加入收藏夹，以后会很方便地找到，如果不用这个文件夹了，可以直接在收藏夹里把它删掉。不仅收藏夹可以帮助管理文件夹，库也可以很轻松的组织和访问文件，而不用关心它实际存放的位置。

● 用户的文件：打开个人文件夹（它是根据当前登录到 Windows 的用户命名的）。此文件夹包含特定用户的文件，其中包括"文档""音乐""图片"和"视频"等文件夹。

● 网络：该项中提供了网络上其他计算机文件和文件夹的访问以及有关信息。在双击展开的窗口中可以查看工作组中的计算机、查看网络位置及添加网络位置等工作。

● 回收站：回收站是硬盘中的一块存储区，它用于暂时存放已经被删除的某些文件或文件夹的信息。当未进行回收站的清空操作时，可以从中还原被删除的文件或文件夹。只有当回收站中的文件及文件夹被删除，或回收站被清空时，相应的文件及文件夹才被彻底删除。

● 控制面板：自定义计算机的外观和功能、安装或卸载程序、设置网络连接和管理用户账户。

以 Excel 软件为例，每次通过"开始"→"所有程序"→"Microsoft Office"→"Microsoft Office Excel 2010"打开此软件非常繁琐，因此在桌面上添加 Excel 软件快捷方式图标很有必要。添加步骤如下：

（1）按以下方式找到 Excel 软件：单击"开始"→"所有程序"→"Microsoft Office"→"Microsoft Office Excel 2010"。

（2）在此软件上点击右键，在弹出的快捷菜单中选择"发送到"→"桌面建快捷方式"选项；如图 2-21 所示，桌面上就成功地添加了此软件的快捷方式图标。

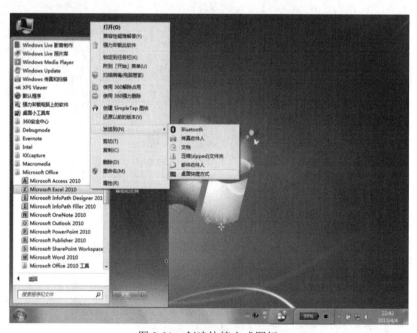

图 2-21　创建快捷方式图标

2.3.2　任务栏

任务栏是位于桌面最下方的一个小长条，任务栏从左向右可分为"开始"菜单按钮、窗口按钮栏和通知区域三个部分。在窗口按钮栏和通知区域中显示了系统正在运行的程序和打开的窗口、当前时间等内容，可以通过它了解当前系统的运行状况，并能方便地在不同任务间进行切换，通过任务栏还可以完成其他操作和方式设置。

1. **任务栏的组成**

（1）"开始"菜单按钮：单击此按钮就打开了"开始"菜单，如图 2-22 所示，左边的大窗格显示计算机上程序的一个列表。左边窗格的底部是搜索框，通过键入搜索项可在计算机上查找程序和文件。单击"所有程序"可显示程序的完整列表，"所有程序"上方是最近使用程序的列表。右边窗格提供对常用文件、文件夹、设置和功能的访问，在这里还可注销 Windows 或关闭计算机。Windows 7 "开始"菜单有以下四大特色。

图 2-22   Windows 7 的"开始"菜单

● 跳转列表

Windows 7 为"开始"菜单和任务栏引入了"跳转列表"，如图 2-23 所示。"跳转列表"是最近使用的项目列表，如文件、文件夹或网站，这些项目按照用来打开它们的程序进行组织。除了能够使用"跳转列表"打开最近使用的项目之外，还可以将收藏夹项目锁定到"跳转列表"，以快速访问经常使用的程序和文件。可以通过每个项目的图钉 🖈 将此项目锁定或解锁于"开始"菜单或任务栏。

● 库

默认情况下，文档、音乐和图片库显示在"开始"菜单上。与"开始"菜单上的其他项目一样，可以添加或删除库。

● 搜索

"开始"菜单包含一个搜索框，可以使用该搜索框来查找存储在计算机上的文件、文件夹、程序以及电子邮件，如图 2-24 所示。

图 2-23 相同项目在"开始"菜单和任务栏上的"跳转列表"

- "电源"按钮选项

"关机"按钮出现在"开始"菜单的右下角，单击"关机"后，计算机将关闭所有打开的程序并关闭计算机。也可以选择该按钮执行其他操作，如将计算机置于休眠模式或允许其他用户登录，如图 2-25 所示。

图 2-24 "开始菜单"搜索框

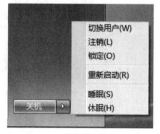

图 2-25 "关机"按钮的选项

（2）窗口按钮栏：位于任务栏的中部区域，当某项应用程序被启动而打开一个窗口后，在任务按钮栏会出现相应的有立体感的按钮，以表明该程序正处于运行中。在正常情况下，若按钮是向下凹陷的,表明该应用程序是当前正在操作的窗口程序,这个窗口程序称为活动窗口；若按钮是向上凸起的，则表明这个应用程序处于后台运行中。

将鼠标指针移向某窗口按钮时，会出现一个小图片，上面显示缩小版的相应窗口。此预览（也称为"缩略图"）非常有用，如图 2-26 所示，如果其中一个窗口正在播放视频或动画，则会在预览中看到它正在播放。

可以将常用的程序按钮锁定在任务栏，如图 2-27 所示，此时的任务按钮栏就相当于 Windows XP 的快速启动栏。

（3）通知区域（也称托盘）：位于任务栏的右侧区域，它是系统中一些经常运行的程序其运行状态的显示区域。通知区域中的程序多处于后台运行状态，用户可以通过图标操控其运行方式。此区域中最常见的是"日期/时间""音量控制""电源""网络"及"操作中心"等系统软件类程序。

图 2-26　"资源管理器"各窗口的缩略图

（4）"显示桌面"按钮位于通知区域最右边。如图 2-28 所示。

图 2-27　将常用程序固定在任务栏

图 2-28　"显示桌面"按钮

2.　任务栏的调整

（1）改变任务栏的位置：初始时任务栏位于桌面的下方，若任务栏处于非锁定状态，在任务栏上的非按钮区按下鼠标左键拖动，到所需要边缘再放开鼠标左键，就可以把任务栏拖动到桌面的任意边缘。

（2）调整任务栏的高度：打开的窗口比较多时，在任务栏上显示的按钮会变得很小，用户观察会很不方便，这时，可以改变任务栏的宽度来显示所有的窗口，把鼠标放在任务栏的上边缘，当出现双箭头指示时，按下鼠标左键不放拖动到合适位置再释放鼠标左键，任务栏中即可显示所有窗口的信息。

（3）任务栏的属性设置：当特殊需要时，还可通过任务栏的属性来改变任务栏的特性。当应用程序需要整屏的显示区域来进行操作时，也可将任务栏设置为自动隐藏，如图 2-29 所示。单击图 2-29 中通知区域的"自定义（C）…"按钮，弹出图 2-30，可设置是否在任务栏上显示"日期和时间""音量"及"网络"等。

图 2-29   Windows 7 任务栏的属性

图 2-30   选择在任务栏上出现的图标和通知

3. 调整系统日期/时间

单击任务栏通知区域上时间信息并单击"更改日期和时间设置…"，或在控制面板中选择"日期和时间"，都会弹出"日期和时间"对话框，如图 2-31 左图所示。

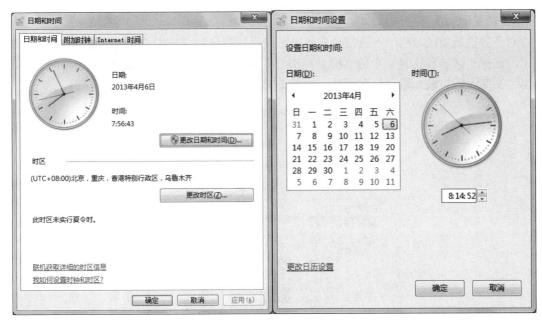

图 2-31　"日期和时间"对话框

（1）"日期和时间"选项卡

在该选项卡中选择"更改日期和时间（D）…"按钮，弹出"日期和时间设置"对话框，如图 2-31 右图所示。双击"日期（D）"框中的年月，配合点击左右键，可修改日期的"年""月"，通过日历选择日期的"日"。通过右边的数值框设置时间，分别选中时间的时、分、秒，再用鼠标单击右端的上下按钮调整其值；还可直接用键盘修改其值。

在该选项卡中选择"更改时区（Z）…"按钮，弹出"时区设置"对话框，如图 2-32 所示。根据计算机所处的地理位置，确定时区。时区接入互联网时对数据交换有所影响。

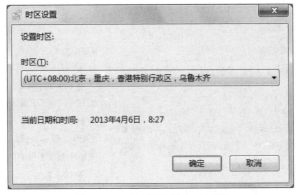

图 2-32　"时区设置"对话框

（2）"附加时钟"选项卡

附加时钟可以显示其他时区的时间。可以单击任务栏时钟或悬停在其上来查看这些附加时钟。

（3）"Internet 时间"选项卡

在该选项卡中可以设置通过互联网来自动调整计算机的日期时间，只有计算机接互联网时，此功能才有效。

4．设置输入法

对任务栏通知区域的输入法按钮上单击右键，在弹出的菜单中选择"设置"，或在控制面板中，选择"区域和语言"中的"键盘和语言"选项卡，单击"更改键盘（C…）"按钮都会弹出"文字服务和输入语言"对话框，如图 2-33 所示。

图 2-33　"文字服务和输入语言"对话框

在"常规"选项卡中，可以设置默认的输入法，也可以增删中文输入法（增加输入法只是将原来安装的输入法设置为可用状态，删除输入法也是屏蔽相应的输入法，此处并不能安装新的输入法，也不能卸载已有的输入法）。

选中某种输入法，然后单击"属性…"按钮还可以设置该输入法的特性，如图 2-34 所示。

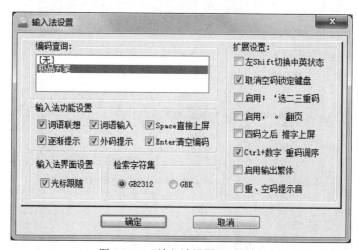

图 2-34　"输入法设置"对话框

在"高级键设置"选项卡中可以设置和输入法有关的热键，如图 2-35 所示。

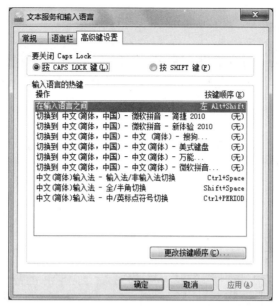

图 2-35　输入法的"高级键设置"选项卡

2.4　设置外观和个性化

　　设置好图标和任务栏中的相关项目后，我们准备设置成风景桌面，以便更能静心地投入工作。计算机操作中会涉及到一些单位秘密，工作中偶尔离开会导致泄密，因此我们为计算机添加了屏幕保护程序。

　　设置外观和个性化就是用于修改桌面、窗口等与用户界面有关的系统特性，以便满足用户对使用环境的不同要求。通过单击"控制面板"→"外观和个性化"→"个性化"，打开如图 2-36 所示的窗口。也可在桌面空白区域单击右键，在弹出来的菜单中选择"个性化"（Windows 7 家庭普通版没有此选项）来打开个性化窗口进行设置。

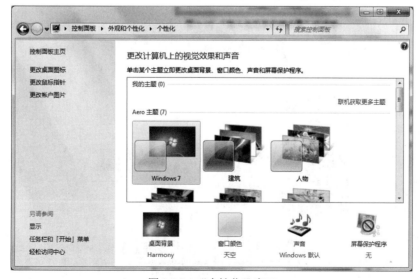

图 2-36　"个性化"窗口

2.4.1　设置桌面背景

桌面背景就是用户打开计算机进入Windows 7 操作系统后，所出现的桌面背景颜色或图片。可以选择单一颜色作为桌面的背景，也可以选择类型为.bmp，.jpg，.html等类型的文件作为桌面的背景图片。

1. 桌面背景

如果需要的图片不在桌面背景图片列表中，请单击"图片位置"列表查看其他类别，或单击"浏览"以搜索计算机中的图片。当找到想要的图片时，选中，单击"保存修改"，它将成为桌面背景。如图 2-37 所示。

图 2-37　"桌面背景"窗口

2. 图片位置

在"图片位置"列表中，单击以裁剪用于填充屏幕的图片，使图片适合屏幕（有拉伸、平铺、居中、填充及适应五种选项），然后单击"保存修改"，如图 2-38 所示。

图 2-38　设置图片位置

3.　图片的背景颜色

如果选择适合的图片或居中的图片作为桌面背景，还可以设置适合图片的颜色背景。在"图片位置"列表中，单击"适应"或"居中"，单击"更改背景颜色"，单击选择合适的颜色，然后单击"保存修改"，如图 2-39 所示。

图 2-39　更改背景颜色

2.4.2　设置屏幕保护程序

目前使用最多的显示器是 LCD、LED 及少量 CRT，因此设置屏幕保护程序的意义在于三个方面：第一，在实际使用中，若彩色屏幕的内容一直固定不变，间隔时间较长后可能会造成屏幕的损坏，屏幕保护程序可以防止显示屏坏点等故障的出现。第二，节能减排，让计算机处于低耗能。第三，屏幕保护程序可以设置密码，当操作者不在电脑旁时，防止了计算机中重要信息的泄漏。

单击图 2-36 下方的"屏幕保护程序"按钮，弹出"屏幕保护程序设置"对话框就可以设置屏幕保护，如图 2-40 所示。选择一种屏幕保护程序，设置无操作的等待时间，并可启用密码保护。当系统无操作达到设定时间后会自动进入屏幕保护状态，可以通过敲击键盘或操作鼠标来退出屏幕保护状态。

2.4.3　调整分辨率

屏幕分辨率指的是屏幕上显示的文本和图像的清晰度。分辨率越高，对象越清楚，同时屏幕上的对象越小，因此屏幕可以容纳越多的项目。分辨率越低，在屏幕上显示的对象越少，但尺寸越大。调整分辨率的打开方式为"控制面板"→"外观和个性化"→"显示"→"调整分辨率"，如图 2-41 所示。

图 2-40　设置屏幕保护程序

图 2-41　调整分辨率

（1）单击"分辨率"旁边的下拉列表，将滑块移动到所需的分辨率，然后单击"应用"。单击"保留"使用新的分辨率，或单击"还原"回到以前的分辨率。

（2）"控制面板"中的"屏幕分辨率"显示针对所用显视器推荐的分辨率。

2.4.4　窗口配色和外观

更改配色方案就是更改桌面、消息框、活动窗口和非活动窗口等的颜色、大小、字体等。在默认状态下，系统使用的是"Windows 7 标准"颜色、大小、字体等设置。此设置的对话框通过"控制面板"→"外观和个性化"→"个性化"→"窗口颜色和外观"→"高级外观设置"打开，如图 2-42 所示。

图 2-42　窗口颜色和外观的设置

在"项目"列表中，单击需要更改设置的 Windows 部分，例如，如果要更改菜单字体，请单击列表中的"菜单"，然后进行下列任一更改。

● 在"字体"列表中，单击要使用的字体。

● 在"大小"列表中，单击所需的字体大小。

● 在"颜色"列表中，单击所需的字体颜色。

2.4.5　校准颜色

校准显示器有助于确保颜色在显示器上正确显示。在 Windows 7 中，可以使用"显示颜色校准"功能来校准显示器。在开始显示颜色校准之前，请确保使用的显示器已设置为其原始分辨率，这有助于提高校准结果的准确性。通过"控制面板"→"外观和个性化"→"显示"→"校准颜色"打开"显示颜色校准"窗口，如果系统提示输入管理员密码或进行确认，请键入该密码或提供确认，如果图 2-43 所示。

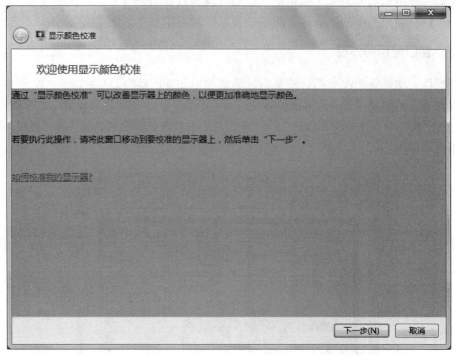

图 2-43　显示颜色校准

除此之外，在"控制面板"的"外观和个性化"中还可以对显示器设备、连接到投影仪、调整 ClearType 文本及设置自定义文本大小等项目设置。

注意：桌面主题通过"个性化"→"更改计算机上的视觉效果和声音"进行设置，可以从桌面背景、窗口颜色、声音和屏幕保护程序四个方面同时来改变计算机的设置。

2.5　管理办公文档

2.5.1　整理文档资料

根据文件的类型，需要建立存放不同类型文档的文件夹，那什么是文件和文件夹呢？

1. 文件

文件是一个完整的、有名称的信息集合，是磁盘上信息存取的基本存储单位。用户所编辑的文章、信件、绘制的图形等都以文件的形式存放在磁盘中，系统中的一些应用程序也是一些文件。文件具有名字、大小、类型、创建和修改时间等特征。

文件通常采用"文件主名+扩展名"的格式来命名，其形式为：文件主名.扩展名。文件都包含着一定的信息，根据其不同的数据格式和意义使得每个文件都具有某种特定的类型。Windows 利用文件的扩展名来区分每个文件类型，不同的扩展名代表文件的内容是不同类型的，系统对不同扩展名的文件采用不同的方法来进行处理。

在 MS-DOS 中文件名为 8.3 格式，即文件主名最多为 8 个字符，扩展名最多为 3 个字符。

Windows 7 中使用了长文件名，并规定文件的命名规则：文件名中除了英文字符？ * : \/ "
<>|之外（这些符号在系统中规定了特殊的用途），其他所有的英文字符、数字、汉字都可
作为文件名，但其长度不超过 255 个字符。

2. 文件夹

文件夹是在磁盘上组织程序和文档的一种容器，其中既可包含文件，还能包含文件夹（这
样的文件夹称为子文件夹），在屏幕上以一个文件夹的图标表示。磁盘中存储着大量的文件，
通过文件夹来分组存放文件，文件的查找和管理就更方便、有效。在以前的 MS-DOS 中将文
件夹称为目录。

文件夹的命名规则与文件相同。

3. 文件路径

文件路径就是文件在磁盘上位置的表述，由一系列文件夹名和文件名组成，各文件夹之间
用斜杠"\"分隔。通过文件的路径可以确定文件在磁盘上的具体位置。

Windows 7 采用树形结构来管理和组织文件，将每个盘符作为一个文件夹来对待，称之为
根文件夹。因此每一个文件都应属于某一个文件夹。为了避免混淆，规定在同一文件夹中的文
件和子文件夹不能同名，而在不同文件夹及子文件夹中则允许出现同名。

在表述一个文件的路径时，如果是从一个盘符或以"\"（表示当前的操作盘符）开始的，
这种路径称为绝对路径。否则就表示是从当前文件夹开始的（书面表述时，常以"..\"开头），
这种路径称为相对路径。

2.5.2　备份文档

在 Windows 7 中，"计算机"和"资源管理器"的区别并不大，都能很好地对文件和
文件夹进行操作。在备份文档之前，先了解"资源管理器"的操作以及文件和文件夹的管
理方法。

Windows 资源管理器以分层的形式显示本计算机上的文件、文件夹和驱动器的结构，几
乎可以管理本计算机上的所有资源。使用资源管理器可以更方便地实现浏览、查看、移动和复
制文件或文件夹等操作，用户可以不必打开多个窗口，而只在一个窗口中就可以浏览所有的磁
盘和文件夹。

1. 资源管理器的启动

有多种途径可以启动资源管理器，常用的方法有：

● 单击"开始"按钮，打开"开始"菜单，选择"所有程序"→"附件"→"Windows
资源管理器"，即可打开"Windows 资源管理器"窗口，如图 2-44 所示。

● 右击"开始"按钮，在弹出的快捷菜单中选择"打开 Windows 资源管理器（P）"。

资源管理器窗口和普通应用程序窗口在界面上基本相同，窗口的工作区被分为左右两个
窗格，左边窗格（导航窗格）显示计算机树状结构的文件夹列表，右边窗格是选定文件夹的内
容列表。当单击工具栏上的"显示/隐藏预览窗格"按钮，会显示或隐藏第三个窗格，即文件
预览效果窗格，如图 2-45 图所示。

图 2-44　Windows 7 的资源管理器

图 2-45　显示/隐藏预览空格

2. 资源管理器的操作

（1）切换当前文件夹

文件夹同窗口一样，某一时刻只能操作一个文件夹，当利用资源管理器来进行文件及文件夹的管理时，经常需要在不同文件夹间进行切换。有以下几种方法可以完成文件夹的切换：

1）用鼠标单击欲进入的文件夹。

2）使用按钮。

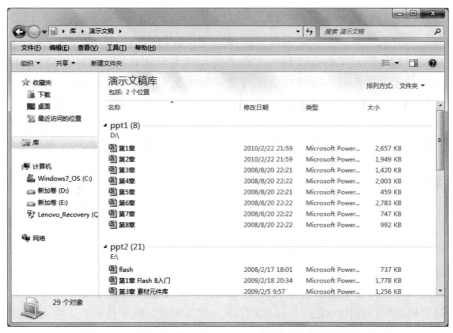：退回以前访问过的文件夹。直接单击此按钮则后退回刚访问过的文件夹，若展开其下拉列表，则可直接退回之前访问过的任一文件夹。

：和上一个按钮相反，进入退回过的任一文件夹。

3）在地址栏输入文件夹的相对路径或绝对路径。

注意：Windows 7 资源管理器的地址栏中为每一级目录都提供了下拉菜单小箭头，点击这些小箭头可以快速查看和选择指定目录中的其他文件夹，非常方便快捷。

如果想要查看和复制当前的文件路径，只要在地址栏空白处点击鼠标左键，即可让地址栏以传统的方式显示文件路径。

（2）收藏夹

通过"收藏夹"可以迅速查看"下载、桌面、最近访问的位置"这三项信息，其中"最近访问的位置"非常有用，可以轻松跳转到最近访问的文件和文件夹位置。

（3）库

库可以收集不同位置的文件，并将其显示为一个集合，而无需从其存储位置移动这些文件，只是一个指向。库中有四个默认库（文档、音乐、图片和视频），还可以新建库用于其他集合。我们在"演示文稿"库中放添加了来自 D 盘和 E 盘不同位置的演示文稿，便于使用，如图 2-46 所示。

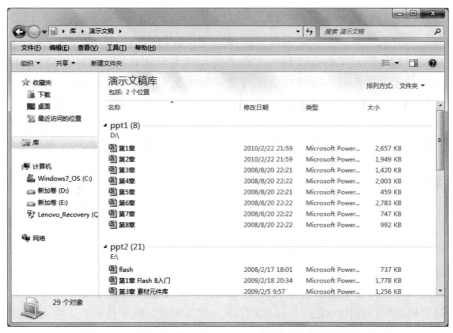

图 2-46　"演示文稿"库中包含来自不同位置的演示文稿

（4）展开与折叠文件夹

在左边的窗格中，若驱动器或文件夹前面有"▷"号，表明该驱动器或文件夹有下一级子文件夹，单击此符号可展开其所包含的子文件夹，当展开驱动器或文件夹后，"▷"号会变成"◢"号，表明该驱动器或文件夹已展开，单击"◢"号，可折叠已展开的内容。例如，单击左边窗格中"计算机"前面的"▷"号，将显示"计算机"中所有的磁盘信息，选择某个磁盘前面的"▷"号，将显示该磁盘中所有的内容。

（5）设置文件夹的视图方式

文件夹的内容不仅显示其中的文件和文件夹的名称，还可以显示出文件或文件夹的其他属性。通过"查看"菜单中的"排序方式"可以改变文件或文件夹的先后次序，还可以通过"查看"菜单来进行视图模式的切换。Windows 7 共有五组八种视图模式，如图 2-47 所示。

图 2-47　视图选项

- 超大图标、大图标、中等图标和小图标：该组视图由大到小显示文件或文件夹。超大图标、大图标、中等图标将文件夹所包含的图像显示在文件夹图标上，因而可以快速识别该文件夹的内容。默认情况下，Windows 7 在一个文件夹背景中最多显示两张图像，而小图标模式不显示文件夹内容的缩略图。
- 列表：该视图以文件或文件夹名列表显示文件夹的内容，其内容前面为小图标。在这种视图中可以分类文件和文件夹，但是无法按组排列文件。
- 详细信息：该视图会列出已打开文件夹的内容并提供有关文件的详细信息，包括文件名、类型、大小和修改日期。在"详细信息"视图中，也可以按组排列文件。
- 平铺：该视图以图标显示文件和文件夹。这种图标比"小图标"视图中的图标要大，并且将所选的分类信息显示在文件或文件夹名下方。
- 内容：该视图将文件夹所包含的图像显示在文件夹图标上，显示修改文件或文件夹的日期和时间。

（6）设置文件夹选项

文件和文件夹是资源管理器管理的重要内容，通过修改"文件夹选项"中的相关设置，可以使系统对文件及文件夹的管理更全面、更方便。系统提供的"文件夹选项"对话框，可设置文件夹的常规及显示方面的属性，是设置文件或文件夹搜索内容及方式等的窗口。

在资源管理器中，选择"工具"→"文件夹选项"命令，就可打开"文件夹选项"对话框。该对话框中有"常规""查看"和"搜索"三个选项卡，其中"查看"选项卡中的设置对资源管理器的操作内容影响最为显著。

1）"常规"选项卡：该选项卡用来设置资源管理器的基本操作方式，可设置文件夹显示的视图方式、浏览方式、项目的打开方式。单击"还原为默认值"按钮，可以将这些项目还原为系统默认的方式。

2）"查看"选项卡：该选项卡用来设置文件夹的显示方式，如图 2-48 所示。

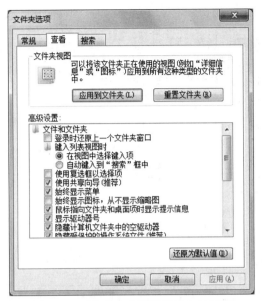

图 2-48 "文件夹选项的查看"对话框

该选项卡中，经常会设置"高级设置"中的以下几个选项：

● 使用共享向导：启用这个选项，可以简化局域网中计算机间的文件资源共享设置。

● 隐藏受保护的操作系统文件：其目的同上。系统中还有一些系统文件不在系统文件夹中，比如 C 盘的根文件夹中就有一些，如 "C:\boot.ini" "C:\ntldr" 等，当停用该选项时，系统会弹出如图 2-49 所示的安全警告。

图 2-49 安全警告

● 隐藏文件和文件夹：如果选择了"显示隐藏的文件、文件夹和驱动器"，那么就会显示出文件夹内的所有内容，否则如果有隐藏属性的文件或文件夹就不显示。

● 隐藏已知文件类型的扩展名：启用此选项时，系统中许多文件的扩展名就不会显示出来，如扩展名为 ".exe" ".txt" ".sys" 等的文件。不显示文件的扩展名，文件夹内容的列表就清晰些，但用户就不太容易辨别文件的类型。

在完成"高级设置"的相关设置后，还可以单击"文件夹视图"选项组中的"应用到文件夹（L）"按钮，可将当前文件夹的视图设置应用到所有文件夹中；单击"重置文件夹"可将所有文件夹还原为默认视图设置。

如果对所进行的设置项不够明确，或希望将文件夹选项的设置恢复到系统的初始状态，单击"还原为默认值"按钮即可达到此目的。

3）"搜索"选项卡：该选项卡用来设置搜索内容、搜索方式等选项，如图 2-50 所示。

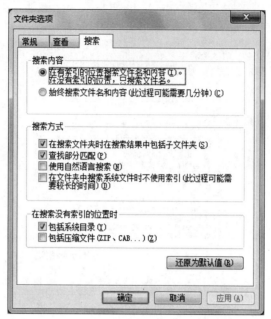

图 2-50　"文件夹选项的搜索"对话框

文件及文件夹的管理是操作计算机的一项重要内容，一般通过资源管理器来进行。

（7）文件或文件夹属性的修改

文件和文件夹的属性记录了文件和文件夹的重要信息。它是系统区别文件和文件夹的标志，也是计算机进行查找的依据。在 Windows 7 中，用户可以查看文件和文件夹的属性，也可以对它进行设定和修改。

选定相应的文件或文件夹后，通过"文件"菜单或右键菜单中的"属性"选项，就可打开其属性对话框。

1）"常规"选项卡：可以了解文件或文件夹的类型、位置、大小、创建时间等信息，还可以修改其属性为只读或隐藏（系统中的核心文件或文件夹还具有"系统"属性），如图 2-51 所示。

2）"共享"选项卡：可以设置其局域网中的共享及本机用户间的共享及其权限，如图 2-52 所示（只有文件夹才能进行此设置）。

3）"安全"选项卡：设置文件或文件夹的权限。

4）"以前的版本"选项卡：以前版本或者是由 Windows 备份创建的文件和文件夹的副本，或者是 Windows 作为还原点的一部分自动保存的文件和文件夹的副本。可以使用以前版本还原意外修改、删除或损坏的文件或文件夹。根据文件或文件夹的类型，可以打开、保存到其他位置，或者还原以前版本。

5）"自定义"选项卡：可以设置具有个性化的显示特性：如图标、文件夹分类等。

（8）文件或文件夹的选定

对象的选定是 Windows 中所有操作的前提，单个文件或文件夹的选定只需用鼠标单击对应的文件或文件夹的图标即可。同时选定多个文件则分以下几种情形：

1）不连续多文件或文件夹的选定：按住 Ctrl 键，然后用鼠标单击欲选定的文件或文件夹。如需去掉某一文件或文件夹的选定，只需用鼠标再次单击相应的文件或文件夹即可。

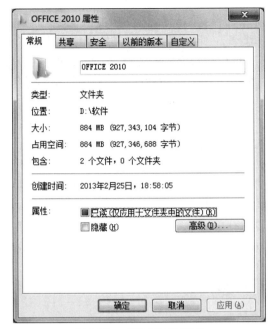
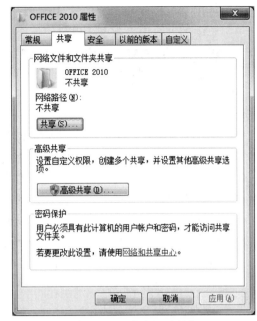

图 2-51　"常规"选项卡　　　　　　　图 2-52　"共享"选项卡

2）连续多个文件或文件夹的选定：用鼠标单击位置最靠前的文件或文件夹，然后按住 Shift 键，再用鼠标去单击位置最末的文件或文件夹；也可用鼠标去框选相应的文件区域（就是用鼠标拖动去框选文件所在的区域）。还可以使用键盘来实现：选定第一个文件或文件夹之后，按住 Shift 键，再按键盘上的光标键，这样也比较方便。

3）全部选定：通过"编辑"菜单中的"全部选定"，也可用组合键 Ctrl+A 来实现。

（9）文件或文件夹的建立与重命名

1）文件或文件夹的建立。

在资源管理器右边窗格的空白区域点右键，在弹出的右键菜单中选择"新建"，再选择"文件夹"或要建立的文件类型，接着输入文件或文件夹的名，最后按回车键（也可用鼠标点一下别的区域）。也可通过菜单操作完成，选择菜单"文件"→"新建"，后续操作同前。

2）文件或文件夹的重命名。

先选定欲重命名的文件或文件夹，选用其右键菜单或"文件"菜单中的"重命名"选项，输入文件名之后，按回车键（也可用鼠标单击一下别的区域）。如果重命名时，改变了文件的扩展名，系统会给出警告对话框："如果更改文件扩展名，文件可能无法正常使用"。

（10）文件或文件夹的移动与复制

在计算机使用过程中，时常需要将文件或文件夹从一个位置移动到另一个位置。为了防止硬盘里的文件意外丢失，需要将重要的文件或文件夹复制到其他存储介质上作备份。虽然移动与复制是两种不同结果的操作，但其操作过程十分相似。

1）文件或文件夹的移动。

● 使用鼠标的拖动操作：先选定欲移动的文件或文件夹，如果目标文件夹也在同一磁盘中，则将其拖动到对应的文件夹中即可，否则应在放开鼠标前按下 Shift 键。

● 使用鼠标的右键拖动：先选定欲移动的文件或文件夹，按下鼠标右键拖动到目标文件夹上，放开鼠标时，在弹出的菜单中选择"移动到当前位置"。

- 使用菜单操作：先选定欲移动的文件或文件夹，然后执行"编辑"菜单或右键菜单中的"剪切"命令（也可按组合键 Ctrl+X），最后进入目标文件夹中，执行"编辑"菜单或右键菜单中的"粘贴"命令（也可按组合键 Ctrl+V），就将选定的文件或文件夹移到目标文件夹中了。剪切后只能进行一次粘贴，如果未进行粘贴操作，则对文件不产生任何影响。

2）文件或文件夹的复制。

- 使用鼠标的拖动操作：先选定欲移动的文件或文件夹，如果目标文件夹不在同一磁盘中，则将其拖动到对应的文件夹中即可，否则应在放开鼠标前按下 Ctrl 键。
- 使用鼠标的右键拖动：先选定欲移动的文件或文件夹，按下鼠标右键拖动到目标文件夹上，放开鼠标时，在弹出的菜单中选择"复制到当前位置"。
- 使用菜单操作：先选定欲移动的文件或文件夹，然后执行"编辑"菜单或右键菜单中的"复制"命令（也可按组合键 Ctrl+C），将复制的文件或文件夹影印一份放入"剪贴板"中，最后进入目标文件夹中，执行"编辑"菜单或右键菜单中的"粘贴"命令（也可按组合键 Ctrl+V），也可就是将"剪贴板"中的文件或文件夹影印一份到目标文件夹中。

所谓"剪贴板"，本质上讲，剪贴板是由操作系统统一管理的一块临时内存存储区，它用于暂时存放在应用程序内部、应用程序之间欲交换的数据。剪贴板就像传说中的聚宝盆，一旦放入数据之后，就可以无限次数地从中取出同样的数据来。

（11）文件或文件夹的查找

Windows 7 提供了全面而强大的文件查找功能。通过"开始"菜单中的"搜索框"选项，也可以通过"计算机"或"资源管理器"中工具栏上的"搜索框"来调用其文件搜索功能，如图 2-53 所示。两处搜索框的区别是，"开始"菜单中"搜索框"搜索的范围是计算机中整个硬盘，而"资源管理器"中的"搜索框"针对范围是当前文件夹窗口。

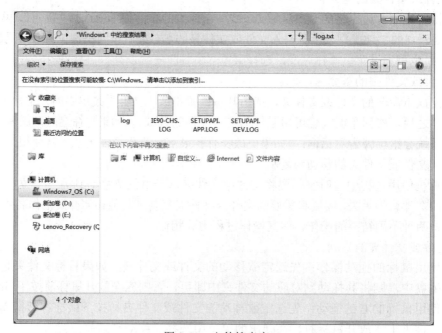

图 2-53 文件搜索窗口

在搜索框中可以使用两个十分重要的西文字符"*"与"？"。这两个符号被称为"通配符"，因为它们可以代替其他任何字符。其中"*"可以代替字符串，"？"则只能代替一个字符。使用通配符查找很方便，只需记得文件名的一部分，甚至只记得文件内容中所包含的几个字符，就可以快速找到目标文件。

例如，要在"C:\Windows"中查找文件主名中以"log"结尾的纯文本文件。首先，在左窗格依次单击"C:"→"Windows"文件夹，在搜索窗口输入"*log.txt"，其结果如图 2-53 所示。

不仅如此，搜索功能还通过其"添加搜索筛选器"提供更具体的搜索条件，包括被搜索对象的种类、修改日期、类型和名称，如图 2-54 所示。并且搜索的对象也不仅限于文件或文件夹，还可以是计算机、用户，还可以进一步延伸到互联网上的信息检索。

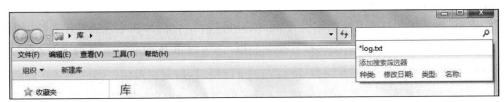

图 2-54　添加搜索筛选器

（12）快捷方式的建立

文件或文件夹分布在磁盘的各处，不方便快速地使用它。Windows 能够建立一个指向某一对象的连接，通过这个连接就能使用相应的对象，这种连接称为该对象的快捷方式。快捷方式可以放置在各个位置，如桌面、"开始"菜单或特定文件夹中。

有两种方法可创建对象的快捷方式，下面以实例来说明其创建过程。例如，为了快速调用"画图"程序，可以在桌面上创建"画图"程序快捷方式，其操作如下：

1）使用对象的快捷菜单。

● 在资源管理器中，打开"C:\Windows\system32"文件夹；

● 选中画图程序（mspaint.exe），并单击鼠标右键，弹出快捷菜单；

● 选择"发送到"菜单项，在子菜单中选择"桌面快捷方式.DeskLink"，随即在桌面上出现相应画图程序的快捷方式。

2）使用"快捷方式向导"。

● 在桌面的空白区域点右键，选择"新建"→"快捷方式（S）"，弹出"快捷方式向导"，跟据向导完成后续设置。

● 单击"浏览"按钮，选定"C:\Windows\system32\mspaint.exe"；

● 输入快捷方式的名称，也可采用默认的快捷方式名称。

快捷方式不是该对象自己，也不是对象的副本，而是一个指针。对快捷方式的删除、移动或重命名均不会影响原有的对象。

3．删除文档

因为日积月累，会发现 D 盘所占空间非常大。除了重要文件以外，里面有大量已过期的文档，可删除这些多余的文档以释放更多的 D 盘空间，获得更多的存储空间。具体步骤如下：

先选定欲删除的文件或文件夹，然后按 Del 键（也可选用右键菜单或"文件"菜单中的"删除"功能），此时系统会弹出一个警告对话框，确认就将选定的文件或文件夹删除，此时删除的文件被移入回收站中，还可以还原回来。如果不希望被删除的文件或文件夹进入回收站，先按住 Shift 键，再按 Del 键，可彻底删除文件或文件夹。

2.6　管理系统资源

2.6.1　管理账户

通过控制面板进入"用户账户"。

"控制面板"提供丰富的专门用于更改 Windows 的外观和行为方式的工具。一些工具可调整计算机设置，从而使得操作计算机更具趣味性，另一些工具可以将 Windows 设置得更容易使用。

在 Windows 7 中要打开"控制面板"，可单击"开始"，然后单击右窗格中的"控制面板"，或者双击桌面上的"控制面板"图标打开控制面板。控制面板的查看方式有类别、大图标和小图标。如图 2-55 所示。

图 2-55　Windows 7 的"控制面板"窗口

首次打开"控制面板"时，将看到"控制面板"中最常用的项，这些项目按照分类进行组织。要在"类别"视图下查看"控制面板"中某一项目的详细信息，可以用鼠标指针放在该图标或类别名称上面，系统就会显示项目的解释文本。要打开某个项目，双击该项目图标或类别名即可。

用户账户定义了用户可以在计算机中执行的操作，Windows 7 是一个多用户操作系统，可以管理多个账户，Windows 7 操作系统提高了账户的安全性；同时又结合了 Windows 9X 的用户管理方式，降低了账户管理的复杂性；还提供了多种登录方式，具备了使用的灵活性。

1. 用户账户的类别

作为工作组成员的计算机或者独立计算机上的用户账户，可以分为三类：标准账户、管理员账户和来宾账户。

（1）标准账户：通过标准账户可以使用计算机的大多数功能，可以更改影响用户账户的设置。但无法安装或卸载某些软件和硬件，无法删除计算机工作所需的文件，也无法更改影响计算机的其他用户或安全的设置。如果是标准账户，系统可能会提示先提供管理员密码，然后才能执行某些任务。

（2）管理员账户：计算机管理员账户是专门为可以对计算机进行全系统更改、安装程序和访问计算机上所有文件的用户而设置的。计算机上总是至少有一个人拥有计算机管理员账户。只有拥有计算机管理员账户的人才拥有对计算机上其他用户账户的完全访问权。

（3）来宾账户：来宾账户主要针对需要临时使用计算机的用户。

（4）组：组是用户、计算机、联系人和其他组的集合，通过组可以简化对用户的管理及授权。一般一个用户应属于某些组中，但也可不属于任一个组。

2. 用户账户的管理

Windows 7 系统安装时，系统自动创建了两个账户：

（1）Administrator（系统管理员）：具有系统中最高的权限，利用该账户登录可以完成系统中几乎所有的操作，甚至可以创建、删除其他的账户。

当以 Administrator 账户登录系统后，就可通过它进行用户账户管理了。通过控制面板中的"用户账户"，在打开的窗口中选择 Administrator 用户，就可以打开如图 2-56 所示的窗口，完成本账户的属性设置，还可以通过"更改用户账户"来完成其他的用户管理。

图 2-56　用户账户管理

（2）Guest（来宾账户）：该账户具有开放本机网络共享的作用，当禁用该账户时，本机的资源无法与网络中的其他计算机实现共享。

在 Windows 7 系统中还可创建标准账户。

2.6.2　添加应用程序

360 安全卫士是最受欢迎的上网必备安全辅助软件之一。拥有木马查杀、恶意软件清理、漏洞补丁修复、电脑全面体检、垃圾和痕迹清理等多种功能。本节以 360 安全卫士软件为例，简述应用程序的添加方法，添加此应用程序的步骤如下。

（1）获取 360 安全卫士的安装软件。上网后可从多家网站下载此免费软件，如 2-57 所示。

图 2-57　下载 360 安全卫士软件的界面

（2）运行 360 安全卫士安装程序，如图 2-58 所示。

图 2-58　360 安全卫士安装界面

（3）点击"立即安装"进入安装状态，按提示操作直到程序安装完成。

2.6.3　卸载或更改程序

在 Windows 操作系统中，一个应用软件很少只由一个文件组成，并且相关的文件并不一定是集中储存在硬盘上的某个文件夹中，通常是分布在多个文件夹中。为了方便应用软件的安装与卸载，应用软件一般都自带了相应的安装程序（其名常用 setup.exe 或 install.exe）和卸载程序（其名常用 uninstall.exe）。正常情况下，安装程序负责将应用程序所需文件分发到相应的文件夹中，并修改系统相关的注册信息：文件关联、注册表，而卸载程序则负责将本程序的文件从硬盘上删除，并将相应的注册信息删除。

当应用软件对应的卸载程序发生故障时，就不能正常卸载了，还有一些软件本身就没有设计软件的卸载功能。为了解决软件在安装与卸载中遇到的各种问题，Windows 系统设计了"卸载或更改程序"，通过这个功能基本可以完成应用软件的卸载和系统自身某些功能的添加与删除。

通过"控制面板"→"程序和功能"可以打开"卸载或更改程序"窗口，如图 2-59 所示。

图 2-59　"卸载或更改程序"窗口

1．删除程序

选定某个软件，单击"卸载"按钮，就可删除相应的软件。另外还可以更改或修复程序。

2．添加/删除 Windows 组件 IIS

IIS 组件是 Windows 组件中的一部分，但是安装 Windows 7 系统的时候它不会默认一起安装，需要另外进行安装工作。

安装 IIS 组件后，本地计算机可以作为网站服务器来使用，可以让互联网上的网友看见自己创建在本地计算机上的网站。添加步骤：

（1）通过"控制面板"→"程序和功能"→"打开或关闭 Windows 功能"，打开"Windows 功能"对话框，如图 2-60 所示。

图 2-60　"Windows 功能"对话框

（2）在"Internet 信息服务"前面的复选框中标记"√"，点击"确定"，弹出如图 2-61 所示的对话框，过几分钟即可安装好 IIS。

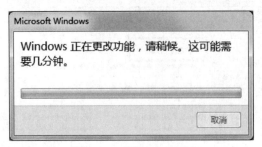

图 2-61　安装 IIS 界面

从计算机中删除 IIS 组件的步骤：

去掉图 2-60 "Internet 信息服务"前面复选框中的标记"√"，点击"确定"，即可完成删除 IIS，但需重新启动系统才能生效。

2.6.4　安装设备和打印机

当为计算机添加新的硬件时，不仅要将硬件物理连接到计算机上，还需要安装相应的硬件设备驱动程序。一般硬件厂商都提供相应的设备驱动程序，并附在相应的硬件包装里。多数情况下，设备驱动程序附带有安装程序，可直接安装。当设备驱动程序不能直接安装时，就需要使用"设备和打印机"向导。

我们把打印机和计算机连接好了过后，单击控制面板中的"设备和打印机"，弹出"添加设备/添加打印机"窗口，点击"添加打印机"按钮。弹出"添加打印机"向导，该向导会按以下步骤完成硬件驱动的安装：

（1）检测系统硬件，列出已安装的硬件列表，如图 2-62。列表中被禁用硬件的图标上有个红色的"×"；未安装驱动程序的硬件前有个黄色的"？"；其他是已安装驱动并能正常使用的硬件。

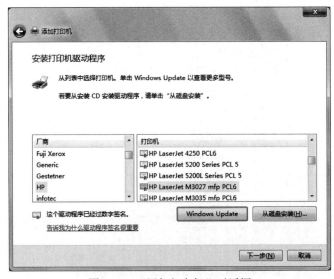

图 2-62　"添加打印机"对话框

（2）从列表中选择需安装的驱动和硬件项，按向导指示继续安装。

（3）将相应的驱动程序存储介质安放入相应的存取设备上，系统会自动查找这个硬件的驱动程序，如果找到就可自动完成安装了。

（4）不少硬件设备要求安装完设备驱动程序后，重新启动才可生效。

注意：对计算机系统资源的管理还包括系统配置实用程序、计算机管理以及文件和文件夹的备份。

1. 系统配置实用程序

单击"开始"菜单→"附件"→执行"运行"命令，在"运行"对话框输入"MSCONFIG"，单击"确定"，打开如图 2-63 所示的"系统配置"对话框。

图 2-63　"系统配置"对话框

在此对话框中，可以选择系统的启动方式，当出现系统故障时，能够更好地进行系统的恢复。

在如图 2-64 的"引导"选项卡中，可能检查系统的启动路径，当安装的多个操作系统出现混乱时，能够较好地进行纠正与修复。对于每一个可启动的系统来讲，可以进一步控制其启动方式。

图 2-64　"引导"选项卡

在这个实用程序中，还可以通过"服务"选项卡禁用某些非关键性服务；通过"启动"选项卡可以停止某些应用程序随系统启动而自动运行。

2. 计算机管理

"计算机管理"是管理工具集，可以用于管理本机或远程计算机。它将几个管理实用程序合并到控制台树，并提供对管理属性和工具的快捷访问。可以使用"计算机管理"进行下列操作：

● 监视系统事件，如登录时间和应用程序错误。
● 创建和管理共享资源。
● 启动和停止系统服务，如"任务计划"和"索引服务"。
● 设置存储设备的属性。
● 查看设备的配置以及添加新的设备驱动程序。
● 管理应用程序和服务。

要运行"计算机管理"，可执行"开始"菜单→"控制面板"→"管理工具"→"计算机管理"。在"计算机管理"窗口中，主要有系统工具、存储、服务和应用程序三种功能，其中磁盘管理功能如下：

"磁盘管理"管理单元是用于管理各自所包含的硬磁盘和卷，或者分区的系统实用程序。利用"磁盘管理"，可以初始化磁盘、创建卷、格式化卷以及创建具有容错能力的磁盘系统。"磁盘管理"可以执行多数与磁盘有关的任务，而不需要关闭系统或中断用户，大多数配置更改将立即生效。"磁盘管理"的操作界面如图 2-65 所示。

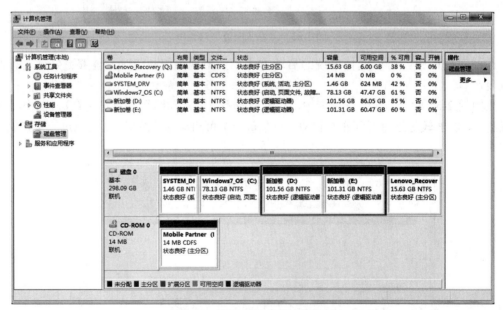

图 2-65 计算机管理的磁盘管理

在此窗口中，可以查看每个物理盘的属性及每个磁盘分区的容量、分区格式等信息。在可用空间中创建新的分区，也可删除已建立的分区，还能使用 FAT、FAT32 或 NTFS 文件系统格式化分区。还能为移动存储卷指定逻辑驱动器符，解决因逻辑驱动器符冲突所导致的无法访问等故障。

3．文件及文件夹的备份

为了预防因计算机系统遭受硬件或存储介质故障而导致数据意外的损失，Windows 7 系统提供了文件或文件夹的备份功能。"备份"就是创建硬盘中数据的副本，然后将数据存储到其他存储设备中。当硬盘上的原始数据被意外删除或覆盖，或因为硬盘故障而不能访问该数据，那么就可以从存档副本中还原该数据。

"备份"可创建数据的卷影子副本以创建硬盘内容的准确时间点副本，包括任何打开的并由系统使用的文件。用户可以在备份工具运行时继续访问系统而不会损坏数据。

要进行文件及文件夹的"备份"，单击"开始"菜单，选择"控制面板"→"备份和还原"→"设置备份"。随即打开"设置备份"向导，如图 2-66。通过该向导的指示可以方便地完成文件及文件夹的备份和恢复。

图 2-66　备份或还原向导

2.7　优化存储空间

2.7.1　查看磁盘使用状况

若计算机运行速度很慢，严重影响，可以首先对计算机系统盘的属性进行查看，步骤如下：

（1）双击"计算机"图标，打开"计算机"对话框。

（2）右击要查看属性的磁盘图标，在弹出的快捷菜单中选择"属性"命令。

（3）打开"磁盘属性"对话框的"常规"选项卡，如图 2-67 所示。

磁盘的属性通常包括磁盘的类型、文件系统、空间大小、卷标信息等常规信息，以及磁盘的查错、碎片整理等处理程序和磁盘的硬件信息等。

1. "常规"选项卡

磁盘的常规属性包括磁盘的类型、文件系统、空间大小、卷标信息等，查看磁盘的常规属性可执行以下操作：

在该选项卡最上面的文本框中键入该磁盘的卷标；中部显示了该磁盘的类型、文件系统、打开方式、已用空间及可用空间等信息；下部显示了该磁盘的容量，并用饼图的形式显示了已用空间和可用空间的比例信息。

C 盘可用空间的容量过小，单击"磁盘清理"按钮，启动磁盘清理程序。磁盘清理就是将不再需要的文件空间回收，如清空回收站里的文件，删除上网时磁盘中暂存的一些网页、图片、音视频文件。对于系统盘还可释放一些系统安装过程中所占用的磁盘空间，如图 2-68 所示。

图 2-67　磁盘的"属性"对话框

图 2-68　"磁盘清理"对话框

2. "工具"选项卡

该选项卡中设置了三个功能按钮，可以分别调用磁盘的实用工具程序：

（1）查错：通过它可以修复文件系统，还可检查回收磁盘上的坏扇区。

（2）磁盘碎片整理：详述见本章 2.7.2 节。

（3）备份：通过它可以将系统的一些用户文件备份到其他存储设备，便于需要时进行还原。

3. "硬件"选项卡

通过该选项卡，可以查看磁盘的驱动器厂家名，还可通过其"属性"按钮打开的磁盘驱动器对话框中了解磁盘驱动器的情况，还可以启用其磁盘缓存功能来提高磁盘的性能。

4. "共享"选项卡

通过该选项卡，可以对该逻辑盘进行共享设置，其过程与设置文件夹的共享相同。

除此之外，还有"安全""以前的版本"和"配额"三个不常用的选项卡。

2.7.2　硬盘碎片整理

在计算机使用过程中，不断进行着文件的创建、修改、删除等操作，由于文件的大小有差异，磁盘（尤其是硬盘）经过长时间的使用后，会出现很多零碎的存储空间，一个文件可能会被分别存放在不同的磁盘空间中，这样在访问该文件时系统就需要到不同的磁盘空间中去寻找该文件的不同部分，从而影响了文件存取的速度。

Windows 7 的磁盘碎片整理程序可以重新安排文件在磁盘中的存储位置，将同一文件的存储位置整理到连续的存储位置，同时也可将可用存储空间合并在连续位置，通过提高系统存取文件的效率，从而实现提高系统运行速度的目的。

磁盘碎片整理程序可以分析本地卷和合并碎片文件及文件夹，以便每个文件或文件夹都可以占用卷上单独而连续的磁盘空间。通过合并文件和文件夹，磁盘碎片整理程序还将合并卷上的可用空间，以减少新文件出现碎片的可能性。合并文件和文件夹碎片的过程称为碎片整理。

1. 利用磁盘碎片整理程序进行磁盘碎片整理

具体操作如下：

（1）单击"开始"按钮，通过"开始"菜单，选择"所有程序"→"附件"→"系统工具"→"磁盘碎片整理程序"命令，打开"磁盘碎片整理程序"窗口，如图 2-69 所示。

图 2-69　"磁盘碎片整理程序"窗口

（2）选择分区：进入 Windows 7 系统的磁盘碎片整理程序后，在"当前状态"下能看到当前可以进行碎片整理的磁盘分区。如果插有 U 盘，还可以对 U 盘进行碎片检查和整理。

（3）分析磁盘和磁盘碎片整理：可以选择单个分区进行磁盘碎片整理，整理之前可以先单击"分析磁盘"。Windows 7 完成磁盘分析后，可以在"上一次运行时间"列中看到磁盘上碎片的百分比，如果数字高于 10%，则应该对磁盘进行碎片整理。如果系统提示输入管理员密码，则还需要键入密码确认。

Windows 7 系统还支持多个分区同时进行碎片检查和整理，只需点选多个分区，然后点击"分析磁盘"或者"磁盘碎片整理"按钮，所选分区即可同时进行磁盘碎片检查和整理，可以清楚地看到进度百分比显示，如图 2-70 所示，碎片整理过程中仍然可以使用电脑。

图 2-70　磁盘碎片整理的进度

注意：如果磁盘已经由其他程序独占使用，或者磁盘使用 NTFS 文件系统、FAT 或 FAT32 之外的文件系统格式化，则无法对该磁盘进行碎片整理。

根据磁盘碎片的严重程度不同，不同分区碎片整理的时间不尽相同，和其他 Windows 系统相比，Windows 7 系统的碎片检查和整理速度都快很多。

2．Windows 7 系统设置磁盘碎片整理配置计划

Windows 7 系统中不但可以对磁盘碎片整理程序进行手动选择、分析和整理，也可以点击"配置计划"，设定磁盘碎片整理的频率、日期、时间、具体磁盘分区等，设置好之后 Windows 7 系统就会按照配置计划按时自动运行磁盘碎片整理，如图 2-71 所示。

进行了这一系列的操作后再次查看 C 盘属性时，发现已经释放出一部分的磁盘空间，计算机速度也明显加快。

2.7.3　对移动硬盘（U 盘）分区与格式化

使用移动硬盘之前，先将移动硬盘进行分区，此处分成两个区，并进行格式化，以供备份重要资料使用。

1．移动硬盘（U 盘）分区

（1）进入步骤：右键单击"计算机"→"属性"→"管理"→"计算机管理"，如图 2-72 所示。

（2）在打开的"计算机管理"窗口中选择"磁盘管理"，如图 2-73 所示。

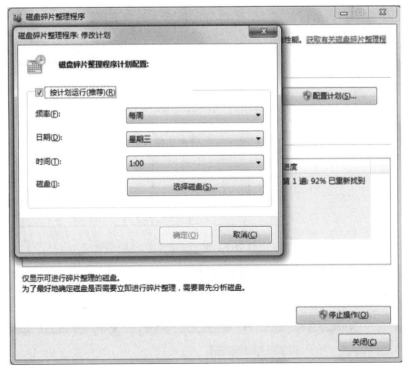

图 2-71　磁盘碎片整理程序计划配置

图 2-72　进入"计算机管理"步骤

图 2-73　计算机管理窗口

（3）全新磁盘会弹出"初始化磁盘"的窗口，在磁盘 1 前的小框上打勾确认完成就行了。

（4）这时可以看到"磁盘 1"（未指派），即还没分区的硬盘，如图 2-75 所示。

图 2-74　移动硬盘基本信息

（5）在此先介绍磁盘分区的概念，磁盘分区包括主磁盘分区、扩展磁盘分区、逻辑分区。它们之间的关系如下图 2-75 所示。

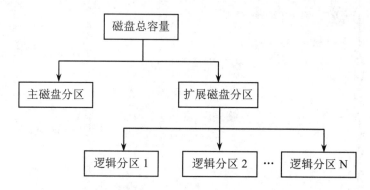

图 2-75　磁盘分区、扩展与逻辑之间的关系

（6）在未指派的磁盘示意图上点右键，选择"新建磁盘分区"，在弹出的窗口中单击"下一步"，如图 2-76、2-77 所示。

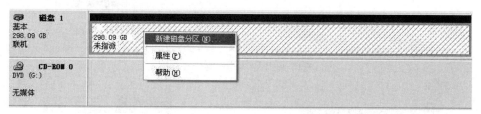

图 2-76　新建磁盘分区步骤 1

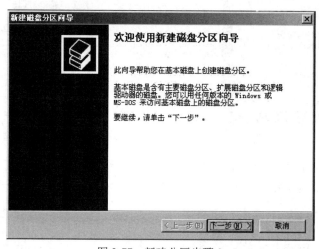

图 2-77　新建分区步骤 2

（7）在弹出的"新建磁盘分区向导"第 3 步的图中选择"主磁盘分区"，单击"下一步"，如图 2-78 所示。

（8）主磁盘分区的大小（也就是移动硬盘第一个分区的大小）是可以任意指定的，如果只准备把 300G 硬盘分一个区，那就把全部容量指定为主磁盘分区即可。此处准备平分两个区，第一个区就分总容量的一半 150000MB。单击"下一步"按钮，如图 2-79 所示。

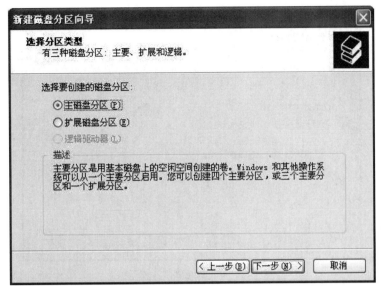

图 2-78　新建分区步骤 3

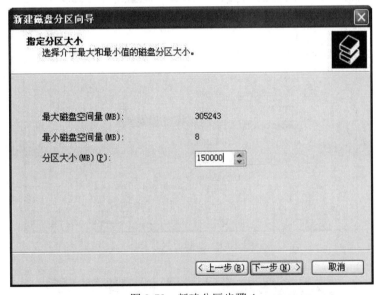

图 2-79　新建分区步骤 4

（9）第 5 步不需改动直接单击"下一步"（如果此处选择"不指派驱动器号或驱动器路径"，结果区是分好了，但在"计算机"里看不到盘符，会误以为移动硬盘有问题），如图 2-80 所示。

（10）在"格式化分区"设置里可以选择 FAT32 或 NTFS 格式分区，但如果选择了 NTFS，Win98 和 WinME 的电脑是不支持的，你就看不到移动硬盘；如果一个区容量大于 32G，就只能选 NTFS 格式化。为尽快完成分区，建议选择"执行快速格式化"，不然要等较长时间，单击"下一步"，如图 2-81 所示。

（11）在弹出的对话框中单击"完成"按钮，如图 2-82 所示。

（12）格式化主分区完成，如图 2-83 所示。

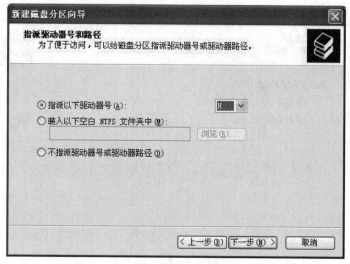

图 2-80　新建分区步骤 5

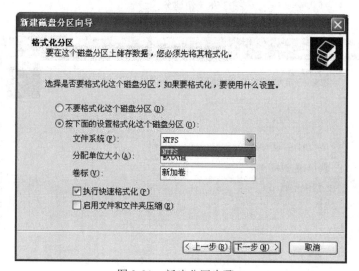

图 2-81　新建分区步骤 6

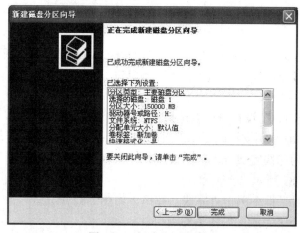

图 2-82　新建分区步骤 7

图 2-83　格式化主分区

（13）主磁盘分区的格式化完成后，现在来分其他磁盘。在余下的未指派区域上点右键"新建磁盘分区"，如图 2-84 所示。

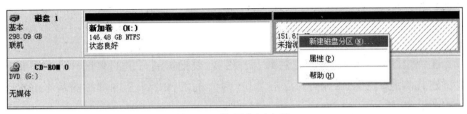

图 2-84　扩展分区步骤 1

（14）在扩展分区步骤 2 所示的图中选中"扩展磁盘分区"选项，单击"下一步"按钮，如图 2-85 所示。

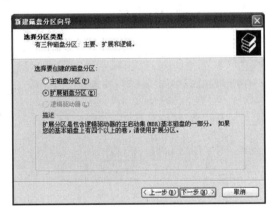

图 2-85　扩展分区步骤 2

（15）在弹出的对话框中设置"分区大小"，这里不需要改动容量，因为除了已分掉的主磁盘分区，剩下的应该全归扩展分区。点击"下一步"直到完成（扩展分区没有格式化），如图 2-86 所示。

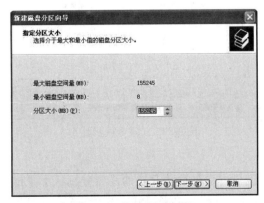

图 2-86　扩展分区步骤 3

（16）此时可看到扩展分区变成了绿条，在扩展分区里进行逻辑分区，可在扩展分区上点右键选择"新建逻辑驱动器"，如图 2-87 所示。

图 2-87　扩展分区步骤 4

（17）在弹出的对话框中选择"逻辑驱动器"。要把扩展分区的容量分几个逻辑分区，就重复此步骤建几次逻辑驱动器即可。点击"下一步"后的操作跟前面介绍的基本磁盘分区一样格式化，如图 2-88 所示。

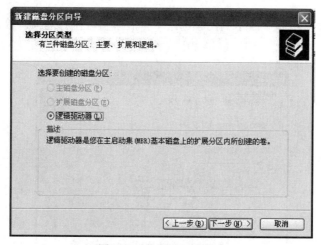

图 2-88　扩展分区步骤 5

（18）逻辑驱动器是蓝色条的，图 2-89 是移动硬盘分成两个区后的样子。此时打开"计算机"就能看到盘符了。

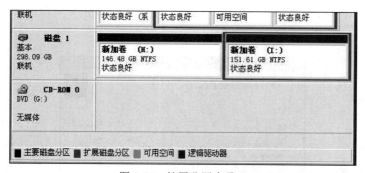

图 2-89　扩展分区步骤 6

2．格式化硬（U）盘

磁盘的格式化就是在磁盘内进行存储介质的逻辑分割，形象描述就是以等间距同心圆划分磁道（硬盘则称为柱面），以等圆心角来划分扇区，并在其上作相应的位置标识，以便以后使用时存取信息。软盘的格式化可以直接进行（但应去除写保护）。格式化硬盘又可分为高级格式化和低级格式化，高级格式化是指在操作系统下对硬盘的某一分区进行的格式化操作；低级格式化是指在对硬盘进行分区之前进行的物理格式化（硬盘的低级格式化会影响硬盘的寿命，除非出现严重故障，否则原则上不进行低级格式化处理）。硬盘的格式化就是指硬盘的高级格式化。而优盘的格式化则是将存储芯片上的数据进行改写，其物理的实现过程与磁盘有区别，但其逻辑意义是相同的。

在 Windows 7 系统中，不论是软盘、优盘还是硬盘的格式化，其操作过程基本一致。下面合并介绍其具体操作步骤：

（1）打开优盘（软盘）的写保护，将优盘插入 USB 接口中（若软盘则将其放入软盘驱动器中）。如果是硬盘则直接到第（2）步。

（2）单击"计算机"图标，打开"计算机"对话框。

（3）选择要进行格式化操作的磁盘，单击"文件"→"格式化"命令，或右击要进行格式化操作的磁盘，在打开的快捷菜单中选择"格式化"命令。

（4）打开"格式化"对话框，如图 2-90 所示是硬盘格式化对话框，如图 2-91 所示是优盘格式化对话框。

图 2-90 硬盘的格式化

图 2-91 优盘的格式化

对于软盘和小容量优盘，在此对话框中的参数项均使用其默认的设置，而大容量的优盘则可在"文件系统"中选择 FAT 或 FAT32 格式。对于硬盘，在"文件系统"下拉列表中可选择 NTFS 或 FAT32，若是选择 NTFS，可以设置"启用压缩"功能，启用压缩之后，能够存储更多的数据，但存取速度会降低，可以说是以时间换容量。

如果能够确认存储介质没有物理损坏的情况下，可以启用"快速格式化"选项，以缩短格式化的时间，并可减轻对磁盘的物理损耗。

（5）单击"开始"按钮，将弹出"格式化警告"对话框：格式化磁盘将删除磁盘上的所有信息。若确认要进行格式化，单击"确定"按钮即可开始进行格式化操作。在"格式化"对话框中的"进程"框中可看到格式化的进程。

（6）格式化完毕后，将出现"格式化完毕"对话框，单击"确定"按钮即可。

2.8　故障处理

2.8.1　使用任务管理器查看运行情况

当按下组合键 Ctrl+Alt+Del 或 Ctrl+Shift+Esc 时，可以打开如图 2-92 所示的"任务管理器"窗口。

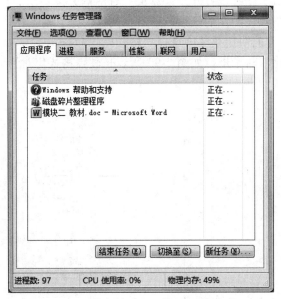

图 2-92　"任务管理器（应用程序）"窗口

在此窗口中，可以查看计算机中应用程序的运行状况，可以选中某一项，单击"结束任务"来强行关闭对应的应用程序。也可通过"新任务"来启动某一应用程序。

在如图 2-93 所示的"进程"选项卡中，可以查看系统中的进程运行情况，通过观察对比，能够发现一些异常情况，比如一些木马程序、感染病毒的程序。对于异常的进程也可像结束应用程序一样关闭（一些系统自身的核心进程是不能结束的，否则会导致系统崩溃或重启，还有一些是无法关闭的）。

通过任务管理器，不仅可以查看系统的运行情况，还能进行系统的关机、用户切换、重启动等操作。

2.8.2　查看和修改系统属性

利用"计算机"的属性打开如图 2-94 所示的"系统"窗口。在该窗口中，既可以查看计算机软、硬件信息，也可以完成一些管理操作。

图 2-93　"任务管理器（进程）"窗口

图 2-94　"系统属性"窗口

（1）"查看有关计算机的基本信息"

● Windows 版本：显示 Windows 版本。

● 系统：可以查看本机的软件版本信息及主要的硬件性能指标参数，如 CPU 的主频，内存的容量等。

● 计算机名称、域和工作组设置：可以查看和修改计算机名及其所属的网络。

● Windows 激活：显示 Windows 是否激活和产品 ID。

（2）"设备管理器"选项卡

单击"设备管理器"按钮可打开如图 2-95 所示的"设备管理器"窗口。

在设备管理器中可以完成查看已安装的硬件设备及其工作状态，如列表中被禁用硬件的图标上有个红色的"×"（或硬件已被卸载）；未安装驱动程序的硬件前有个黄色的"？"；其他是已安装驱动并能正常使用的硬件。还可以安装或更新相应设备的驱动程序。

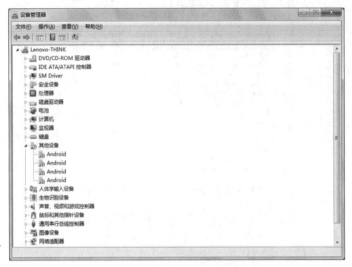

图 2-95　"设备管理器"窗口

（3）"远程设置"选项卡：可以设置"远程桌面"和"远程协助"。

（4）"系统保护"选项卡：可以使用此功能来撤消不需要的系统更改，还原以前版本。其中"系统还原"可以设置系统还原的开启与关闭，还可设置其还原范围。

（5）"高级"选项卡：可以设置系统相关的运行方式，如性能、用户配置、故障处理、运行环境等。

当进行修改系统属性操作时，要求当前用户具有"系统管理员"权限。

2.8.3　安全模式

如果打开计算机后无法进入系统，反复几次都是如此，此时可进入安全模式查看。再一次启动计算机，BIOS 加载完之后，迅速按下 F8 键，出现"Windows 高级选项菜单"界面，如图 2-96 所示，用方向键选择"安全模式"。

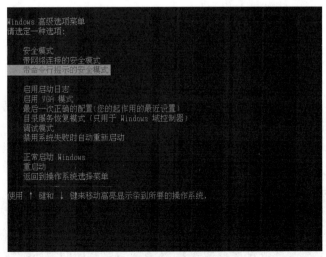

图 2-96　Windows 高级选项菜单

安全模式就是除了系统的自动程序，其他程序均不启动。安全模式是 Windows 操作系统中的一种特殊模式。在安全模式下用户可以轻松地修复系统的一些错误，起到非常好的效果。安全模式的工作原理是在不加载第三方设备驱动程序的情况下启动电脑，使电脑运行在系统最小模式，这样用户就可以方便地检测与修复计算机系统的错误。安全模式有以下作用：

- 删除顽固软件或病毒木马；
- 解除组策略锁定；
- 解决驱动或软件导致的崩溃；
- 检测不兼容的硬件；
- 查出恶意的自启动程序或服务。

进入安全模式后，启动杀毒软件，可以把以前不能杀掉的病毒清除掉。在 Windows 正常模式下有时候并不能干净彻底地清除病毒，这是因为它们极有可能会交叉感染，而一些杀毒程序又无法在 DOS 下运行。在安全模式下系统只加载最基本的驱动程序，这样杀起病毒来就更彻底、更干净了。

2.8.4　设置系统还原点

系统还原是系统中的一个组件。利用该组件可以在计算机发生故障时恢复到以前的状态，而不会丢失用户的个人数据文件，如 Microsoft Word 文档、浏览器历史记录、绘图、收藏夹或者电子邮件等。系统还原可以监视系统以及某些应用程序文件的改变，并自动创建易于识别的还原点，也可以在任何时候创建并命名自己的还原点。通过还原点可以将系统恢复到以前的状态，并能够撤消系统当前的还原操作。因此，系统还原对计算机的任何改动都是可逆的。

在进行"系统还原"的操作前，必须在"系统"中开启系统还原功能。

要使用"系统还原"，可执行"开始"菜单→"所有程序"→"附件"→"系统工具"→"系统还原"。随即出现"系统还原"向导，如图 2-97 所示。在该向导的指示下，可以方便地完成系统还原点的创建、还原、撤消还原操作。

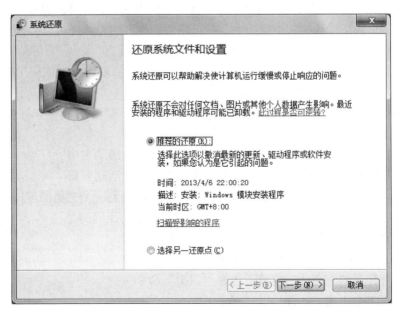

图 2-97　系统还原向导

在以前的 Windows 版本中使用系统还原具有很大的不确定性，根本无法告知系统去还原哪些应用程序。而 Windows 7 就不同了，右击"计算机"→选择"属性"→"系统保护"→"系统还原"，然后选择您想要的还原点，点击"扫描受影响的应用程序"，Windows 就会告知哪些应用程序受到影响，通过选择还原点进行删除或者是修复。

习题二

一、单选题

1. Windows 7 操作系统的"桌面"指的是（   ）。
   A. 整个屏幕　　　　　　　　　B. 全部窗口
   C. 某个窗口　　　　　　　　　D. 活动窗口

2. Windows 7 任务栏上的内容为（   ）。
   A. 当前窗口中的图标　　　　　B. 已启动并正在执行的程序名
   C. 所有已打开的窗口的图标　　D. 已经打开的文件名

3. 当一个应用程序窗口被最小化后，该应用程序将（   ）。
   A. 被终止执行　　　　　　　　B. 继续在前台执行
   C. 被暂停执行　　　　　　　　D. 被转入后台执行

4. 在 Windows 7 中，单击最小化按钮后（   ）。
   A. 当前窗口将消失　　　　　　B. 当前窗口被关闭
   C. 当前窗口缩小为图标　　　　D. 打开控制菜单

5. 对于 Windows 7 操作系统，下列叙述中正确的是（   ）。
   A. Windows 7 的操作只能用鼠标
   B. Windows 7 为每一个任务自动建立一个显示窗口，其位置和大小不能改变
   C. 在不同的磁盘空间不能用鼠标拖动文件名的方法实现文件的移动
   D. Windows 7 打开的多个窗口中，既可堆叠，也可层叠，还可以并排显示

6. 在 Windows 7 中，下列操作可运行一个应用程序的是（   ）。
   A. 用"开始"菜单中的文档命令　　B. 用鼠标右键单击该应用程序名
   C. 用鼠标左键双击该应用程序名　　D. 用鼠标左键单击该应用程序名

7. 下列关于文档窗口的说法中正确的是（   ）。
   A. 只能打开一个文档窗口
   B. 可以同时打开多个文档窗口，被打开的窗口都是活动窗口
   C. 可以同时打开多个文档窗口，但其中只有一个是活动窗口
   D. 可以同时打开多个文档窗口，但在屏幕上只能见到一个文档的窗口

8. Windows 7 中关闭程序的方法有多种，下列叙述中不正确的是（   ）。
   A. 用鼠标单击程序屏幕右上角的"关闭"按钮
   B. 在键盘上，按下 Alt + F4 组合键
   C. 打开程序的"文件"菜单，选择"退出"命令
   D. 按下键盘上的 Esc 键

9. 在 Windows 7 中，下列叙述中正确的是（   ）。

A．系统支持长文件名可达 256 个字符

B．大多数程序允许打开任意多的文档

C．打开的文档仅可在它自己的窗口里显示，但不可以作为程序窗口的一部分来显示

D．如果误操作将一个文件删除了，则无法恢复它

10．在 Windows 7 中，关于文件的剪切和删除的叙述中，正确的是（　　）。

A．剪切和删除的本质相同

B．不管是剪切还是删除，执行后，选定的文件都会从原来的位置消失

C．文件被剪切后，可以在多处进行粘贴

D．文件被删除后，一定会被移入回收站中

11．在 Windows 7 中，打印方法有多种，其中错误的是（　　）。

A．选择"文件"菜单，选择"打印"命令

B．按 Ctrl＋P 组合键

C．回到控制面板中，双击"打印机"

12．Windows 7 的任务栏中包括（　　）。

A．字体颜色　　　B．开始按钮　　　C．时间　　　D．B 和 C

13．Windows 7 的任务栏可以放在（　　）

A．桌面底部　　　B．桌面顶部　　　C．桌面左边　　　D．桌面四周

14．下面关于 Windows 7 的窗口描述中，错误的是（　　）。

A．窗口是 Windows 7 应用程序的用户界面

B．Windows 7 的桌面也是 Windows 窗口

C．用户可以改变窗口的大小和在屏幕上移动窗口

D．窗口主要由边框、标题栏、菜单栏、工作区、状态栏、滚动条等组成

15．资源管理器左窗口文件夹前的"▷"表示（　　）。

A．此文件夹含有子文件夹

B．此文件夹含有一层子文件夹

C．此文件夹含有两层子文件夹

D．此文件夹不含子文件夹

16．把 Windows 7 当前活动窗口的信息复制到剪贴板，应按下的键为（　　）。

A．Alt＋PrintScreen　　　　　　B．Ctrl＋PrintScreen

C．Shift＋PrintScreen　　　　　D．PrintScreen

17．"Windows 7 是一个多任务操作系统"指的是（　　）。

A．Windows 可运行多种类型各异的应用程序

B．Windows 可同时运行多个应用程序

C．Windows 可供多个用户同时使用

D．Windows 可同时管理多种资源

18．在 Windows 7 中，下列关于输入法切换组合键设置的叙述中，错误的是（　　）。

A．可将其设置为 Ctrl＋Shift　　　B．可将其设置为左 Alt＋Shift

C．可将其设置为 Tab＋Shift　　　D．可不做组合键设置

19．不用鼠标，执行 Windows 7 资源管理器"编辑（E）"下拉菜单中的"复制 C"命令的方法是（　　）。

A．按 Alt + E，然后按 Alt + C 　　　B．按 Alt + E，然后按 C

C．Alt + C 　　　D．只按 Alt + E

20．下列关于 Windows 7 系统中文件和文件夹的说法，正确的是（　　）。

A．在一个文件夹中可以有两个同名文件

B．在一个文件夹中可以有两个同名文件夹

C．在一个文件夹中可以有一个文件与一个文件夹同名

D．在不同文件夹中可以有两个同名文件

21．在删除硬盘上的文件时，如果不打算将被删除的文件放入"回收站"，应在选定文件后（　　）。

A．直接按键盘上的 Delete 键

B．按住 Ctrl 键的同时按住 Delete 键

C．按住 Ctrl 键的同时将选定文件拖放到回收站中

D．按住 Shift 键的同时按住 Delete 键

22．在 Windows 7 环境下，通常无任何作用的鼠标操作是（　　）。

A．左键双击　　　B．右键双击　　　C．左键拖放　　　D．右键拖放

23．在 Windows 7 环境下，下列快捷键中与剪贴板操作无关的是（　　）。

A．Ctrl + P　　　B．Ctrl + C　　　C．Ctrl + X　　　D．Ctrl + V

二、填空题

1．Windows 7 是一种_____任务、_____用户的操作系统。

2．在 Windows 7 中可以打开多个应用程序窗口，可以在桌面上按_____、_____、_____方式来排列这些窗口。

3．在 Windows 7 中，要卸载或更改已安装的组件，可从"控制面板"中运行"_____"，打开"卸载或更改程序"窗口。

4．Windows 7 的退出不能像 MS-DOS 一样直接关机，而要单击_____菜单，再单击其中的_____菜单项。

5．"回收站"里面存放着用户从硬盘上删除的文件。如果想再用这些文件，可以从"回收站"中_____，如果不再需要这些文件，可以_____"回收站"。

6．用鼠标左键按住窗口标题栏不放，移动鼠标可以_____整个窗口，双击标题栏可以使窗口_____，双击处于最大状态的窗口的标题栏可以把窗口_____。

7．最大化窗口的标题栏右边有三个按钮分别是：_____、_____、_____。

8．文件有四种属性，即_____、_____、_____、_____。

9．在 Windows 7 中，文件和文件夹的排序方式有 4 种，分别是：_____、_____、_____、_____，可以在_____菜单命令中的_____选项中选择。

10．将应用程序信息移到剪贴板，可执行的操作是_____或_____，将剪贴板的信息移动到应用程序的操作是_____。

三、判断题

1．剪贴板上存放的内容在关机后是不会消失的。　　　　　　　　　（　　）

2．在 Windows 7 中，通常用 Ctrl + Shift 键实现各种输入法的快速切换。（　　）

3．Windows 7 中，可以用鼠标右键拖动某个文件夹实现对该文件夹的复制操作。　（　　）

4．在 Windows 7 中，双击快捷方式可直接运行程序或打开文件夹。　（　　）

5．Windows 7 中支持长文件名或文件夹名，且其中可以包含空格符。　（　　）

6．如果路径中的第一个符号为 "\"，则表示从根目录开始，即该路径为相对路径。

　（　　）

7．对话框也可以任意调节大小或缩小成图标。　（　　）

8．在进行剪切，复制操作时，必须要启动 "剪切板" 查看程序。　（　　）

9．在 Windows 各类管理操作中，选定对象是一切管理操作的前提条件。　（　　）

10．用 "写字板" 编写的文本不包含格式信息，用 "记事本" 编写的文本包含格式信息。

　（　　）

四、简答题

1．Windows 窗口由哪几个部分组成？什么是当前窗口？

2．什么是文件和文件夹？简述它们的命名规则。

3．什么是绝对路径和相对路径？

4．如何选择单个、多个连续、多个不连续的对象？

5．对文件的操作有哪些？用几种不同的方法实现。

6．如何使用键盘对菜单进行操作？

第3章 文字处理软件 Word 2010

【学习目标】

- 掌握 Word 的基本概念、基本功能和运行环境，Word 的启动和退出。
- 掌握文档的创建、打开、输入、保存等基本操作。
- 掌握文本的选定、插入与删除、复制与移动、查找与替换等操作方法；多窗口和多文档的编辑。
- 掌握字体格式设置、段落格式设置、文档页面设置、文档背景设置和文档分栏等基本排版技术。
- 掌握表格的创建、修改和修饰；表格中数据的输入与编辑；数据的排序和计算。
- 掌握图形和图片的插入；图形的建立和编辑；文本框、艺术字的使用和编辑。
- 掌握文档的保护和打印。

【重点难点】

- 文本的选定、插入与删除、复制与移动、查找与替换等基本操作；多窗口和多文档的编辑。
- 字体格式设置、段落格式设置、文档页面设置、文档背景设置和文档分栏等基本排版技术。

    Microsoft Office 2010，是微软推出的办公软件，开发代号为 Office 14，实际是第 12 个发行版。该软件共有 6 个版本，分别是初级版、家庭及学生版、家庭及商业版、标准版、专业版和专业高级版，此外还推出 Office 2010 免费版本，其中仅包括 Word 和 Excel 应用。除了完整版以外，微软还发布了针对 Office 2007 的升级版 Office 2010。Office 2010 可支持 32 位和 64 位 Windows Vista 及 Windows 7，仅支持 32 位 Windows XP，不支持 64 位 Windows XP。现已推出 Microsoft Office 2016。

    Microsoft Office 2010 完整版功能包括：

    Microsoft Access 2010（数据库管理系统）：用来创建数据库和程序来跟踪与管理信息。

    Microsoft Excel 2010（数据处理程序）：用来执行计算、分析信息以及可视化电子表格中的数据。

    Microsoft InfoPath Designer 2010：用来设计动态表单，以便在整个组织中收集和重用信息。

    Microsoft InfoPath Filler 2010：用来填写动态表单，以便在整个组织中收集和重用信息。

    Microsoft OneNote 2010（笔记程序）：用来搜集、组织、查找和共享笔记和信息。

    Microsoft Outlook 2010（电子邮件客户端）：用来发送和接收电子邮件，管理日程、联系人和任务以及记录活动。

    Microsoft PowerPoint 2010（幻灯片制作程序）：用来创建和编辑用于幻灯片播放、会议和网页的演示文稿。

Microsoft Publisher 2010（出版物制作程序）：用来创建新闻稿和小册子等专业品质出版物及营销素材。

Microsoft SharePoint Workspace 2010：相当于 Office 2007 的 Groove。

3.1　Word 基本操作

3.1.1　启动 Word 2010

启动 Word 是指将 Office 系统的核心程序 Word 调入内存，同时进入 Word 应用程序及文档窗口进行文档操作。启动 Word 2010 的方法介绍如下：

（1）通过"开始"菜单启动：选择"开始"→"所有程序"→"Microsoft Office"→"Microsoft Word 2010"命令即可快速启动 Word 2010，如图 3-1 所示。

（2）通过桌面快捷方式图标启动：如果桌面上有 Word 2010 的快捷方式图标，直接双击该图标即可快速启动 Word 2010，如图 3-2 所示。

图 3-1　通过开始菜单启动　　　　　　　图 3-2　通过快捷图标启动

（3）通过文件启动：双击后缀名为.docx 的文件即可启动 Word 2010 并打开该文件，如图 3-3 所示。

（4）通过快速启动区启动：在任务栏左侧的快速启动区中单击 W 按钮，即可启动 Word 2010，如图 3-4 所示。

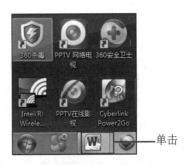

图 3-3　通过文件启动　　　　　　　　图 3-4　通过快速启动按钮启动

3.1.2　认识全新的 Word 2010 操作界面

启动 Word 2010 后，将直接进入其操作界面。在打开的主窗口中包括"文件"选项卡、快速访问工具栏、标题栏、功能区、内容编辑区以及状态栏等部分，如图 3-5 所示。

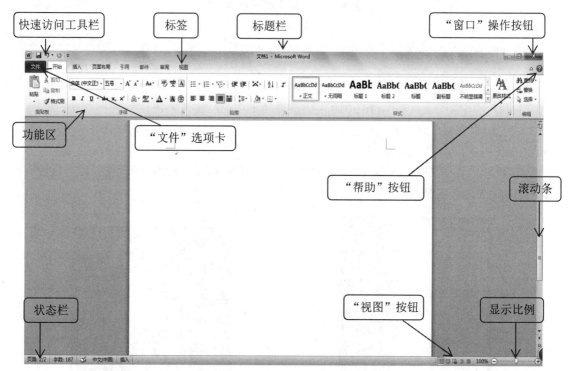

图 3-5　Word 2010 操作界面的组成

1. "文件"选项卡

Word 2010 界面最大的变化就是使用"文件"选项卡，打开"文件"选项卡，用户能够获得与文件有关的操作选项，如""打开""另存为"或"打印"等。"文件"选项卡实际上是一个类似于多级菜单的分级结构，分为 3 个区域。左侧区域为命令选项区，该区域列出了与文档有关的操作命令选项。在这个区域选择某个选项后，右侧区域将显示其下级命令按钮或操作选项。同时，右侧区域也可以显示与文档有关的信息，如文档属性信息、打印预览或预览模板文档内容等。

2. 快速访问工具栏

快速访问频繁使用的命令，如"保存""撤消"和"重复"等。在快速访问工具栏的右侧，可以通过单击下拉按钮，在弹出的菜单中选择 Office 已经定义好的命令，即可将选择的命令以按钮的形式添加到快速访问工具栏中。

3. 标题栏

位于快速访问工具栏的右侧，在标题栏中从左至右依次显示了当前打开的文档名称、程序名称、窗口操作按钮（"最小化""最大化""关闭"按钮。

4. 标签

单击相应的标签，可以切换到相应的选项卡，不同的选项卡中提供了多种不同的操作设置选项。

5. 功能区

在每个标签对应的选项卡中，按照具体功能将其中的命令进行更详细的分类，并划分到不同的组中，如图 3-6 所示。例如，"开始"选项卡的功能区中收集了对字体、段落等内容设置的命令。

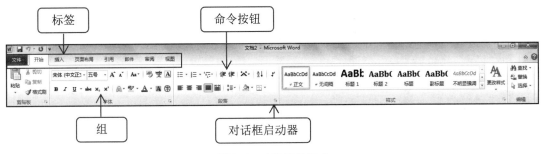

图 3-6　功能区的组成

6. 编辑区

编辑区是 Word 2010 窗口中面积最大的区域，默认为白色区域。用户可以在内容编辑区中输入文字、数值、插入图片、绘制图形、插入表格和图表，还可以设置页眉页脚的内容、设置页码。通过对内容编辑区进行编辑，可以使 Word 文档丰富多彩。

7. 滚动条

拖动滚动条可以浏览文档的整个页面内容。

8. 状态栏

位于主窗口的底部，可以通过状态栏了解当前的工作状态。在 Word 2010 中，可以通过单击状态栏上的按钮快速定位到指定的页、查看字数、设置语言，还可以改变视图方式和文档页面显示比例等。

3.1.3　新建 Word 文档

1. 新建空白文档

启动 Word 2010 后，系统将自动创建一个名为"文档 1"的空白文档，可以直接在该文档中进行编辑，也可以新建其他空白文档或根据 Word 2010 提供的模板文件新建文档。具体操作步骤如下：

（1）启动 Word 2010 后，单击"文件"选项卡，选择"新建"命令。

（2）在中间的"可用模板"列表框中选择文档模板中的"空白文档"类型，单击"创建"按钮即可新建空白的文档。如图 3-7 所示。

2. 新建模板文档

Word 2010 为用户提供了许多常用的内置模板，如传真、信函、报告等常见的办公类文档。如果用户的电脑能连接到 Internet，还可以从 Office.com 主页上下载更多更丰富的模板。Word 2010 中内置的模板有"博客文章""书法字帖"等，Office.com 模板文件包括几十种模板类型，如"会议""奖状""名片""日历"等。如果用户要创建的文档与其中任意一种模板类似，则可以通过新建该模板文档来快速创建需要的文档。

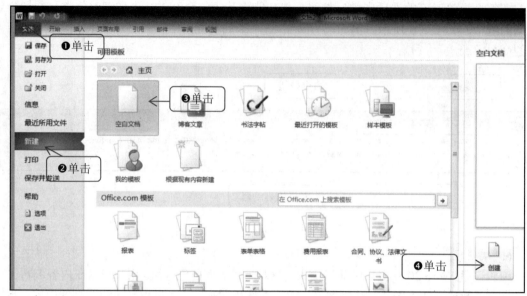

图 3-7　新建文档

3.1.4　保存 Word 文档

文档编辑完成后，必须存放在磁盘上才能长期保存，保存文档时一定要注意文档"三要素"，即保存的位置、名称、类型。通常保存文档的方法如下：

1. 保存新建的文档

保存新建文档的具体操作步骤如下：

（1）在新建的文档中，选择"文件"→"保存"命令，弹出"另存为"对话框，如图 3-8 所示。

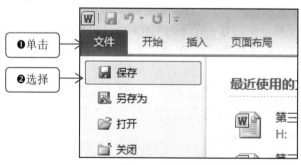

图 3-8　单击"保存"按钮

（2）在"保存位置"下拉列表框中选择文件在电脑中的保存位置，在"文件名"文本框中输入文件的名称，一般不用改变"保存类型"，默认的文件类型为 Word 文档，扩展名为.docx。然后单击"保存"按钮。如图 3-9 所示。

2. 保存已命名的文档

如果当前编辑的是已经命名的文档，可以使用下面方法之一：

（1）单击快速访问工具栏中的"保存"按钮 。

（2）在当前文档中按 Ctrl+S 键。

（3）选择"文件"→"保存"命令。

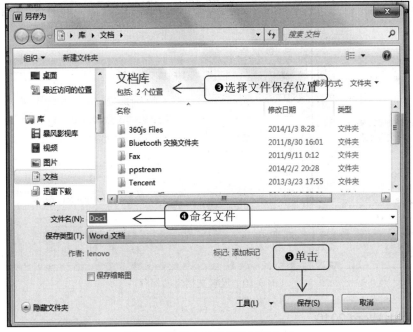

图 3-9　选择文件保存位置及命名

这时不会出现"另存为"对话框，而直接保存到原来的文档中以当前内容代替原来内容，当前编辑状态保存不变，可继续编辑文档。

3. 另存文档

如果把当前编辑的文档换名或更换保存位置保存，具体操作步骤如下：

（1）在新建的文档中，选择"文件"→"另存为"命令，弹出"另存为"对话框。

（2）选择不同的保存位置或更改为不同的文件名。

（3）单击"保存"按钮。这时，文档窗口标题栏中显示为改名后的文档名。

4. 设置文档自动保存

为了避免突然断电或其他意外发生导致的文档数据丢失，还可以设置自动保存。具体操作步骤如下：

步骤 1　在 Word 文档操作窗口中，单击"文件"→"选项"，打开"Word 选项"对话框。

步骤 2　单击"保存"按钮，勾选"保存自动恢复信息时间间隔"复选框，设置分钟数。

步骤 3　勾选"如果我没保存就关闭，请保留上次自动保留的版本"复选框，然后单击"确定"按钮。如图 3-10 所示。

3.1.5　打开 Word 文档

要查看和编辑保存在电脑中的文档，首先要在 Word 中打开该文档。通常方法如下：

（1）双击文件图标打开。

（2）右击文件，在弹出的快捷菜单中选择"打开"命令，打开文档。

（3）单击"文件"→"打开"，弹出"打开"对话框，如图 3-11 所示，定位到要打开的文档，单击"打开"按钮。

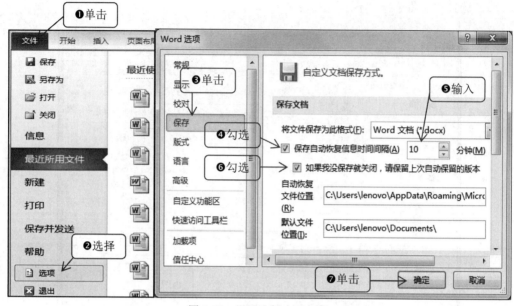

图 3-10　设置文档自动保存

3.1.6　退出 Word 2010

查看或编辑完文档后需要对文档进行关闭，常见的关闭文档的方法介绍如下：

（1）通过关闭按钮退出：单击 Word 2010 操作界面标题栏右侧的"关闭"按钮。

（2）通过选择命令退出：单击"文件"选项卡，在弹出的下拉菜单中单击"退出"命令。

3.1.7　认识 Word 2010 的视图模式

Word 2010 主要提供了页面视图、阅读版式视图、Web 版式视图、大纲视图和草稿视图等视图模式。单击"视图"选项卡→"文档视图"选项组中的按钮，如图 3-12 所示。或者单击状态栏上的 ▯▤▥▩▤▤ 按钮，就可以切换到相应的视图模式。

图 3-11　"打开"对话框

图 3-12　Word 2010 视图模式

在 Word 中，不同的视图模式有其特定的功能和特点。

1. 页面视图

文档内容的编辑和设置，以及对图像进行操作、添加页眉、页脚和页码等附加内容都可以在页面视图模式下完成。页面视图模式中的文档内容和最后打印出来的结果几乎是一样的。即"所见即所得"。

2. 阅读版式视图

可以在屏幕上分为左右两页显示文档的内容，其最大特点就是便于用户阅读文档，它模拟书本阅读方式，让人感觉在翻阅书籍。也可以利用工具栏上的工具，在文档中以不同颜色突出显示文本或插入批注内容。

3. Web 版式视图

此模式用于创建 Web 页面，它能够模拟 Web 浏览器来显示文档。在 Web 版式视图下，能够看到给 Web 文档添加的背景，文本将自动折行以适应窗口的大小。

4. 大纲视图

用分级符号和缩进符号显示了文档的大纲提要，能够对大纲要求一目了然，并使快速重新组织文档变得更加容易。

5. 草稿视图

在该视图中可以对文档内容或者图像进行修改操作，此模式下的文档编辑区最大限度的显示文本内容，可以方便对文档的编辑和阅读。

3.2　在文档中输入和编辑文本

3.2.1　输入文本

创建 Word 文档后，即可在文档中输入内容，如汉字、英文字符、数字、特殊符号以及公式等。

1. 输入中英文字符

在 Word 文档中可以输入汉字和英文字符，只要切换到中文输入状态下，就可以通过键盘输入汉字；在英文状态下可以输入英文字符。具体操作步骤如下：

（1）启动 Word 2010，新建一个空白文档，在文档中显示一个闪烁的光标。如果要输入中文汉字，就需要先切换到中文输入状态下，按 Ctrl+空格键即可。如果电脑中安装了多个中文输入法，则需要依次按 Ctrl+Shift 组合键切换到要使用的输入法。

（2）输入文字内容对应的拼音或笔形，即可在光标处显示输入的汉字内容，按 Enter 键换行。

（3）按 Ctrl+空格键切换到英文输入法状态下，可以输入英文；按 Caps Lock 键切换字母大小写，在光标处即可输入英文字符。

2. 插入符号和特殊符号

在文档编辑过程中经常需要输入键盘上没有的字符，这就需要通过 Word 中插入符号的功能来实现。具体操作步骤如下：

（1）将光标定位在要插入符号的位置，切换到"插入"选项卡，单击"符号"选项组中的"符号"按钮，在弹出的菜单中选择"其他符号"命令。

（2）打开"符号"对话框，在"符号"选项卡中"字体"下拉列表框中选择 Wingdings 选项（不同的字体存放在不同的字符集中），在下方选择要插入的符号。

（3）单击"插入"按钮，就可以在光标插入点插入该符号。如果不需要插入符号时，单击"关闭"按钮关闭"符号"对话框。如图 3-13 所示。

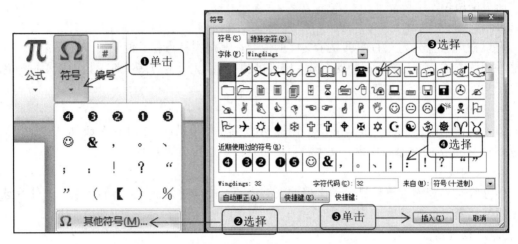

图 3-13 插入符号

除了"符号"对话框中提供的符号之外，还可以通过"特殊符号"命令，插入特殊符号。

3．插入日期和时间

用户可通过"插入"选项卡，"文本"选项组中的"日期和时间"按钮在文档中插入当前日期和时间。在"语言"栏中选择"中文"或"英文"，在"可用格式"栏中选择一种日期和时间格式。如图 3-14 所示。

4．插入公式

用户还可以在文档中插入不同类型的数学公式，只需要通过 Word 2010 提供的公式编辑器进行插入即可。具体操作步骤如下：

（1）新建一个 Word 文档，或将光标定位在要插入公式的位置，选择"插入"选项卡。

（2）单击"符号"选项组中的"公式"按钮，从"公式"下拉菜单中选择要插入的公式，例如插入"二次公式"，如图 3-15 所示。

（3）插入公式后，单击"公式工具"→"设计"选项卡，利用其中的工具对插入的公式进行编辑。

（4）公式制作完成后，单击公式外的空白处退出公式编辑状态。

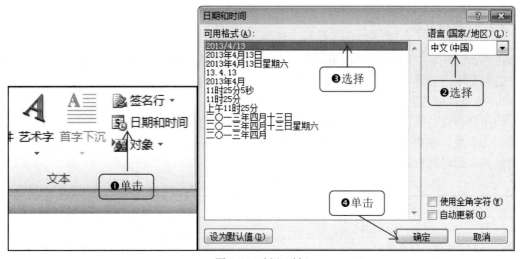

图 3-14　插入时间

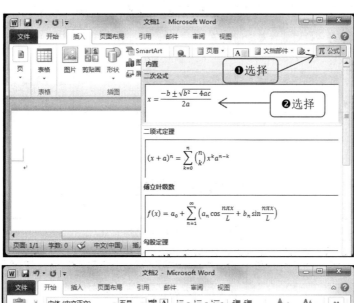

图 3-15　插入数学公式

3.2.2 选择文本

在 Word 2010 中如果要对文档的内容进行编辑，需要先选定文本。可以通过使用鼠标和键盘来选取文本，被选定的文本呈反白显示。

1. 使用鼠标选取文本

使用鼠标定位插入点，按住左键拖动鼠标即可选取所需要的文本。按住 Ctrl 键可选择不连续的文本块。在要选取文本的开始位置单击鼠标，然后按住 Shift 键，在要结束选取的位置单击鼠标，即可选择连续的文本。

表 3-1　使用鼠标选取文本

方法	作用
双击词语	选定这个词语
结合 Ctrl 键单击句中任意位置	可选定这一句
在文档左侧空白处（选定条）单击	选定所指的一行
在选定条上按住左键拖动	选定连续的多行
连续三次单击段落中任意位置或者双击选定条	选定整段
双击选定条并拖动鼠标	选定多段
结合 Ctrl 键单击任意位置的选定条或者连续单击三次选定条	选定整篇文档
结合 Alt 键拖动鼠标	选定一个文本区域

2. 使用键盘选取文本

使用键盘选取文本可以通过 Shift 键和 Ctrl 键结合方向键来实现。

表 3-2　使用键盘选取文本

方法	作用
Shift+↑	从光标所在处向上选择一行
Shift+↓	从光标所在处向下选择一行
Shift+←	从光标所在处向左选择一个字符
Shift+→	从光标所在处向右选择一个字符
Shift+Ctrl+↑	从光标所在处选择文本至该段开头
Shift+Ctrl+↓	从光标所在处选择文本至该段结尾
Shift+Ctrl+←	从光标所在处向左选择一个词语
Shift+Ctrl+→	从光标所在处向右选择一个词语
Shift+Home	从光标所在处选择文本至该行开头
Shift+End	从光标所在处选择文本至该行结尾
Shift+Ctrl+ Home	从光标所在处选择文本至文档开头
Shift+Ctrl+ End	从光标所在处选择文本至文档结尾

3.2.3 复制和移动文本

1. 复制文本

复制文本内容是指将文档中某处的内容经过复制操作（复制也称拷贝），在指定位置获得完全相同的内容。复制后的内容，其原来位置上的内容仍然存在，并且在新的位置也会产生与原来位置完全相同的内容。复制文本的具体操作方法介绍如下：

（1）使用快捷菜单命令复制文本：选择需要复制的文本，单击鼠标右键，在弹出的快捷菜单中选择"复制"命令，将光标插入点定位到目标位置，单击鼠标右键，在弹出的快捷菜单中选择"粘贴"命令。

（2）使用工具按钮和菜单命令：选择需要复制的文本，切换到"开始"选项卡，单击"剪贴板"选项组中的"复制"按钮，将文本插入点定位到目标位置，单击"粘贴"按钮下方的向下箭头，在弹出的下拉菜单中选择"粘贴"命令。

（3）使用快捷键：选择需要复制的文本，然后按 Ctrl+C 组合键，将文本插入点定位到目标位置后按 Ctrl+V 组合键即可完成文本的复制。

2. 移动文本

Word 2010 提供的移动功能可以将一处文本内容移动到另一处，以便重新组织文档的结构。移动后的内容，其原来位置上的内容不再存在，将在新的位置产生与原来位置完全相同的内容。移动文本的具体方法介绍如下：

（1）使用快捷菜单命令移动文本：选择需要移动的文本，单击鼠标右键，在弹出的快捷菜单中选择"剪切"命令，将光标插入点定位到目标位置，单击鼠标右键，在弹出的快捷菜单中选择"粘贴"命令。

（2）使用工具按钮和菜单命令：选择需要移动的文本，切换到"开始"选项卡，单击"剪贴板"选项组中"剪切"按钮，将光标插入点定位到目标位置，单击"粘贴"按钮下方的向下箭头，在弹出的下拉菜单中选择"粘贴"命令。

（3）使用快捷键：选择需要移动的文本，然后按 Ctrl+X 组合键，将光标插入点定位到目标位置后按 Ctrl+V 组合键即可完成文本的移动。

3.2.4　删除文本

文本输入过程中，若需删除单个字符，可使用 Backspace 键删除光标前面的字符，使用 Delete 键删除光标后面的字符。

若需删除文本，可先选取要删除的文本区域，按 Backspace 键或 Delete 键，即可完成删除。

3.2.5　查找与替换文本

想要在一篇很长的文章中找到一个词语，或者想要将文章中的一个词语用另外的词语替换，当这个词语在文章中出现的次数较多时，就可以借助于 Word 2010 提供的查找和替换功能。

1. 使用导航窗格搜索文本

Word 2010 新增了导航窗格，通过窗格可以查看文档的结构，也可以对文档中的某些文本内容进行搜索，程序会自动将搜索出的内容进行突出显示。具体操作步骤如下：

（1）将光标定位在文档的开始处，切换到"视图"选项卡，在"显示"选项组中，选择"导航窗格"复选框，弹出"导航"任务窗格。

（2）在"搜索文档"文本框中输入要查找的内容。

（3）Word 将在"导航"窗口中列出文档中包含查找文字的段落，同时会自动将搜索到的内容突出显示出来。如图 3-16 所示。

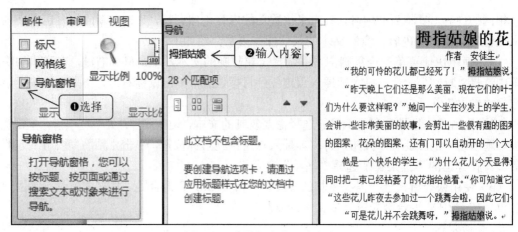

图 3-16　查找指定的文本内容

2．查找文本

查找文本还可以通过"查找和替换"对话框来完成，使用这种方法，可以对文档中的内容一处一处的进行查找，也可以在固定的区域内查找。具体操作步骤如下：

（1）打开文档，切换到"开始"选项卡，在"编辑"选项组中，选择"替换"选项，弹出"查找和替换"对话框。

（2）切换到"查找"选项卡，在"查找内容"文本框中输入需要查找的内容，然后单击"在以下项中查找"按钮，在弹出的下拉菜单中选择"主文档"选项。如图 3-17 所示。

（3）程序会自动执行查找操作，所有查找到的内容将会处于选中状态。

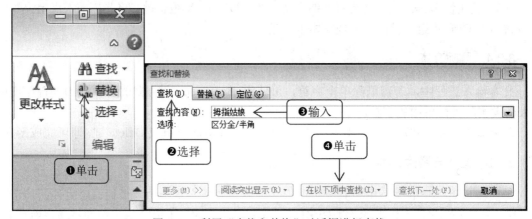

图 3-17　利用"查找和替换"对话框进行查找

3．使用通配符查找文本

在查找文本时，如果不知道真正字符或者要查找的内容只限制部分内容，而其他不限制的内容就可以使用通配符代替。通配符可代替一个或多个真正字符，常用的通配符包括"*"与"？"两个，其中"*"表示多个任意字符，而"？"表示一个任意字符。

4．替换文本

如果需要将文档中某些内容替换成其他内容，就可以使用替换功能。使用该功能时，将会与操作功能一起使用。具体操作步骤如下：

（1）单击"开始"选项卡，在"编辑"选项组中，选择"替换"选项，弹出"查找和替换”对话框。

（2）切换到“替换”选项卡，在“查找内容”文本框中，输入要查找的内容，在“替换为”文本框中输入要替换的内容，然后单击“查找下一处”按钮。

（3）此时文档中第一处找到的内容就会处于选中状态，需要向下查找时，再次单击“查找下一处”按钮，出现要替换的内容时，单击“替换”按钮。

（4）经过以上操作后，查找到的内容就被替换完毕，如图 3-18 所示。还可以直接点击“全部替换”按钮，将文章中所有查找到的内容全部替换为新内容。

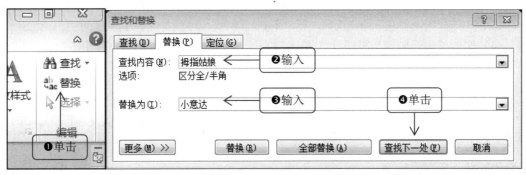

图 3-18　“替换”文档内容

3.3　美化文档——设置文档的格式

3.3.1　设置文本格式

Word 2010 提供了强大的设置文本格式的功能。文本的格式通常包括设置字体、字号、字形、字体颜色、字符间距、字符的边框和底纹等。

1. 设置字符格式

设置文档的字符格式可以通过常用工具按钮（如图 3-19 所示）、浮动工具栏（如图 3-20 所示）和“字体”对话框来完成，也可以根据用户的习惯随意将其结合起来使用。

图 3-19　使用“常用工具”按钮设置字符格式

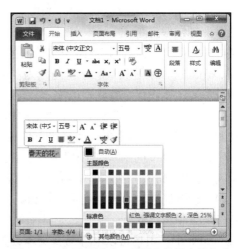

图 3-20　使用“浮动工具栏”设置字符格式

相比常用工具按钮和浮动工具栏而言，使用"字体"对话框设置字体格式的范围更加广泛。具体操作步骤如下：

（1）启动 Word 2010 并打开文档。

（2）选择正文的第一段文本，切换到"开始"选项卡，单击"字体"选项组右下角的"对话框启动器"按钮。

（3）弹出"字体"对话框，选择"字体"选项卡，在"中文字体"下拉列表框中选择"华文楷体"选项，在"字形"列表框中默认选择"常规"选项，在"字号"列表框中选择"三号"选项，在"字体颜色"下拉列表框中选择"橙色，强调文字颜色 6，深色 25%"选项，在"下划线线型"下拉列表框中选择第 4 种双下划线选项，在"下划线颜色"下拉列表框中选择"绿色"选项。

（4）然后单击"确定"按钮（如图 3-21 所示）。返回文档编辑区，即可查看设置字体格式后的效果。

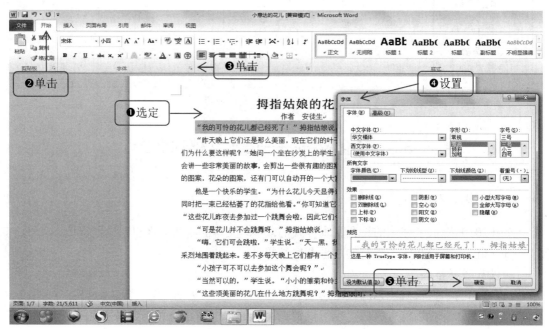

图 3-21　使用"字体"对话框设置字符格式

2. 设置字符间距

字符间距是指文本中相邻两个字符间的距离，包括三种类型："标准""加宽"和"紧缩"。在 Word 中，系统默认的字符间距为"标准"类型。设置字符间距的具体步骤如下：

（1）选定要设置字符间距的文本。

（2）切换到"开始"选项卡，单击"字体"选项组右下角的"对话框启动器"按钮，在弹出的"字体"对话框中单击"高级"选项卡。

（3）在"字符间距""间距"列表框进行选择，如选择"加宽"或"紧缩"选项后，可以在其右边的"磅值"文本框中输入一个数值。

（4）设置完毕，单击"确定"按钮。如图 3-22 所示。

3. 设置字符缩放

在 Word 中，用户可以很容易将文本设置成扁体字或长体字。具体操作步骤如下：

（1）选择要进行字符缩放的文本。

（2）切换到"开始"选项卡，在"段落"选项组中单击"中文版式"按钮 右侧向下箭头，从弹出的菜单中选择"字符缩放"命令。

（3）在"字符缩放"子菜单中选择一种缩放比例。如图 3-23 所示。

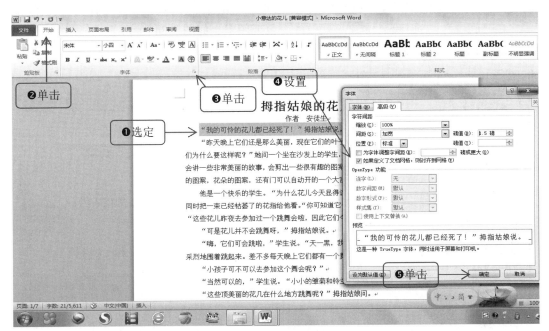

图 3-22　设置字符间距

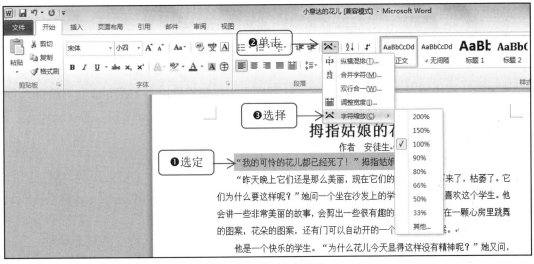

图 3-23　设置字符缩放

4．设置字符边框和底纹

设置字符边框是指在文字的四周添加线型边框，设置字符底纹是指为文字添加背景颜色。

设置字符边框和底纹可以通过切换到"开始"选项卡，在"字体"选项组中单击"字符边框" Ⓐ 或"字符底纹" Ⓐ 按钮来完成。也可以通过"边框和底纹对话框"来完成，具体操作步骤如下：

（1）选定要设置边框和底纹的文本。

（2）切换到"开始"选项卡，在"段落"选项组中单击"下框线"按钮右侧向下箭头，在弹出的菜单中选择"边框和底纹"命令。

（3）弹出"边框和底纹"对话框，在"边框"选项卡下设置文字边框的样式、颜色和宽度等。在"底纹"选项卡下设置文字底纹的颜色或图案。如图 3-24 所示。

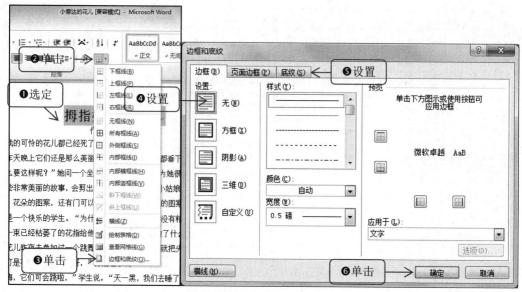

图 3-24 设置字符边框和底纹

（4）在"应用于"下拉列表中选择"文字"。

（5）设置完毕，单击"确定"按钮。

3.3.2 设置段落格式

设置段落格式可以使文档层次鲜明，排列有序。在通常情况下，在完成文本编辑之后要对段落格式进行设置，主要包括设置段落的对齐、段落的缩进等，让文档版式看起来更美观，内容看起来一目了然。

1．设置段落的对齐方式

段落的对齐方式，包括左对齐、居中对齐、右对齐、两端对齐和分散对齐，用户可根据需要进行设置。首先选定要设置对齐方式的段落，然后切换到"开始"选项卡，在"段落"选项组中单击 ≡ ≡ ≡ ≡ ≡ 按钮，即可完成段落对齐方式的设置。

（1）左对齐：单击"左对齐"按钮≡，使选定的段落在页面中靠左侧对齐排列。

（2）居中对齐：单击"居中对齐"按钮≡，使选定的段落在页面中居中对齐排列。

（3）右对齐：单击"右对齐"按钮≡，使选定的段落在页面中靠右侧对齐排列。

（4）两端对齐：单击"两端对齐"按钮≡，使选定的段落的每行在页面中首尾对齐，各行之间的字体大小不同时，将自动调整字符间距，使段落两端自动对齐。

（5）分散对齐：单击"分散对齐"按钮≡，使选定的段落在页面中分散对齐排列。

2．设置段落的缩进效果

段落的缩进方式指的是段落相对左右页边距向页内缩进一段距离。设置段落缩进可以将一个段落与其他段落分开，使条理更加清晰，层次更加分明。段落缩进包括首行缩进、悬挂缩进、左缩进、右缩进几种类型。

在 Word 2010 中，可以利用"段落"对话框来设置段落缩进。具体操作步骤如下：

（1）选定要设置段落缩进的段落。

（2）切换到"开始"选项卡，单击"段落"选项组中右下角的"对话框启动器"按钮，弹出"段落"对话框，单击"缩进和间距"选项卡。

（3）在"缩进"选项中，精准设置缩进的位置和磅值。例如：左缩进、右缩进或首行缩进等。如图 3-25 所示。

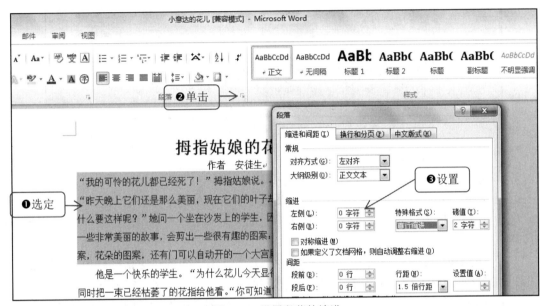

图 3-25　设置段落的缩进

（4）单击"确定"按钮保存设置。

在 Word 2010 中，还可以利用标尺设置缩进。如图 3-26 所示。

图 3-26　利用水平标尺设置缩进

3．设置段落的间距

段落间距是指段落与段落之间的距离，通常包括段前间距和段后间距。设置恰到好处的段落间距，不但便于阅读，还可以使文档的结构更加清晰。设置间距的具体操作步骤如下：

（1）选定要设置段间距的段落。

（2）切换到"开始"选项卡，单击"段落"选项组右下角的"对话框启动器"按钮，在弹出的"段落"对话框中单击"缩进和间距"选项卡。

（3）在"段前"文本框中输入段前的间距。例如，输入"1.5 行"。

（4）在"段后"文本框中输入段后的间距。例如，输入"1.5 行"。如图 3-27 所示。

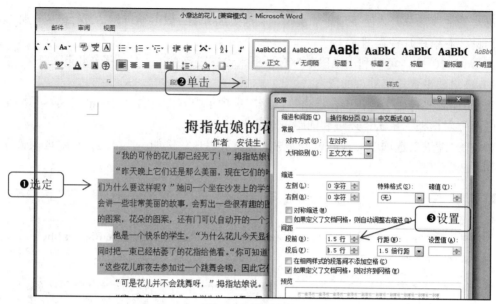

图 3-27　设置段落间距

（5）单击"确定"按钮。

4. 设置段落的行距

行距是指行与行之间的距离。Word 2010 提供了多种可供选择的行距。具体操作步骤如下：

（1）将光标插入点插入要设置行距的段落。如果想同时设置多个段落的行距，则选定这些段落。

（2）切换到"开始"选项卡，单击"段落"选项组右下角的"对话框启动器"按钮，在弹出的"段落"对话框中单击"缩进和间距"选项卡。

（3）单击"行距"列表框右侧的向下箭头，从下拉列表中设置行距。当选择"最小值""固定值"或"多倍行距"时，需要在"设置值"数值框中输入相应的数值。如图 3-28 所示。

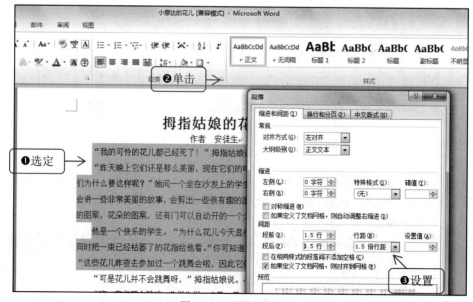

图 3-28　设置段落行距

（4）单击"确定"按钮。

5. 为段落添加边框和底纹

向为字符添加边框或底纹一样，既可以为整段的文字设置段落边框，也可以为整段的文字设置背景颜色，具体操作步骤如下：

（1）选择需要设定的段落，切换到"开始"选项卡，在"段落"选项组中单击"下框线"按钮右侧的向下箭头，从下拉菜单中选择"边框和底纹"。

（2）在弹出的"边框和底纹"对话框中，单击"边框"选项卡，对段落边框的样式、颜色、宽度等进行设置。

（3）单击"底纹"选项卡，在"填充"框中选择底纹的颜色，在"应用于"下拉列表框中选择段落。如图 3-29 所示。

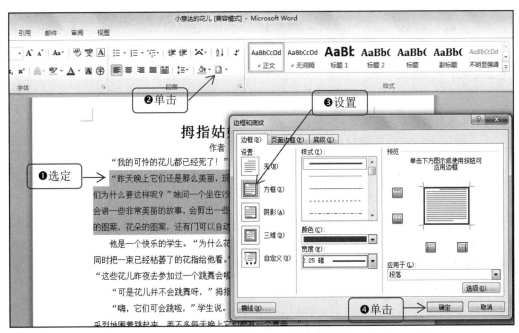

图 3-29　设置段落边框和底纹

（4）单击"确定"按钮。

3.3.3　添加项目符号和编号

项目符号是指放在文本前，用以起到强调效果的点或其他符号。编号是指放在文本前，具有一定顺序的字符。在 Word 2010 中，可以使用系统提供的项目符号和编号，也可以自定义项目符号和编号。

1. 添加项目符号和编号

添加项目符号和编号的具体操作步骤如下：

（1）选择要添加项目符号的段落，切换到"开始"选项卡，在"段落"选项组中单击"项目符号"按钮右侧的向下箭头，在打开的下拉菜单中选择一种项目符号。

（2）选择要添加编号的多个段落，切换到"开始"选项卡，在"段落"选项组中单击"编号"按钮右侧的向下箭头，在打开的下拉菜单中选择一种编号。如图 3-30 所示。

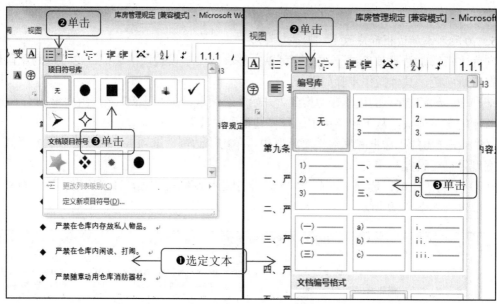

图 3-30　添加项目符号和编号

2．修改项目符号

对于已经设置好的项目符号，还可以修改为其他类型的项目符号。具体操作步骤如下：

（1）选择要修改项目符号的段落，切换到"开始"选项卡，在"段落"选项组中单击"项目符号"按钮右侧的向下箭头，在打开的下拉菜单中选择"定义新项目符号"命令，弹出"定义新项目符号"对话框。

（2）单击"符号"按钮，弹出"符号"对话框，选择需要的符号，单击"确定"按钮，返回"定义新项目符号"对话框。

（3）在"定义新项目符号"对话框中，可以设置项目符号的字体、对齐方式等。如图 3-31 所示。

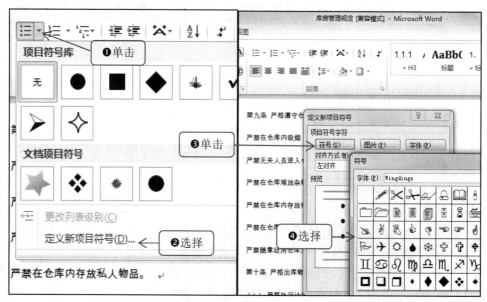

图 3-31　修改项目符号

（4）设置完毕，单击"确定"按钮。

3. 修改项目编号

设置好的编号同样可以进行修改。具体操作步骤如下：

（1）选择要修改编号格式的段落，切换到"开始"选项卡，在"段落"选项组中单击"编号"按钮右侧的向下箭头，在打开的下拉菜单中选择"定义新编号格式"，弹出"定义新编号格式"对话框。

（2）单击"编号样式"右侧向下箭头，在下拉列表框中选择一种编号样式，在"编号格式"框中突出显示编号的方案。

（3）设置编号的字体和对齐方式，单击"确定"按钮。

4. 删除项目符号和编号

要想删除项目符号和编号，方法一：选定准备删除的项目符号或编号，单击"项目符号"或"编号"按钮即可。方法二：将光标定位于项目符号或编号后，按 Backspace 键即可删除项目符号或编号。

3.3.4　特殊版式排版

为了制作出具有特殊效果的文档，在进行文档的排版时，有时会需要对文档进行特殊的版式设计。

1. 分栏排版

分栏常用于报纸、杂志或词典的排版，它有助于版面的美观，阅读更加方便，并且对回行较多的版面起到节约纸张的作用。分栏的具体操作步骤如下：

（1）选择整篇文档或文档中的一部分文本内容。

（2）切换到"页面布局"选项卡，在"页面设置"选项组中单击"分栏"按钮下方的向下箭头，在展开的下拉菜单中，选择预设的分栏效果，例如选择"两栏"，如图 3-32 所示。

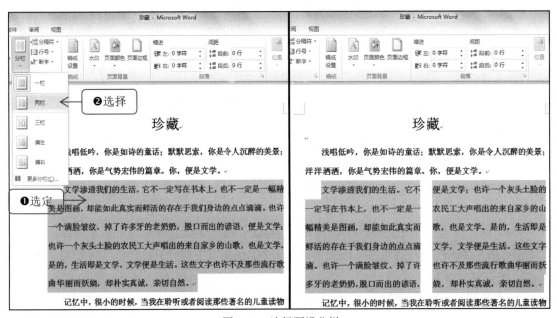

图 3-32　选择预设分栏

（3）如果预设的几种分栏格式不符合要求，可以选择"分栏"下拉菜单中的"更多分栏"命令，弹出"分栏"对话框。

（4）在"分栏"对话框中的"预设"选项组中选择需要的分栏格式，例如"两栏"，在"宽度和间距"选项组中进行相关设置，如果要设置栏间分隔线，就选择"分隔线"复选框，在"应用于"下拉列表框中，指定分栏格式应用的范围。如图 3-33 所示。

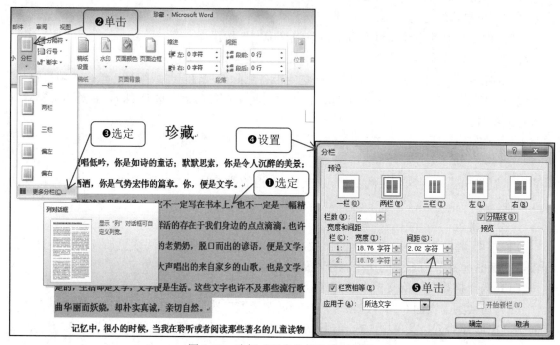

图 3-33　选择"更多分栏"进行设置

（5）单击"确定"按钮。

2．首字下沉

报纸、杂志的排版中，常常会需要进行首字下沉的设置，具体操作步骤如下：

（1）将光标插入点置于将要设置首字下沉的段落。

（2）切换到"插入"选项卡，单击"文本"选项组中的"首字下沉"按钮下方的向下箭头，在下拉菜单中选择下沉方式。

（3）如果要设置首字下沉的相关选项，可以单击"首字下沉"下拉菜单中的"首字下沉选项"命令。弹出"首字下沉"对话框。

（4）在"位置"选项组中选择首字下沉的方式；在"字体"下拉列表框中选择字体；在"下沉行数"文本框中设置首字下沉的行数；在"距正文"文本框中设置首字与正文之间的距离。如图 3-34 所示。

（5）设置完成，单击"确定"按钮。

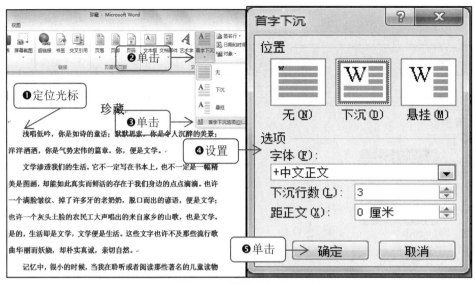

图 3-34　设置首字下沉

3.4　内容明朗化——让文档图文并茂

要使一篇文档内容生动而不乏味枯燥，用户可以通过在文档中插入图片、剪贴画、艺术字或 SmartArt 图形等，并对插入内容进行编辑，就可以轻松制作出行文生动、图文并茂的办公文档。

3.4.1　插入图片

Word 2010 除了擅长处理普通文本内容，在编辑带有图形对象的文档，即图文混排方面，也同样具有强大的功能。用户可以实现通过 Word 设计并制作图文并茂、内容丰富的文档。

1. 插入自带的剪贴画

Word 2010 为用户提供了"剪辑库"，其中包含 Web 元素、标志、符号、背景和地点等，可以直接插入到文档中。插入剪贴画的具体操作步骤如下：

（1）打开文档，将光标插入点置于要插入剪贴画的位置，切换到"插入"选项卡，单击"插图"选项组中的"剪贴画"按钮，在 Word 窗口的右侧打开"剪贴画"任务窗格。

（2）在"搜索文字"框中输入剪贴画的关键字，或不输入任何关键字，则 Word 将会搜索所有剪贴画。在"结果类型"框中设置搜索目标的类型。

（3）单击"搜索"按钮，搜索的结果将显示在任务窗格的"列表"区域中。

（4）在列表中单击需要插入的剪贴画，剪贴画即可插入到文档中。如图 3-35 所示。

2. 插入来自文件的图片

如果对图片有更高的要求，可以选择插入计算机中保存的图片文件。插入来自文件的图片具体操作步骤如下：

（1）打开文档，将光标插入点置于要插入图片的位置，切换到"插入"选项卡，单击"插图"选项组中"图片"按钮。

（2）弹出"插入图片"对话框，选择要插入的图片文件，然后单击"插入"按钮，即可将图片插入到文档中。如图 3-36 所示。

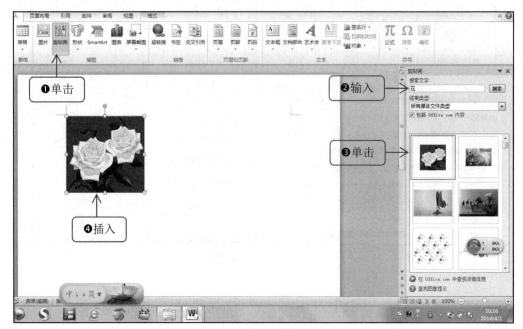

图 3-35　插入剪贴画

图 3-36　插入图片

3. 插入屏幕截图

编写某些特殊文档时，经常需要向文档中插入屏幕截图。Office 2010 为用户提供了便捷的屏幕截图功能，既可以截取全屏图像，也可以自定义截图。

（1）截取全屏图像的具体操作步骤如下：

1）打开文档，将光标插入点置于要插入图像的位置，切换到"插入"选项卡，在"插图"

选项组中单击"屏幕截图"按钮下方的向下箭头。

2）在弹出的"屏幕截图"下拉列表中，单击要截取的屏幕窗口，即可将所选的程序画面截取到当前文档中。如图 3-37 所示。

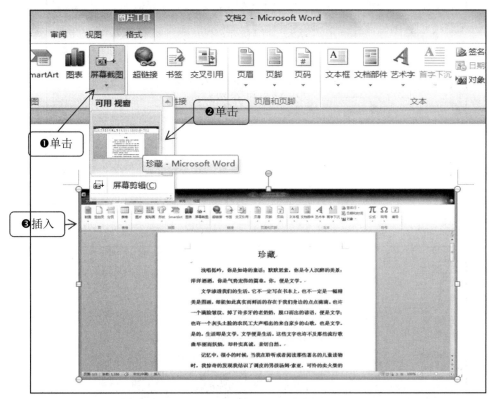

图 3-37　截取全屏图像

（2）自定义截取图像的具体操作步骤如下：

1）打开文档，将光标插入点置于要插入图像的位置，切换到"插入"选项卡，在"插图"选项组中单击"屏幕截图"按钮下方的向下箭头。

2）在弹出的"屏幕截图"下拉列表中，单击"屏幕剪辑"选项，此时当前文档的编辑窗口将最小化，屏幕中的画面呈现半透明的白色效果，指针为十字形状。

3）按住鼠标左键拖动，经过要截取的画面区域，最后释放鼠标，所截取的图像即可自动插入到文档指定位置。如图 3-38 所示。

3.4.2　让图片更生动

1．调整图片的大小和角度

对于插入到文档中的图片，用户可以根据需要调整图片的大小和角度。方法如下：

（1）在功能区中更改图片的高度或宽度

选择图片，切换到"图片工具"→"格式"选项卡，在"大小"选项组的"高度"框中输入高度值，按 Enter 键，系统会按照比例自动设置其宽度值。

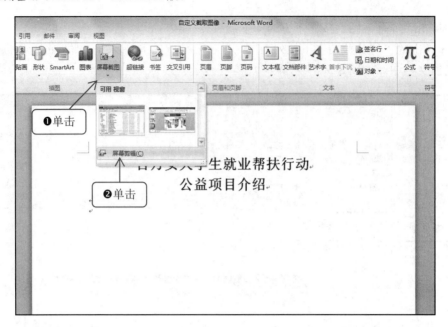

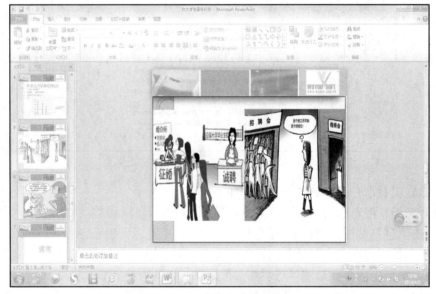

图 3-38　自定义截取图像

（2）通过设置缩放比例来调整图片的大小

1）选择图片，切换到"图片工具"→"格式"选项卡，单击"大小"选项组的对话框启动器，弹出"布局"对话框。

2）在"缩放"选项组中，设置"高度"比例，如 60%，系统会自动调整其宽度比例。

3）单击"确定"按钮。如图 3-39 所示。

2．裁剪图片

对于插入到 Word 文档中的图片，用户还可以通过"裁剪"命令对图片的边角进行裁剪，只保留需要的图片部分。具体操作步骤如下：

图 3-39　通过调整缩放比例调整图片大小

（1）裁剪图片

1）选定文档中要裁剪的图片，切换到"图片工具"→"格式"选项卡，单击"大小"选项组中"裁剪"按钮下方的向下箭头。

2）在打开的下拉列表中选择"裁剪"命令，图片四周会出现一些黑色标记。

3）用鼠标指针指向这些标记，按住鼠标左键拖动，可设置图片的裁剪区域。

4）释放鼠标左键，单击文档空白处。即可完成图片的裁剪。如图 3-40 所示。

图 3-40　裁剪图片

（2）将图片裁剪为不同形状

在文档插入图片后，默认状态下图片设置为矩形，用户可以根据需要将图片更改为其他形状，可以让图片和文档配合得更加美观。具体操作步骤如下：

1）选定文档中要裁剪的图片，切换到"图片工具"→"格式"选项卡，单击"大小"选项组中"裁剪"按钮下方的向下箭头。

2）在打开的下拉列表中选择"裁剪为形状"命令，弹出子列表后，单击"基本形状"区域内的"椭圆"图标。即可将图片裁剪为指定的形状。

3. 设置图片样式

Word 2010 中提供了许多图片样式，可以快速应用到图片上，具体操作步骤如下：

（1）打开文档，选择要应用图片样式的图片，切换到"图片工具"→"格式"选项卡，单击"图片样式"选项组中的"图片样式"，立即就可以在文档中预览到选择的图片样式的效果。

（2）用户还可以单击"图片样式"列表框右侧的"其他"向下按钮，在弹出的下拉列表中为用户提供了更多的图片样式进行选择。如图 3-41 所示。

图 3-41　设置图片样式

4. 调整图片色调和光线

Word 2010 自带的图片编辑功能可以完成一些专业的图片编辑。比如可以更改图片的颜色、透明度或者对图片重新着色。具体操作步骤如下：

（1）选择文档中的图片，切换到"图片工具"→"格式"选项卡，单击"调整"选项组中"更正"按钮下方的向下箭头。

（2）在弹出的下拉列表中选择需要的亮度和对比度样式。如图 3-42 所示。

（3）单击"调整"选项组中"颜色"按钮下方的向下箭头。

（4）在弹出的下拉列表中的"重新着色"区域内选择需要样式。如图 3-43 所示。

5. 删除图片背景

在 Word 2010 中，用户可以轻松删除图片本来的背景，具体操作步骤如下：

（1）打开文档，选择文档中的图片，显示"图片工具"。

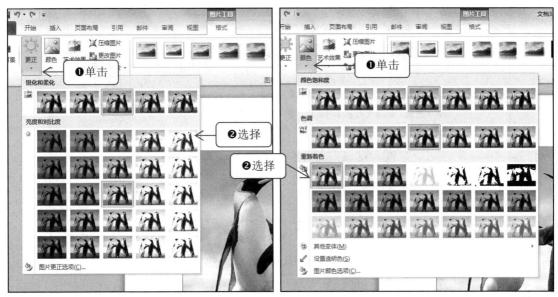

图 3-42　调整图片亮度和对比度　　　　　图 3-43　调整图片着色方案

（2）切换到"图片工具"→"格式"选项卡，单击"调整"选项组中的"删除背景"按钮。

（3）系统自动用紫色标注出背景区域，按 Enter 键删除背景。

6. 设置图片的艺术效果

在 Word 2010 的图片工具栏中，内置了丰富的图片艺术效果，如铅笔灰度效果、铅笔素描效果、粉笔素描效果等。用户可以根据需要将艺术效果应用于图片或图片填充，以使图片看上去更像草图、绘图或者绘画。具体操作步骤如下：

（1）选定要设置艺术效果的图片，切换到"图片工具"→"格式"选项卡，单击"调整"选项组中"艺术效果"按钮下方的向下箭头。

（2）在弹出的下拉列表中选择"纹理化"艺术效果，点击即可应用在备选图片中。

7. 设置图片的文字环绕效果

在 Word 2010 中，用户可以根据需要设置文档中图片与文字的位置关系，即环绕方式。具体的操作步骤如下：

（1）选定图片，切换到"图片工具"→"格式"选项卡，单击"排列"选项组中"自动换行"按钮下方的向下箭头。

（2）在展开的下拉列表中选择一种环绕方式。如图 3-44 所示。

1）嵌入型：文字围绕在图片的上下方，图片只能在文字区域范围内移动。

2）四周型环绕：文字环绕在图片四周，图片四周留出一定的空间。

3）紧密型环绕：文字密布在图片四周，图片四周被文字紧紧包围。

4）穿越型环绕：文字密布在图片四周，与紧密型类似。

5）上下型环绕：文字环绕在图片的上下方。

6）衬于文字下方：图片在文字的下方。

7）浮于文字上方：图片覆盖在文字的上方。

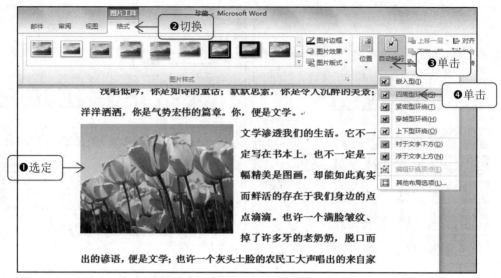

图 3-44   设置图片文字环绕方式

3.4.3   文本插入的便捷操作

编辑文档时，除了插入图片、图形以外，有时还需要插入一些与文本相关的元素，如文本框、自动图文集、签名行、日期和时间等。

1. 插入与编辑文本框

（1）插入文本框

在文档中可以插入横排或竖排的文本框，也可以根据用户需要插入内置的文本框。具体的操作步骤如下：

1）打开文档，切换到"插入"选项卡，在"文本"选项组中单击"文本框"按钮下方的向下箭头，从弹出的下拉列表中选择一种文本框样式，可以快速创建带格式的文本框。

2）用户如果需要手工绘制文本框，则通过单击"文本框"下方的向下箭头，在弹出的下拉列表中选择"绘制文本框"命令，此时返回文档编辑状态，鼠标呈现黑色十字状，按住鼠标左键拖动，即可绘制一个文本框。如图 3-45 所示。

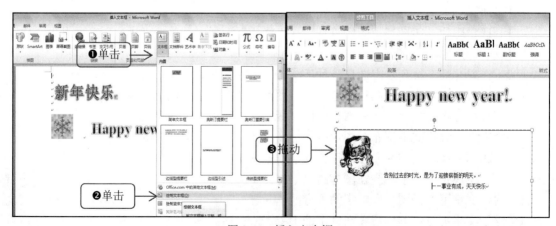

图 3-45   插入文本框

3）当绘制的文本框大小合适时，释放鼠标左键。此时，光标插入点在文本框中闪烁，可以输入文本或插入图片。

4）单击文本框将其选中，此时文本框四周出现 8 个句柄，按住鼠标左键拖动句柄，即可调整文本框的大小。

5）将鼠标指针指向文本框边框。鼠标指针变成四向箭头，按住鼠标左键拖动，即可改变文本框的位置。

（2）设置文本框的边框

如果需要设置文本框的格式，具体操作步骤如下：

1）单击文本框边框，将其选定。

2）切换到"绘图工具"→"格式"选项卡，单击"形状样式"选项组中的"形状轮廓"按钮，在弹出的菜单中选择"粗细"命令，再选择所需边框线条的宽度。

3）切换到"绘图工具"→"格式"选项卡，单击"形状样式"选项组中的"形状轮廓"按钮，在弹出的菜单中选择"虚线"命令，从其子菜单中选择"其他线条"命令，弹出"设置形状格式"对话框，在"复合类型"下拉列表框中选择一种线型。如图 3-46 所示。

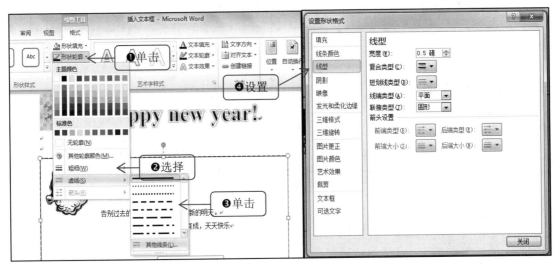

图 3-46 设置文本框边框

4）单击"关闭"按钮。

（3）设置文本框内部边距和对齐方式

用户还可以设置文本框的内部边距和对齐方式，具体操作步骤如下：

1）鼠标指向文本框，右击鼠标，在弹出的快捷菜单中选择"设置形状格式"命令，弹出"设置形状格式"对话框。

2）选择"文本框"选项，在"文字版式"选项组中设置文字的垂直对齐方式和文字的方向。

3）在"内部边距"选项组中，通过设置"左""右""上""下"4 个文本框中的数值，调整文本框内文字与边框之间的距离。

4）单击"确定"按钮。

2. 插入和编辑艺术字

具有特殊艺术效果的文字为艺术字。在制作 Word 文档时，可以将重要的文本信息或标题

设置成为艺术字，不仅可以突出显示该内容，还对整个文档起到美化的作用。在 Word 2010
中提供了多种类型的艺术字，具体操作步骤如下：

（1）插入艺术字

1）打开文档，切换到"插入"选项卡，单击"文本"选项组中"艺术字"按钮下方的向
下箭头。

2）在弹出的下拉列表中选择"填充-橙色，强调文字颜色 6，渐变轮廓"选项。

3）艺术字被插入到文档中，在其中删除默认文字内容，重新输入需要的文字内容。

4）选定艺术字，此时艺术字文本框的四周出现 8 个句柄，按住鼠标左键拖动句柄，可以
调整艺术字的大小。

5）将鼠标指向艺术字文本框的边缘，鼠标指针变成四向箭头，按住鼠标左键拖动，即可
调整艺术字的位置。如图 3-47 所示。

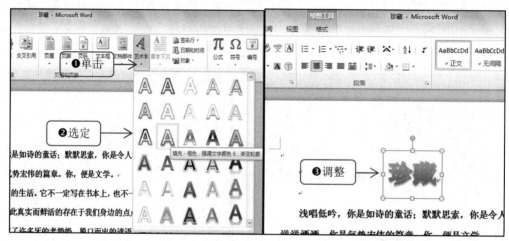

图 3-47　插入艺术字

（2）设置艺术字格式

插入艺术字后，就激活了"绘图工具"，通过"绘图工具"中的"格式"选项卡，用户可
以对插入的艺术字进行具体的格式设置。"格式"选项卡中主要功能介绍如下：

1）"形状样式"选项组：在该组的列表框中，可重新选择艺术字的形状样式。用户还可
以自定义形状填充、形状轮廓和形状效果。

2）"艺术字样式"选项组：在该组的列表框中，可重新选择艺术字的样式。用户还可以
自定义文本填充、文本轮廓和文本效果。

3）"文本"选项组：在该组中，用户可重新设置艺术字的文字方向、更改文本框中位置
的对齐方式，还可以创建连接。

4）"排列"选项组：在该组中，用户可以进行设置或更改艺术字在文档中的位置环绕效
果等操作。

5）"大小"选项组：在该组中可以设置艺术字的高度和宽度。

3. 插入时间和日期

此外，用户还可以直接在文档中插入系统当前的时间和日期。具体操作步骤如下：

1）打开文档，将光标插入点置于要插入时间和日期的位置。

2）切换到"绘图工具"→"插入"选项卡，单击"文本"选项组中的"日期和时间"

按钮。

3）弹出"日期和时间"对话框，在"可用格式"列表框中选择一种时间格式。

4）单击"确定"按钮，即可插入当前日期和时间。

4. 在文档中插入对象

用户还可以将其他对象（如 Excel 工作表）插入到文档中，插入的对象可以是已经创建好的工作簿文件，也可以是某个已经存在的文件中的文本。

（1）插入对象

1）打开文档，将光标插入点置于要插入对象的位置。

2）切换到"插入"选项卡，单击"文本"选项组中"对象"按钮右侧的向下箭头。

3）在下拉列表中选择"对象"命令，弹出"对象"对话框。

4）在"新建"选项卡中单击"Microsoft Excel 工作表"选项，勾选"显示为图标"复选框。

5）单击"确定"按钮，在文档中即可插入一个 Excel 图标，单击该图标即可打开一个新的工作簿。如图 3-48 所示。

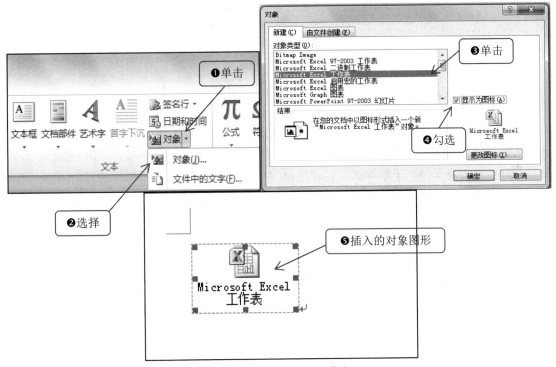

图 3-48　插入 Excel 工作表

（2）插入文件中的文字

1）打开文档，将光标插入点置于需要插入文件中文字的位置。

2）切换到"插入"选项卡，单击"文本"选项组中"对象"按钮右侧的向下箭头。

3）在下拉列表中选择"文件中的文字"命令，弹出"插入文件"对话框。

4）找到要插入文本内容的文件，单击"插入"按钮，即可将该文档中的文本全部插入到当前文档中。如图 3-49 所示。

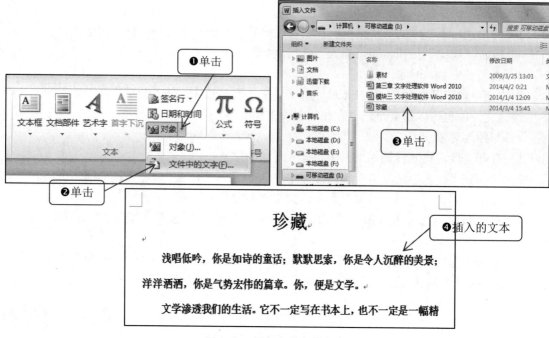

图 3-49　插入文件中的文字

3.4.4　插入各种形状

用户可以在文件中添加一个形状，或者绘制多个形状并组合成为一个更为复杂的形状。通常的形状包括：线条、基本几何形状、箭头、公式形状、流程形状、星、旗帜和标注。在添加形状后，还可以在形状中添加文字、项目符号、编号和快速样式。如图 3-50 所示。

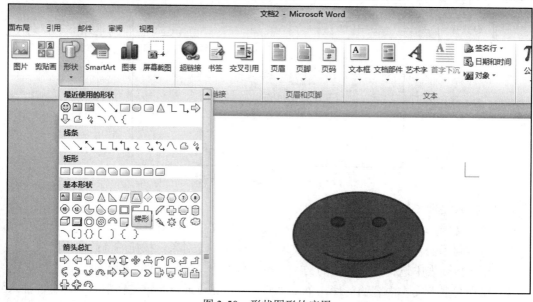

图 3-50　形状图形的应用

3.4.5　新增的 SmartArt 图形

SmartArt 图形是信息与观点的视觉表示形式,可以通过从多种不同布局中进行选择来创建 SmartArt 图形，从而快速、轻松、有效的传递信息。SmartArt 主要用于演示流程、层次结构、循环或关系。如图 3-51 所示。

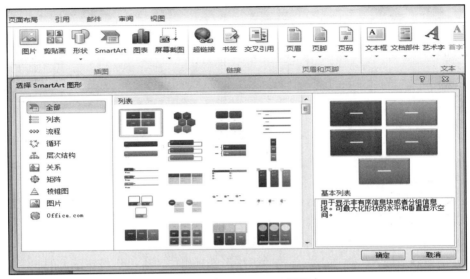

图 3-51　插入 SmartArt 图形

在插入的 SmartArt 图形中可以输入文字、删除或添加形状，还可以改变组织结构图的布局。

在文档中插入 SmartArt 图形后，对于图形的整体样式、图形中的形状、图形中的文本等样式都可以利用"SmartArt 工具"中的"设计"和"格式"选项卡对其进行重新设置。

3.5　表格在文档中的应用

在 Word 2010 中，用户还可以根据需要插入表格。表格是由行与列组成的，可以在单元格中输入文字或插入图片，使文档内容变得更加直观和形象。

3.5.1　创建表格

创建表格的方法有多种，如快速插入预定行列的表格、自定义插入表格、手动绘制表格，还可以将文本内容转换为表格等。

1. 自动创建表格

用户在预先已经知道插入表格的行数与列数时，可以使用自动创建表格功能来创建简单的表格。具体操作步骤如下：

（1）将光标插入点置于要插入表格的位置。

（2）切换到"插入"选项卡，单击"表格"选项组中"表格"按钮下方的向下箭头，将展开下拉列表。

（3）用鼠标在"插入表格"选项下的示意表格中拖动，选择表格的行数、列数，同时在示意表格的上方显示相应的行列数。

（4）释放鼠标，即可将所需的表格插到文档当中。如图 3-52 所示。

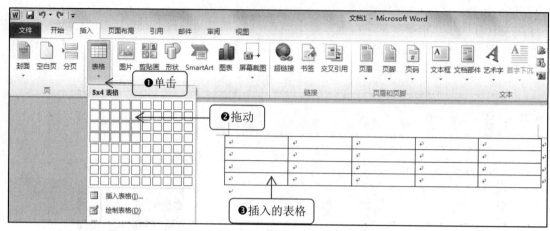

图 3-52　自动创建表格

2. 自定义创建表格

自定义表格适用于需要准确输入表格的行数和列数，还可以根据实际需要调整表格的列宽。具体操作步骤如下：

（1）将光标插入点置于要插入表格的位置。

（2）切换到"插入"选项卡，单击"表格"选项组中"表格"按钮下方的向下箭头，在展开的下拉列表中选择"插入表格"命令，弹出"插入表格"对话框。

（3）在"列数"和"行数"文本框中输入要插入的表格包含的列数和行数，在"自动调整"操作选项组中，选择不同的选项将创建列宽设定方式的表格。如图 3-53 所示。

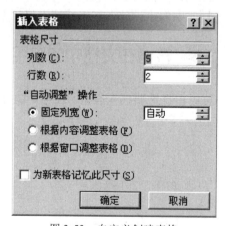

图 3-53　自定义创建表格

3. 绘制表格

（1）将光标插入点置于要插入表格的位置。

（2）切换到"插入"选项卡，单击"表格"选项组中"表格"按钮下方的向下箭头，在展开的下拉列表中选择"绘制表格"命令，光标会变成铅笔状，按下鼠标左键拖动，即可绘制表格。

（3）要擦除表格线，在"表格工具"→"设计"选项卡的"绘制边框"命令组中，单击

"擦除"按钮。

4. 快速表格

（1）将光标插入点置于要插入表格的位置。

（2）切换到"插入"选项卡，单击"表格"选项组中"表格"按钮下方的向下箭头，在展开的下拉列表中选择"快速表格"命令，在展开的联级菜单中选择所需的表格模板。

（3）用所需的数据替换模板中的数据。

5. 将文本内容转换为表格

在 Word 2010 中，还可以将文本内容转换成表格。具体操作步骤如下：

（1）打开文档，选定需要转换的文本内容。

（2）切换到"插入"选项卡，单击"表格"选项组中"表格"按钮下方的向下箭头，在展开的下拉列表中选择"文本转换成表格"命令。

（3）弹出"将文字转换成表格"对话框，系统将自动根据当前选择的文本内容确定最佳的列数。单击"确定"按钮。如图 3-54 所示。

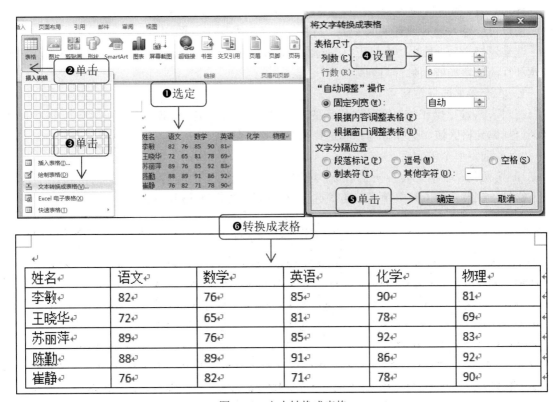

图 3-54　文本转换成表格

姓名	语文	数学	英语	化学	物理
李敏	82	76	85	90	81
王晓华	72	65	81	78	69
苏丽萍	89	76	85	92	83
陈勤	88	89	91	86	92
崔静	76	82	71	78	90

6. 在表格中输入文本

创建表格之后，需要在表格中输入文本。首先将光标插入点置于要输入文本的单元格中，然后开始输入文本。当输入的文本超过单元格的宽度时，会自动转行并增大行高。如果需要移到下一个单元格中输入文本，可以用鼠标点击该单元格，也可以用 Tab 键或光标移动键移动光标插入点，然后输入相应的文本内容。如图 3-55 所示。

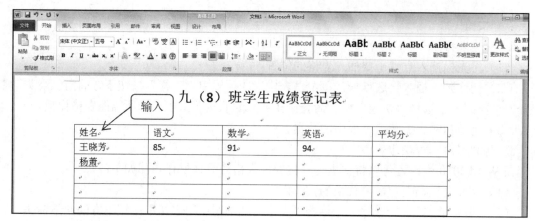

图 3-55　在表格中输入文本

3.5.2　编辑表格内容

Word 2010 的表格由水平的行和垂直的列组成，行与列相交的方框称为单元格。在单元格中，用户可以输入及处理有关的文字、符号、数字以及图形、图片等。

建立表格之后，使用"表格工具"选项卡对表格进行适当的调整，如设置表格格式，调整列宽和行高，增加或删除行与列等。

1. 在表格中选定对象

在对表格进行操作前，必须对操作的对象进行选择。选择表格的方法包括选择单个单元格、选择单元格区域、选择行与列和选择整个表格等几种。

（1）选定单个单元格

1）切换到"表格工具"→"布局"选项卡中，单击"表"选项组中"选择"按钮下方的向下箭头，在展开的下拉菜单中单击"选择单元格"。如图 3-56 所示。

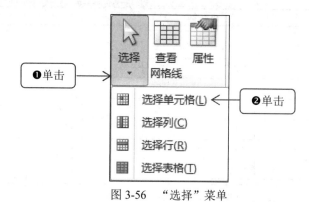

图 3-56　"选择"菜单

2）鼠标位于单元格左侧，变成向右上方的黑色箭头，单击鼠标可选择该单元格。

（2）选定多个单元格

1）在单元格中单击并拖动鼠标选定多个单元格。

2）按住 Ctrl 键，单击所需单元格，可选择不连续的多个单元格；按住 Shift 键，单击所需的单元格，可选择连续的多个单元格。

（3）选定单行、单列

1）切换到"表格工具"→"布局"选项卡，单击"表"选项组中"选择"按钮下方的向下箭头，在展开的下拉菜单中，可选择单元格所在的行或列。

2）鼠标移动到行左侧，当变成白色的右上箭头时，单击鼠标，可选择该行。

3）鼠标移动到列上方，当变成黑色的向下箭头时，单击鼠标，可选择该列。

（4）选定多行、多列

在选定单行、单列的基础上，按住鼠标左键拖动可选择多行、多列。

（5）选定整个表格

1）光标定位在表格内，表格左上角出现十字方框时，单击该十字方框可选定整个表格。

2）光标定位在表格内，单击"表格工具"→"布局"选项卡中的"选择"按钮，在弹出的菜单中可选择整个表格。

2. 移动或复制行与列

如果要移动或复制表格中的一整行，具体操作步骤如下：

（1）选定要移动的整行。

（2）切换到"开始"选项卡，单击"剪贴板"选项组中的"剪切"或"复制"按钮，将该行内容暂时存放到剪贴板中。

（3）选定目标行，或将光标插入点置于目标行的第一个单元格中。

（4）单击"剪贴板"选项组中"粘贴"按钮，在弹出的菜单中选择"粘贴行"命令，移动或复制的行将插入到表格选定行的上方。移动和复制列的方法基本类似。

3. 在表格中插入或删除行与列

如果在编辑表格数据的过程中出现表格行列数量不够，或在数据输入完成后有剩余的情况，用户可以通过插入或删除行与列的方法解决。如图 3-57 所示。

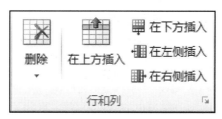

图 3-57　在表格中插入或删除行与列

（1）在表格中插入行与列的方法有下面几种

1）单击选定表格中的一个单元格，切换到"表格工具"→"布局"选项卡，单击"行与列"选项组中"在上方插入"按钮　或"在下方插入"按钮　，即可在选定单元格的上方或下方插入一行。同理，要插入列也可以单击"在左侧插入"按钮　或"在右侧插入"按钮　。此操作也可通过单击鼠标右键在弹出的快捷菜单中选择"插入"命令的子命令来完成。

2）切换到"表格工具"→"布局"选项卡，单击"行与列"选项组右下角的"对话框启动器"按钮，弹出"插入单元格"对话框，选择"整行插入"或"整列插入"单选按钮，也可以插入一行或一列。

3）单击表格右下角单元格的内部，按 Tab 键即可在表格下方添加一行。

4）将光标插入点定位到表格右下角单元格的外侧，按 Enter 键可在表格下方添加一行。

（2）删除行与列的方法有下面几种

1）选定要删除的行与列，单击鼠标右键，在弹出的快捷菜单中选择"删除行"或"删除列"命令，即可删除该行或该列。

2）单击要删除的行或列所包含的一个单元格，切换到"表格工具"→"布局"选项卡，单击"行与列"选项组中"删除"按钮下方的向下箭头，在展开的下拉菜单中选择"删除行"或"删除列"命令。

3）也可通过选择"删除单元格"命令，打开"删除单元格"对话框，选择"删除整行"或"删除整列"单选按钮可删除相应的行与列。

4. 插入或删除单元格

插入或删除单元格的具体操作步骤如下：

（1）在要插入新单元格位置的右侧或上方选定与插入的单元格数目相同的一个或几个单元格。

（2）切换到"表格工具"→"布局"选项卡，单击"行和列"选项组右下角的"对话框启动器"按钮，打开"插入单元格"对话框，选择"活动单元格右移"单选按钮。如图 3-58 所示。

（3）单击"确定"按钮，即可插入选定数目的单元格。

（4）选定表格最右侧的单元格，单击鼠标右键，在弹出的快捷菜单中选择"删除单元格"命令。

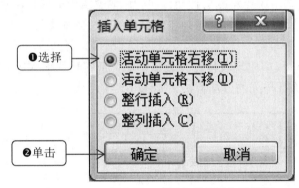

图 3-58   "插入单元格"对话框

5. 合并单元格

合并表格中相邻单元格的具体操作步骤如下：

（1）选定需要合并的若干单元格。

（2）切换到"表格工具"→"布局"选项卡，单击"合并"选项组中的"合并单元格"按钮▥，即可合并选定的若干单元格。如图 3-59 所示。

6. 拆分单元格

也可以将一个单元格拆分为几个较小的单元格，具体操作步骤如下：

（1）选定要拆分的单元格。

（2）切换到"表格工具"→"布局"选项卡，单击"合并"选项组中"拆分单元格"按钮▥，弹出"拆分单元格"对话框。

（3）在"列数"和"行数"文本框中分别输入选定单元格需要拆分成的列数和行数。单击"确定"按钮，即可将选定的单元格拆分。如图 3-60 所示。

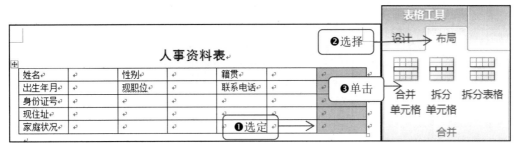

图 3-59　合并单元格

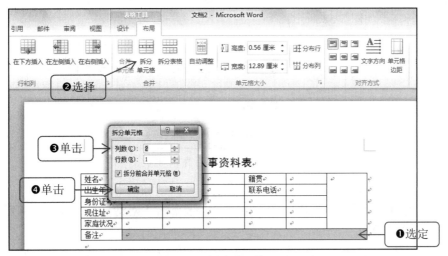

图 3-60　拆分单元格

3.5.3　设置表格的格式

为了使制作完成后的表格更加漂亮、更具有专业性，就需要对表格进行各种各样的设置。

1. 设置单元格中文本的对齐方式

在表格中，既可以设置文字的水平对齐方式，也可以进行垂直方向的对齐操作。只要选定单元格或整个表格，就可以通过"表格工具"→"布局"选项卡→"对齐方式"选项组中相应的按钮进行选择。如图 3-61 所示。

2. 设置文字方向

除了设置表格中文本的对齐方式，在 Word 2010 中还可以灵活的设置文字的方向。只要将光标定位到需要改变文字方向的单元格，然后切换到"表格工具"→"布局"选项卡，单击"对齐方式"选项组中的"文字方向"按钮，即可改变选定单元格中文字的方向。

图 3-61　设置单元格中文本的对齐方式

3.5.4　设置表格尺寸和外观

用户还可以通过设置表格尺寸大小以及美化表格的外观等操作，让表格更加符合需求。

1. 设置表格的行高和列宽

设置表格的列宽和行高的具体操作方法如下：

（1）通过鼠标拖动：将光标指向要调整的行或列的边框线上，光标形状变成上下或左右的双向箭头时，按住鼠标左键拖动即可调整行高和列宽。

（2）通过指定行高和列宽值：选定要调整列宽或行高的列或行，切换到"表格工具"→"布局"选项卡，在"单元格大小"选项组中设置"行高"和"列宽"的值，按 Enter 键即可调整列宽或行高。如图 3-62 所示。

图 3-62　调整行高和列宽

（3）通过自动调整功能：切换到"表格工具"→"布局"选项卡，单击"单元格大小"选项组右下角的"对话框启动器"，在弹出的"表格属性"对话框中设置行高或列宽。

2. 设置表格边框

用户可以通过表格框线的设置，使表格看起来更具有轮廓感。设置表格边框的具体操作步骤如下：

（1）选定整个表格，切换到"表格工具"→"设计"选项卡，单击"表格样式"选项组中"边框"按钮右侧的向下箭头，在展开的下拉菜单中选择"边框和底纹"命令，弹出"边框和底纹"对话框。

（2）在"边框"选项卡中，分别在"设置""样式""颜色"和"宽度"中设置表格边框的外观。

（3）单击"确定"按钮。如图 3-63 所示。

3. 设置表格的底纹

用户还可以通过设置表格的底纹，使表格外观更加醒目。具体操作步骤如下：

（1）选定要设置底纹的单元格或表格，切换到"表格工具"→"设计"选项卡，单击"表格样式"选项组中"底纹"按钮右侧的向下箭头。

图 3-63　设置表格边框

（2）在展开的下拉菜单中选择需要的颜色，即可设置选定的单元格和表格的底纹颜色。

（3）也可通过"边框和底纹"对话框中的"底纹"选项卡中进行设置。如图 3-64 所示。

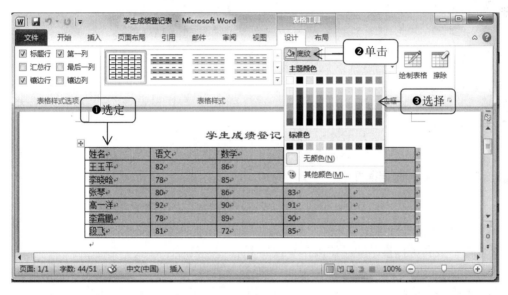

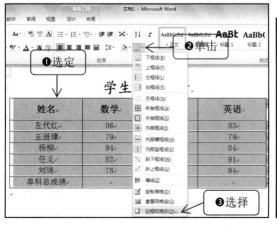
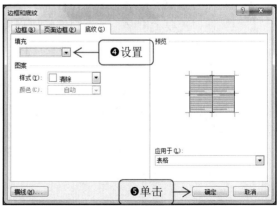

图 3-64　设置表格底纹

4. 快速设置表格的样式

无论是已经创建好的表格，还是新建的空表，用户都可以直接应用内置表格样式，使表格快速拥有专业的外观，具体操作步骤如下：

（1）选定表格，切换到"表格工具"→"设计"选项卡，在"表格样式"选项组中选择一种样式。如图 3-65 所示。

（2）对"设计"选项组中"快速样式选项"中的 6 个复选框的选择，可以决定选定的表格样式应用于哪些区域。

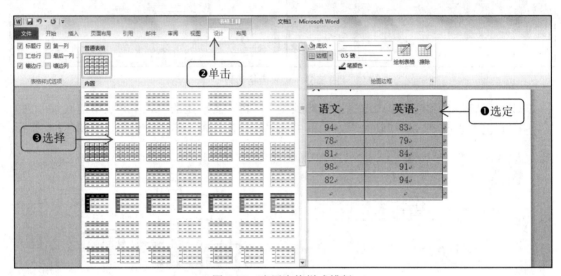

图 3-65　应用表格样式排版

3.5.5　表格中的数据操作

用户可以对 Word 表格中的数据进行排序，以及进行一些简单的数据运算。

1. 对表格数据进行排序

对表格中数据进行排序的具体操作步骤如下：

（1）将插入点置于要排序的表格中，切换到"表格工具"→"布局"选项卡，单击"数据"选项组中的"排序"按钮，打开"排序"对话框。

（2）在"主要关键字"下拉列表中选择基础工资，选择"降序"单选按钮。

（3）在"次要关键字"下拉列表中选择岗位工资，选择"降序"单选按钮。

（4）单击"确定"按钮。如图 3-66 所示。

2. 在表格中进行公式计算

在 Word 中，可以通过公式完成对表格中数据的一些简单计算。具体操作步骤如下：

（1）单击需要设置公式计算的单元格，切换到"表格工具"→"布局"选项卡，单击"数据"选项组中的"公式"按钮。

（2）打开"公式"对话框，此时系统会根据当前表格的情况自动创建最合适的公式，单击"确定"按钮，然后切换到下一个单元格，重复此操作，直到完成所有单元格的计算。如图 3-67 所示。

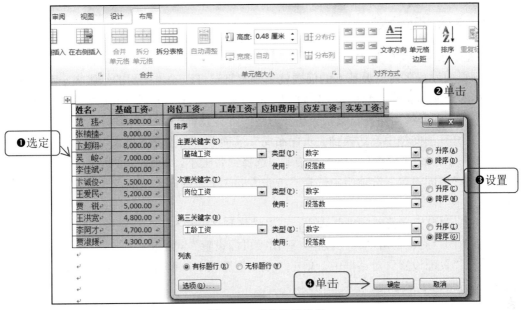

图 3-66　表格数据排序

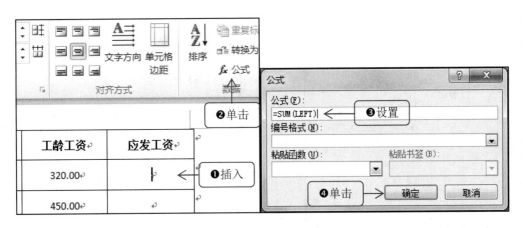

图 3-67　表格中的公式计算

3.6　文档页面布局的设置与打印输出

在完成文档的录入、格式设置后，一般都会要求将文档打印到纸张上，这就需要进一步设置页边距、纸张方向、纸张大小等选项。为了使文档更加美观、专业，还可以设置文档的页面背景、添加页眉页脚等，并且要熟悉一些打印操作。

3.6.1 文档的页面设置

1. 设置纸张大小与纸张方向

在进行页面设置之前，最基本的问题就是确定将要打印输出所用的纸张大小和方向。用于打印文档的纸张幅面就是纸张大小，例如 A3、A4、B4、B5 等都是纸张大小的规格；纸张方向一般分为横向和纵向两种。纸张大小和方向的具体设置，操作步骤如下：

（1）在打开的文档中，切换到"页面布局"选项卡，在"页面设置"选项组中单击"纸张大小"按钮下方的向下箭头，在下拉菜单中选择纸张大小。如图 3-68 所示。

（2）在"页面设置"选项组中选择"纸张方向"下方的向下箭头，在下拉菜单中选择纸张方向。

（3）如果要自定义特殊的纸张大小，可以切换到"页面布局"选项卡，单击"页面设置"选项组右下角的"对话框启动器"按钮，弹出"页面设置"对话框。

（4）在"页面设置"对话框中，单击"纸张"选项卡，设置纸张大小，单击"页边距"设置纸张页边距和纸张方向。如图 3-69 所示。

图 3-68　设置纸张大小

图 3-69　自定义特殊的纸张大小

2. 设置文档的页面边距

页边距是指版心到页边界的距离，即页面四周的空白区域。为文档设置合适的页边距，可以使文档外观显得更加清新。Word 2010 提供了几种预定义的页边距设置，用户可以选择这些页边距，也可以自定义设置页边距。

（1）打开文档，切换到"页面设置"选项卡，单击"页面设置"选项组中"页边距"按钮下方的向下箭头，从展开的下拉列表中选择预定义页边距。

（2）如果对预定义页边距不满意，可以再次单击"页边距"按钮下方的向下箭头，在展开的下拉列表中选择"自定义边距"命令，弹出"页面设置"对话框。

（3）在"页面设置"对话框中，单击"页边距"选项卡，在"上""下""左""右"文本框中，分别输入页边距的数值。

（4）如果需要打印装订线，则在"装订线"框中输入装订线的宽度，在"装订线位置"下拉列表框中选择"左"或"上"。

（5）设置完成，单击"确定"。如图 3-70 所示。

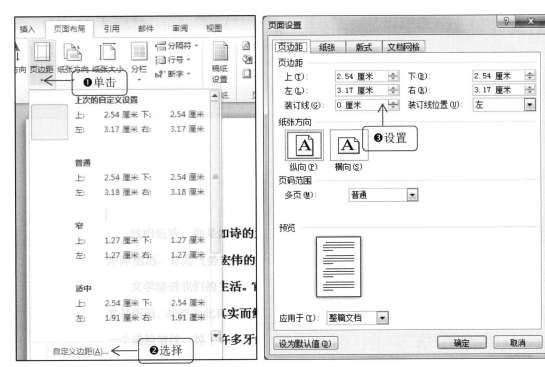

图 3-70　设置文档页边距

3. 设置分页

分页符是分页的一种符号，表示一页终止并开始下一页。Word 2010 提供了自动分页的功能。当输入的文字或插入的图形满一页时，Word 将自动插入分页符并开始下一页。然而，在实际操作中，用户往往还需要根据工作的要求在特定的位置手动插入分页符。具体操作步骤如下：

（1）打开文档，将光标定位到要分页的位置。

（2）切换到"页面布局"选项卡，在"页面设置"选项组中单击"分隔符"按钮右侧的向下箭头，在打开的下拉菜单中选择"分页符"命令，即可将光标后的内容下移到新的页面中。如图 3-71 所示。

4. 设置分节符

"节"是指用来划分文档的一种方式，"分节符"是指在表示节的结尾插入的标记。Word 2010 中提供了 4 种分节符，分别是"下一页""连续""偶数页"和"奇数页"。具体操作步骤如下：

（1）打开文档，将光标插入点定位到设置横向版面的开始处。

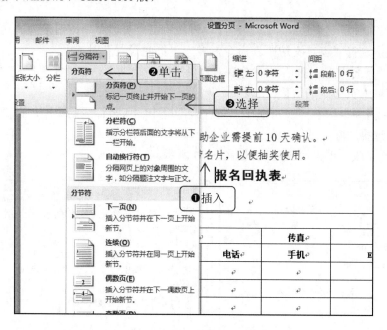

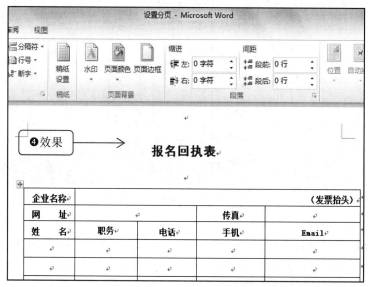

图 3-71　设置分页

（2）切换到"页面布局"选项卡，单击"分隔符"按钮右侧的向下箭头，在弹出的下拉菜单中选择"下一页"命令。

（3）将光标插入点定位到横向版面后的纵向版面的开始处。

（4）切换到"页面布局"选项卡，单击"分隔符"按钮右侧向下箭头，在弹出的下拉菜单中选择"下一页"命令。

（5）将光标插入点定位到横向版面中的任意位置。

（6）切换到"页面布局"选项卡，单击"纸张方向"按钮下端的向下箭头，在弹出的下拉菜单中选择"横向"命令，即可看到设置分节符后的效果。

3.6.2　页眉页脚的应用

页眉和页脚是指位于文档每个页面中页边距顶部和底部的说明信息。用户可以在页眉和页脚中插入文本或图形，如页码、日期、公司徽标、文档标题、文件名、作者信息等。这些信息通常都打印在文档中每个页面的顶部和底部。

1. 创建页眉页脚

在 Word 2010 中为用户提供了常用的页眉页脚的预定义样式。用户可以直接从"页眉"或"页脚"下拉列表中选择需要的页眉和页脚的样式，然后在文档中的页眉和页脚视图中修改具体的内容即可。具体操作步骤如下：

（1）打开文档，切换到"插入"选项卡，单击"页眉和页脚"选项组中"页眉"按钮下方的向下箭头，在弹出的下拉列表中选择需要的内置样式。

（2）选择所需的样式后，即可在页眉区添加相应的样式。同时功能区中显示"页眉和页脚工具"选项卡。

（3）输入页眉的内容，或者单击"页眉和页脚工具"选项卡上的按钮插入一些特殊的信息。例如插入"日期和时间""图片"或是"剪贴画"等。

（4）单击"页眉和页脚工具"选项卡中的"转到页脚"按钮，切换到页脚区，用同样的方法设置页脚内容。

（5）单击"设计"选项卡中的"关闭页眉和页脚"按钮，返回文档编辑状态。如图 3-72 所示。

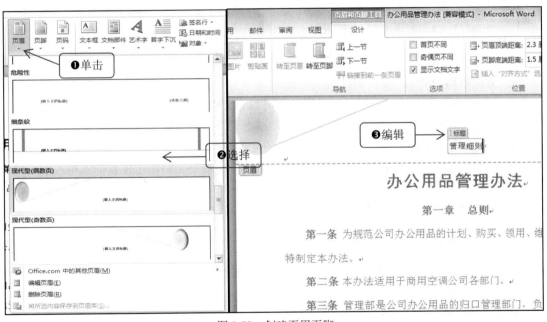

图 3-72　创建页眉页脚

2. 为奇偶页创建不同的页眉页脚

对于双面打印的文档（比如书刊），通常需要设置文档的页眉和页脚奇偶页不同。具体操作步骤如下：

（1）在文档中，进入页眉和页脚编辑状态，并显示"设计"选项卡。

（2）在"选项"选项组中，选中"奇偶页"不同复选框。

（3）在页眉区顶部显示"奇数页页眉"字样，用户可根据需要创建奇数页的页眉内容。

（4）单击"设计"选项卡"导航"选项组中的"下一节"按钮，在页眉区顶部显示"偶数页页眉"的字样，同样可以根据需要创建偶数页页眉的内容。

（5）如果想创建不同的奇偶页内容，即可在设置完页眉后单击"设计"选项卡"导航"选项组中的"转至页脚"命令，切换到页脚区，分别创建奇偶页的页脚内容。

3. 修改页眉页脚

对一节设置好的页眉和页脚进行修改的具体操作步骤如下：

（1）打开文档，把鼠标指向页眉或页脚区域并双击，进入页眉和页脚编辑状态。

（2）在页眉区或页脚区对页眉和页脚的内容进行修改，或者对页眉或页脚的内容进行重新排版。在"设计"选项卡"位置"选项组中"页眉顶端距离"或"页脚底端距离"右侧文本框中输入数值，对页眉或页脚与页边距之间的距离进行设置。

（3）单击"设计"选项卡"位置"选项组中的"插入'对齐方式'选项卡"，弹出"对齐制表位"对话框，在其中进行对齐方式等的设置。如图 3-73 所示。

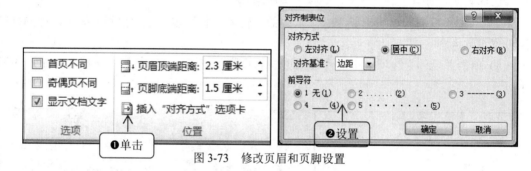

图 3-73　修改页眉和页脚设置

4. 为文档添加页码

为了更好地管理文档，在创建长文档时，可以为文档添加页码。具体操作步骤如下：

（1）打开文档，切换到"插入"选项卡，单击"页眉和页脚"选项组中"页码"下方的向下箭头，在弹出的下拉列表中选择需要插入的位置。

（2）然后在下一级列表中选择一种样式。系统将自动在文档指定位置插入相应的页码。如图 3-74 所示。

（3）还可根据用户需要设置页码的格式。

3.6.3　设置文档的页面背景

为了美化文档，还可以为文档添加页面背景、颜色或者水印等效果。

1. 为文档添加水印

为文档添加水印的具体操作步骤如下：

（1）打开文档，切换到"页面布局"选项卡，在"页面背景"选项组中单击"水印"按钮下方的向下箭头，在展开的下拉列表中选择内置的水印样式，即可直接将选择的水印样式添加到文档中（如图 3-75 所示）。

（2）用户可以根据需要自定义水印。单击"水印"按钮下方的向下箭头，在展开的下拉列表中选择"自定义水印"命令。

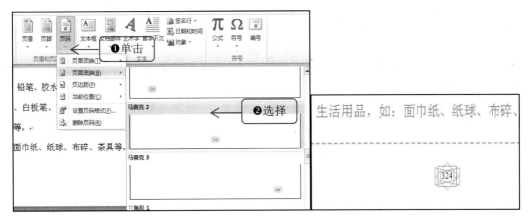

图 3-74　插入页码

（3）在弹出的"水印"对话框中选择根据需要进行设置。

（4）单击"确定"按钮。如图 3-76 所示。

图 3-75　选择水印样式

图 3-76　自定义水印样式

2. 文档页面填充颜色渐变效果

为文档页面设置不同的纯色或渐变的填充效果，具体的操作步骤如下：

（1）打开文档，切换到"页面布局"选项卡，在"页面背景"选项组中单击"页面颜色"按钮下方的向下箭头。

（2）在展开的下拉列表中选择"填充效果"命令。

（3）在弹出的"填充效果"对话框中选中"预设"单选按钮。

（4）单击"预设颜色"右侧的向下箭头，在展开的下拉列表中选择"雨后初晴"命令。

（5）在"底纹样式"区域内选择"水平"按钮，单击右上角的变形效果。

（6）单击"确定"按钮，如图 3-77 所示。

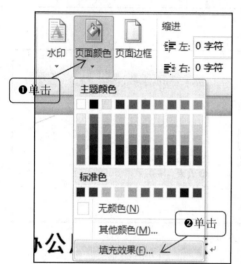 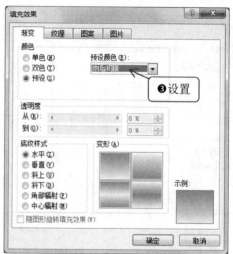

图 3-77　设置页面的渐变效果

3. 为文档添加页面边框

用户还可以为文档页面添加边框，具体操作步骤如下：

（1）打开文档，切换到"页面布局"选项卡，在"页面背景"选项组中单击"页面边框"按钮。

（2）在弹出的"边框和底纹"对话框中，单击"页面边框"选项卡。

（3）在"设置"区域内单击"阴影"按钮，对边框样式、颜色和宽度进一步设置。也可以将页面边框设置为艺术型。如图 3-78 所示。

3.6.4　打印预览和文档打印输出

完成排版之后，就可以将文档打印到纸张上。一般在打印之前，往往需要先进入文档的预览状态，检查文档的整体版式设计是否存在问题，确认无误后，再进行打印设置和打印输出操作。

1. 打印预览文档

为了保证打印输出的准确性和品质，首先需要对即将打印的文档进行打印预览。具体操作步骤如下：

（1）单击"文件"选项卡，在展开的下拉菜单中单击"打印"命令，此时文档窗口中显示与文档打印有关的命令，在最右侧窗格中能够预览打印效果。

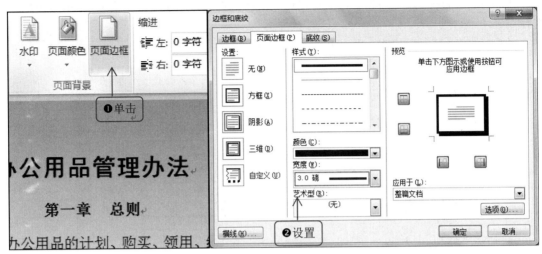

图 3-78　设置页面边框

（2）拖动"显示比例"滚动条上的滑块，能够调整文档的显示大小。

（3）单击"上一页"按钮或"下一页"按钮，能够进行预览的翻页操作。如图 3-79
所示。

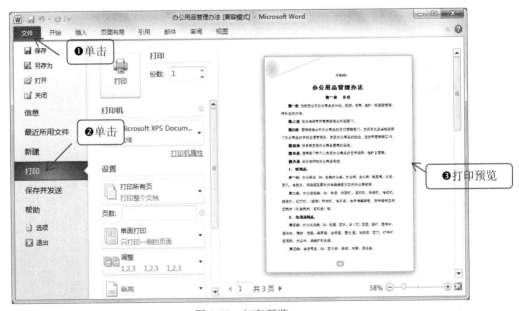

图 3-79　打印预览

2. 打印文档

对打印的预览效果检查满意后，即可进入到"打印设置"和"打印输出"阶段。具体操
作步骤如下：

（1）打开文档，单击"文件"选项卡，在展开的下拉菜单中选择"打印"命令。在打开
的中间窗格的"份数"文本框中设置打印的份数。

（2）Word 默认是打印文档中的所有页，也可单击"打印所有页"按钮右侧的向下箭头，在展开的下拉列表中选择打印的范围和页数。

（3）在"打印"命令的列表框中可以进一步对页面打印的顺序、方向以及页边距等内容进行设置。

（4）单击"打印"按钮，即可开始文档的打印。如图 3-80 所示。

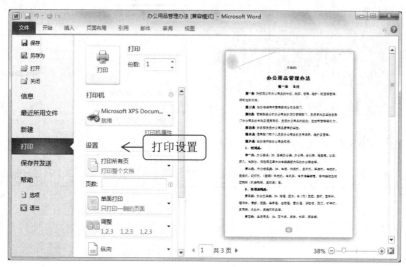

图 3-80　打印设置

习题三

一、单选题

1. 在 Word 的编辑状态下，为文档设置页码可以使用（　　）。
   A．"插入"功能区"插图"命令组中的命令
   B．"页面布局"功能区中的命令
   C．"开始"功能区"样式"命令组中的命令
   D．"插入"功能区"页眉和页脚"命令组中的命令

2. 在 Word 中，不使用打开文件对话框就能直接打开最近使用过的文件的方法是（　　）。
   A．使用"文件"选项卡的"打开"命令
   B．使用"开始"功能区中的命令
   C．打开"文件"选项卡，选择"最近使用文件"命令
   D．使用快捷键 Ctrl+O

3. 在 Word 编辑过程中，使用（　　）键盘命令可将插入点直接移到文章末尾。
   A．Shift+End
   B．Ctrl+End
   C．Alt+End
   D．End

4. 在使用 Word 编辑文本时，可以插入图片。以下方法中（　　）是不正确的。
   A．利用绘图工具绘制图形
   B．选择"插入"功能区"插图"命令组的"图片"按钮

C．选择"文件"选项卡中的"打开"命令

D．利用剪贴板，将其他图形复制、粘贴到所需文档中

5．Word 中显示页码、页数、视图方式等信息的是（　　）。

　　A．常用工具栏　　　　　　　　B．菜单

　　C．栏　　　　　　　　　　　　D．状态栏

6．使用 Word 编辑文本时，（　　）可以在标尺上直接进行操作。

　　A．对文章分栏　　　　　　　　B．建立表格

　　C．嵌入图片　　　　　　　　　D．段落首行缩进

7．在 Word 中，使用"文件"选项卡中的"另存为"命令保存文件时，不可以（　　）。

　　A．将新保存的文件覆盖原有的文件

　　B．修改文件原来的扩展名.doc

　　C．将文件保存为无格式的文本文件

　　D．将文件存放到非当前驱动器中

8．在 Word 中，图片可以以多种环绕形式与文本混排，（　　）不是它提供的环绕形式。

　　A．四周型　　　　　　　　　　B．穿越型

　　C．上下型　　　　　　　　　　D．左右型

9．下列有关 Word 格式刷的叙述中，（　　）是正确的。

　　A．格式刷只能复制纯文本的内容

　　B．格式刷只能复制字体格式

　　C．格式刷只能复制段落格式

　　D．格式刷既可以复制字体格式也可以复制段落格式

10．在 Word 中，设定纸张的打印方向，应当使用的命令是（　　）。

　　A．"页面布局"功能区的"页面设置"命令组

　　B．"视图"功能区中的"窗口"命令组

　　C．"视图"功能区中的"显示"命令组

　　D．"页面布局"功能区中的"稿纸"命令组

二、填空题

1．Word 中两个或两个以上的文本框可以通过_____建立关联，即前一文本框中装不下的内容可以装到后面的文本框中。

2．Word 文档中的段落标记是在输入键_____之后产生的。

3．在 Word 中，若对选定栏进行鼠标三击左键，则表示_____。

4．在 Word 中，已插入一张多行多列的表格，现插入点位于表格中的某个单元格内，单击"表格工具布局"选项卡中的"选择"按钮，在下拉菜单中选择"选择行"命令，再选择"选择列"命令，则表格中被选中的部分是_____。

5．Word 中，当输入文本满一页时，会自动插入一个分页符，这称为_____，除了这种方法外，也可以由用户根据需要在适当位置插入分页符，这称为_____。

三、判断题

1．Word 中的样式是由多个格式排版命令组合而成的集合。Word 允许用户创建自己的样式。

                                                              （　　）

2．在 Word 中，文本框可随键入内容的增加而自动扩展其大小。（　　）

3．在 Word 中，要选中几块不连续的文字区域，可以在选择第一块文字区域的基础上结合 Ctrl 键来完成。（　　）

4．Word 可进行分栏排版，但最多可分两栏。（　　）

5．在 Word 环境下，如果想改变打印文件的大小应该进行页面设置。（　　）

四、简答题

1．Word 2010 的启动方式有哪几种？

2．简述"查找和替换"的步骤？

3．Word 2010 文档的视图方式有哪几种，它们的特点是什么？

第4章 电子表格软件 Excel 2010

【学习目标】

- 了解 Excel 电子表格的基本概念、基本功能、运行环境、启动和退出。
- 掌握工作簿和工作表的基本概念和基本操作，工作簿和工作表的建立、保存和退出；数据输入和编辑；工作表和单元格的选定、插入、删除、复制、移动；工作表的重命名和工作表窗口的拆分和冻结。
- 掌握工作表的格式化，包括设置单元格格式、设置列宽和行高、设置条件格式、使用样式、自动套用模式和使用模板等。
- 学会单元格绝对地址和相对地址的概念，工作表中公式的输入和复制，常用函数的使用。
- 掌握图表的建立、编辑和修改以及修饰。
- 掌握数据清单的概念和建立，数据清单内容的排序、筛选、分类汇总，数据合并，数据透视表的建立。
- 学会工作表的页面设置、打印预览和打印，工作表中链接的建立。
- 了解保护和隐藏工作簿和工作表的方法。

【重点难点】

- 单元格绝对地址和相对地址的概念，工作表中公式的输入和复制，常用函数的使用。
- 图表的建立、编辑和修改以及修饰。
- 数据清单的概念，数据清单的建立，数据清单内容的排序、筛选、分类汇总，数据合并，数据透视表的建立。

4.1 Excel 2010 基础知识

4.1.1 Excel 2010 的启动与退出

1. 启动 Excel 2010

常用的启动 Excel 2010 的方法有以下几种：

（1）单击"开始"→"所有程序"→"Microsoft Office"→"Microsoft Excel 2010"命令，则启动并出现 Excel 2010 窗口。

（2）双击桌面上或者其他文件夹中的 Excel 2010 快捷方式图标。

（3）双击任意一个 Excel 2010 文件图标，即可在启动 Excel 2010 的同时打开该文件。

2. 退出 Excel 2010

常用的退出 Excel 2010 的方法有以下几种：

（1）单击 Excel 窗口右上角的"关闭"按钮 **X** 。

（2）单击"文件"选项卡，选择"退出"命令。

（3）按组合键 Alt+F4。

4.1.2 Excel 2010 窗口组成

Excel 2010 的窗口主要由标题栏、功能区、编辑区、工作区以及状态栏等组成。如图 4-1 所示。

1．标题栏

标题栏位于窗口的顶部，主要由程序控制图标、快速访问工具栏、工作簿名称以及窗口控制按钮组成。

2．功能区

功能区最大的特点就是将常用的功能或命令以按钮、图标或下拉列表框的形式分门别类地显示出来。除此之外，Excel 2010 还有一个新特色就是将文件保存、打开、关闭、新建以及打印等功能全部整合在"文件"选项卡中，并且在功能区的右上角还有"隐藏或显示"功能区按钮 ⌃、"帮助"按钮 以及一组控制窗口大小和关闭的按钮。

3．编辑区

编辑区由名称框和编辑栏两部分组成，主要用于显示和编辑当前活动单元格中的数据或公式。将鼠标指针定位到编辑栏中或双击某个单元格时，名称框右侧将会自动激活"取消"按钮 和"输入"按钮 。单击"取消"按钮表示取消输入内容，单击"输入"按钮表示确认输入内容，单击"插入函数"按钮 表示在当前单元格中插入函数。

4．工作区

工作区是 Excel 窗口中最大的一个区域，构成整个工作区的主要元素包括列标、行号、单元格、水平滚动条、垂直滚动条、工作表标签以及快速切换工作表标签的按钮组。单元格的命名方式则是用"列标+行号"来表示的，如工作表中最左上角的单元格地址为 A1，即表示该单元格位于 A 列 1 行，工作表标签则是用来显示工作表的名称，拖动水平/垂直滚动条则可查看窗口中超过屏幕显示范围而未显示出来的内容。

5．状态栏

状态栏位于窗口的最底端，其中最左侧显示的是与当前操作相关的模式，分为就绪、输入和编辑三种模式，并且随操作的不同就会自动显示相应的模式信息。状态栏右侧显示了工作簿的视图模式和缩放比例。

4.1.3 工作簿、工作表与单元格

1．工作簿

工作簿是一个 Excel 文件，其扩展名为".xlsx"，其中可以含有一个或多个工作表。启动 Excel 会自动新建一个名为"Book1"或"工作簿 1"的文件，在默认情况下，一个工作簿由 3 个工作表组成，分别命名为 Sheet1、Sheet2、Sheet3，若工作表不够使用可以利用工作表标签进行创建，需注意的是一个工作簿中最多能建立 255 个工作表。

2．工作表

工作簿中的每一张表格就称为一个工作表，由单元格、行号、列标、工作表标签等组成，每个工作表都有属于自己的名字并显示在工作表标签上。其中白底黑字的工作表标签表示该工作表为选中状态。

3．单元格与单元格区域

单元格是工作表中行与列的交叉部分，它是进行 Excel 操作的最小单位。任何数据都只能在活动单元格中输入，而多个单元格组成单元格区域或整行、整列也称为单元格区域。

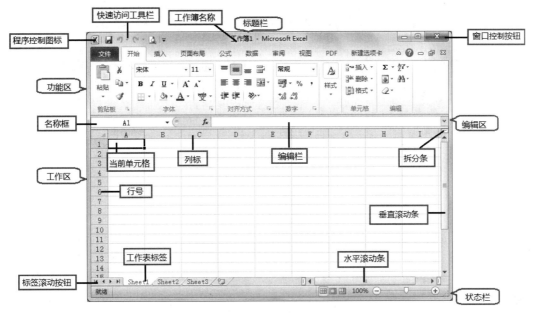

图 4-1　Excel 2010 窗口组成

4.2　Excel 2010 基本操作

4.2.1　工作簿的基本操作

1.　建立新工作簿

可选择以下方法之一新建工作簿：

（1）启动 Excel，系统自动新建空白工作簿，用户可以在保存工作簿时重新命名。

（2）单击"文件"选项卡下的"新建"命令，在"可用模板"下双击"空白工作簿"或者单击"空白工作簿"后再点击"创建"。

（3）单击"快速访问工具栏"中的"新建"按钮 。

（4）按组合键 Ctrl+N 可快速新建空白工作簿。

2.　保存新建或已有工作簿

完成对工作簿的编辑后，为了永久保存所建立的工作簿，在退出 Excel 前应将它保存起来。保存工作簿的常用方法有如下几种：

（1）单击"快速访问工具栏"中的"保存"按钮 。

（2）单击"文件"选项卡中的"保存"命令。

（3）按组合键 Ctrl+S 直接保存工作簿。

若是第一次保存工作簿，会弹出如图 4-2 所示的"另存为"对话框，在保存位置的列表框中选定所要保存工作簿的驱动器和文件夹，在"文件名"一栏中输入工作簿名称，按"保存"按钮即可将当前工作簿保存到指定的驱动器和文件夹中，同时标题栏中的工作簿名称变更为新输入的名称。工作簿保存后，该工作簿窗口并没有关闭，可以继续输入或编辑。

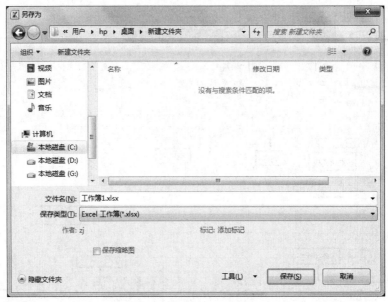

图 4-2 "另存为"对话框

3. 将工作簿进行另存操作

将工作簿进行另存操作可以使工作簿以另一个不同的名字、另一个位置或另一种保存类型来进行保存。方法如下：

单击"文件"选项卡中的"另存为"命令，此时会出现如图 4-2 所示"另存为"对话框。其操作与保存新建工作簿一样。

4. 打开已有的工作簿

将驱动器中已有的工作簿文件打开，常用的方法有：

（1）单击"快速访问工具栏"中的"打开"按钮 。

（2）单击"文件"选项卡中的"打开"命令，在"打开"对话框（图 4-3）中选取所需的工作簿，再单击"打开"按钮。

图 4-3 "打开"对话框

（3）单击"文件"选项卡中的"最近所用文件"命令（图4-4），在"最近使用的工作簿"中选择或者在"最近的位置"列表框中选择需打开文件所在的位置，选取文件并打开。

图 4-4　"最近所用文件"命令

5. 关闭工作簿的常用方法

（1）单击"文件"选项卡中的"关闭"命令，可关闭工作簿而不退出 Excel 程序。

（2）单击功能区中右上角的关闭按钮 ⊠，也可关闭工作簿而不退出 Excel 程序。

若在关闭时还未保存修改过的工作簿，则会弹出一个对话框，让用户确认是否保存工作簿，"保存"按钮表示保存工作簿，"不保存"按钮表示不保存工作簿修改的内容，"取消"按钮表示取消本次操作。

4.2.2　工作表的基本操作

1. 选定工作表

选定工作表通常分为选定单个工作表、选定连续的工作表、选定不连续的工作表以及选定工作簿中所有的工作表 4 种情况。

（1）选定单个工作表：直接单击工作簿中需选定工作表的工作表标签，选择的标签呈白底显示。

（2）选定连续的工作表：首先单击第一张工作表标签，然后按住 Shift 键的同时单击最后一张工作表标签，即可同时选定这两张工作表以及这两张工作表标签之间的所有工作表。如图 4-5。

图 4-5　选择连续的工作表

（3）选定不连续的工作表：首先单击第一张工作表标签，然后按住 Ctrl 键的同时再依次单击其他的工作表标签，即可同时选定工作簿中不连续的工作表。如图 4-6。

图 4-6　选择不连续的工作表

（4）选定工作簿中的所有工作表：在工作簿中任意一个工作表标签上单击鼠标右键，在弹出的快捷菜单中选择"选定全部工作表"命令，即可选定所有的工作表。如图 4-7。

图 4-7　选定全部工作表

2．切换工作表

同时编辑几个工作表时需要在不同的工作表之间进行切换，切换工作表有如下几种方法：

（1）单击鼠标：在工作簿中直接单击需要编辑的工作表标签即可。

（2）利用工作表标签按钮组：单击工作表标签按钮组 ◄ ◄ ► ► 也可以在不同的工作表之间进行切换。

（3）利用组合键：按 Ctrl+Page Up 组合键可切换到前一张工作表，按 Ctrl+Page Down 组合键可切换到下一张工作表。

3．插入工作表

在 Excel 的默认情况下，工作簿中有 3 张工作表，如需用到更多的表，可根据需要插入新的工作表，具体方法有：

（1）单击"开始"选项卡选择"单元格"命令组中的"插入"按钮，在弹出的下拉菜单中选择"插入工作表"命令，即可在选择的工作表之前插入一张新工作表。如图 4-8。

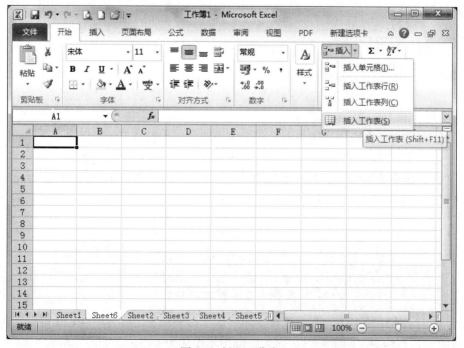

图 4-8　插入工作表

（2）在工作表标签上单击鼠标右键，在弹出的快捷菜单中选择"插入"命令，在打开的"插入"对话框（图 4-9）中选择"常用"选项卡，在其中选择"工作表"后单击"确定"按钮。

图 4-9　"插入"对话框

（3）直接单击工作表标签上的"插入工作表"按钮 。

4. 重命名工作表

选择需要重命名的工作表后，用如下方法可进行重命名设置：

（1）单击"开始"选项卡选择"单元格"命令组中的"格式"按钮，在弹出的下拉菜单中选择"重命名工作表"命令，此时工作表标签呈黑底可编辑状态，在其中输入工作表名称后单击任意位置或按 Enter 键即可确认输入。如图 4-10。

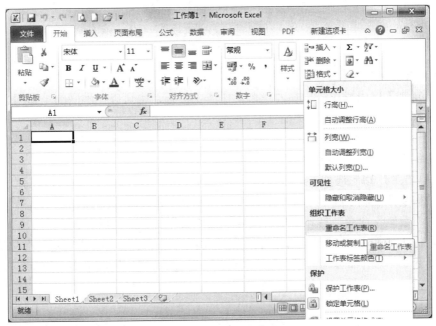

图 4-10　重命名工作表

（2）在选定的工作表标签上单击鼠标右键，在弹出的快捷菜单中选择"重命名"命令。如图 4-11。

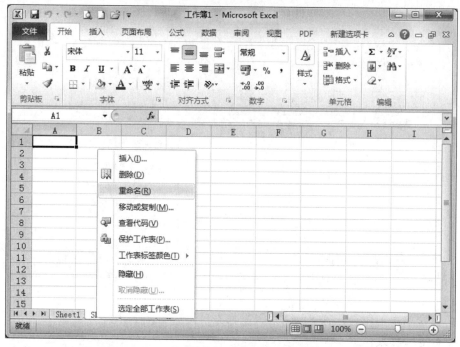

图 4-11　重命名

（3）在选定的工作表标签上双击鼠标左键，当其呈可编辑状态时即可对其进行重命名操作。如图 4-12。

图 4-12　双击重命名

5．移动或复制工作表

移动或复制工作表操作可以在同一个工作簿中进行，也可以在不同的工作簿之间进行，常用的方法有：

（1）在同一个工作簿中，用鼠标拖动需移动的工作表标签到所需位置可以移动工作表；而按住 Ctrl 键拖动工作表标签则是复制工作表操作。

（2）单击"开始"选项卡选择"单元格"命令组中的"格式"按钮，在弹出的下拉菜单中选择"移动或复制工作表"命令，或者鼠标右键单击工作表标签，在弹出的快捷菜单中选择"移动或复制"命令，打开"移动或复制工作表"对话框（图 4-13），"工作簿"下拉框表示选择目标工作簿，"下列选定工作表之前"列表框表示设置移动或复制后的位置，"建立副本"的复选框不选中表示移动操作，选中则表示复制操作。最后单击"确定"按钮即可完成操作。

图 4-13　"移动或复制工作表"对话框

6. 删除工作表

（1）单击"开始"选项卡选择"单元格"命令组中的"删除"按钮，在弹出的下拉菜单中选择"删除工作表"命令即可删除当前工作表。如图 4-14。

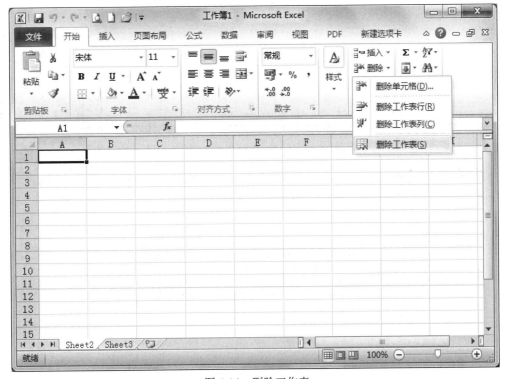

图 4-14　删除工作表

（2）在选定的工作表标签上单击鼠标右键，在弹出的快捷菜单中选择"删除"命令。

7. 设置工作表标签颜色

（1）单击"开始"选项卡选择"单元格"命令组中的"格式"按钮，在弹出的下拉菜单中选择"工作表标签颜色"命令，选择颜色。

（2）在选定的工作表标签上单击鼠标右键，在弹出的快捷菜单中选择"工作表标签颜色"命令，选择颜色。

8. 将工作表隐藏或显示

（1）隐藏工作表的方法：选择需隐藏的工作表，然后再单击"开始"选项卡选择"单元格"命令组中的"格式"按钮，在弹出的下拉菜单中选择"隐藏和取消隐藏"命令，再在弹出的子菜单中选择"隐藏工作表"命令。如图 4-15。

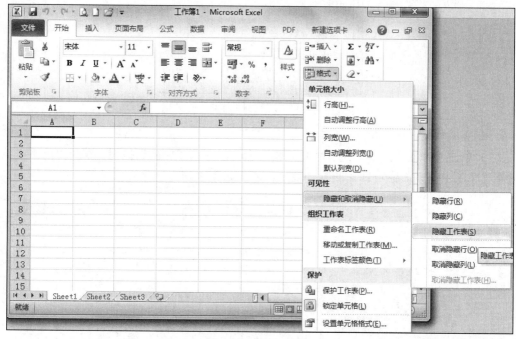

图 4-15　隐藏工作表

（2）显示工作表的方法：单击"格式"按钮，在弹出的下拉菜单中选择"隐藏和取消隐藏"命令，再在弹出的子菜单中选择"取消隐藏工作表"命令，打开"取消隐藏"对话框（图 4-16）选择要显示的工作表，单击"确定"。

图 4-16　"取消隐藏"对话框

4.2.3　单元格的基本操作

1. 选取单元格

在 Excel 中，无论进行何种操作，首先都要先选取该单元格或单元格区域。

（1）选取一个单元格

用鼠标单击所要选取的单元格即可；也可在名称框内输入单元格名称，然后按 Enter 键。

该单元格被选定成为当前（活动）单元格时，单元格的线框变为粗黑线，当前单元格的地址显示在名称框中，而当前单元格的内容同时显示在当前单元格和编辑栏中。

（2）选择不相邻的单元格及单元格区域

按住 Ctrl 键不放的同时选择需要的单元格或单元格区域。如图 4-17。

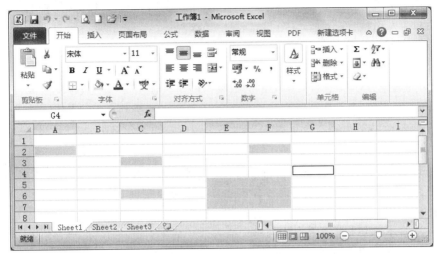

图 4-17　选择不相邻的单元格及单元格区域

（3）选择相邻的单元格区域

用鼠标单击要选取的单元格区域的第一个单元格，然后按住鼠标左键拖动到要选取区域的最后一个单元格再松开鼠标左键。

先用鼠标单击要选取的单元格区域的左上角单元格，然后按住 Shift 键不放的同时单击要选取的单元格区域的右下角单元格。

在名称框中输入需选取单元格区域的左上角和右下角的单元格名称，中间用"："隔开，如"C1:F3"，然后按确认输入按钮或 Enter 键。如图 4-18。

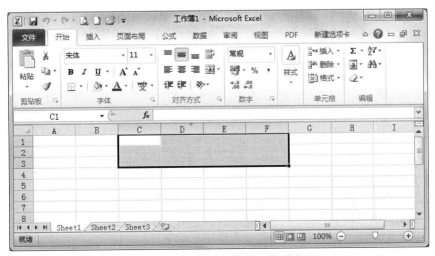

图 4-18　选择相邻的单元格区域

（4）选取整行

用鼠标单击所要选取的行号即可。

（5）选取整列

用鼠标单击所要选取的列号即可。

（6）选取整个工作表中的单元格

单击工作表中的"全选"按钮（工作表中左上角行号与列标交叉处）即可选择此工作表中的所有单元格。

也可按组合键 Ctrl+A 全选单元格。

2. 在单元格中输入数据

Excel 中的数据并非只是数学意义上的数据，而是包含了文本、数字、时间、日期和公式等。在 Excel 单元格中输入数据时，先选定要输入数据的单元格，输入内容后按 Enter 键或单击编辑区的"输入"按钮 ✔，还可以将光标移动到另外的单元格中。

（1）输入文本

文本数据由文字、字母、数字、符号等组成，在默认情况下输入的文本在单元格中为左对齐方式，且需注意的是文本不能进行算术运算，但可以进行字符串运算。

提示：

当输入数字作为文本时，需先输入英文输入法下的单引号"'"，然后再输入数字。如输入 11111111111 时，若想要表示电话号码而不是数字应输入 "'13811111111"。

当输入的文本宽度超过单元格的宽度时，若右边单元格中没有包含数据，则文本正常显示；若右边单元格中有数据存在时，该单元格只显示宽度范围内的内容，其他内容自动隐藏起来，在编辑栏中可查看完整内容。

（2）输入数值

数值数据由数字、运算符号、小数点等组成，在默认情况下输入的数值在单元格中为右对齐方式，可以进行算术运算。

提示：

单元格中可显示的最大数字为 11 位数，当超过 11 位时，Excel 会自动以科学记数的方式显示。如输入数字 987654321123 时，单元格显示为 9.87654E+11，此时编辑栏中显示完整数字。

当输入了数字但单元格中显示 "####" 时（此时可在编辑栏中查看完整数字），表示单元格的宽度不够，需要正常显示只需增大列宽。

输入负数时需在数字前面添加 "-" 号，或是用 "( )" 将数字括起。如输入 "-12" 或者 "(12)" 单元格中都显示-12。

输入分数时需先输入整数和空格再输入分数。如输入 "0 1/2" 时单元格中显示 "1/2"，编辑栏中显示 "0.5"。

输入小数时，小数点占 1 位，当输入的小数位数大于 11 位时，单元格中会显示不全，但在编辑栏中可查看完整小数。

（3）输入时间和日期

输入时间和日期的格式有多种，可选择自己需要的格式。在默认情况下输入的时间和日期在单元格中为右对齐方式。

提示：

输入当前系统时间可按 Ctrl+Shift+; 组合键。

输入当前系统日期可按 Ctrl+; 组合键。

（4）批量输入数据

当需在多个单元格或单元格区域中输入相同的数据时，可以先选定需要输入的单元格或单元格区域，然后输入内容，完成输入后按 Ctrl+Enter 组合键，数据就会被输入到选定的单元格中。

（5）快速填充数据

利用自动填充功能能够快速输入相同的或是有规律的数据。

利用填充序列命令进行填充：先在起始单元格中输入数据，然后拖动起始单元格至需填充的位置，单击"开始"选项卡选择"编辑"命令组，单击"填充"按钮，选择"系列"命令，打开"序列"对话框（图 4-19），设置好序列、类型、步长，单击"确定"按钮，即可在选定的范围内进行序列填充。

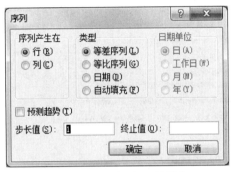

图 4-19　"序列"对话框

利用填充柄填充数据：选择起始单元格并在其中输入起始数据，右下角就会出现填充柄，当光标移动到填充柄上时会出现一个黑色的十字"+"，拖动填充柄可快速自动填充。填充完成时，会出现"自动填充选项" ，打开"自动填充选项"的下拉菜单可选择填充的方式（图 4-20），这种方法不仅可以填充相同的数据还可以填充有规律的数据。

图 4-20　选择填充方式

自定义序列：在 Excel 中可以自定义"有规律"的数据，例如，需多次输入姓名：张三、李四、王五，这时就可以将这几个名字自定义到序列中。方法是：单击"文件"选择"选项"命令，打开"Excel 选项"对话框，选择"高级"命令，如图 4-21，单击"编辑自定义列表"打开"自定义序列"对话框，如图 4-22，输入序列"张三、李四、王五"单击"添加"，然后确定即可。在起始单元格中输入"张三"，然后利用填充柄进行填充，就会得到自定义的序列。如图 4-23。

图 4-21　高级选项"编辑自定义列表"

图 4-22　"自定义序列"对话框

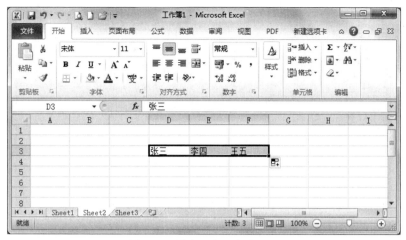

图 4-23　填充"自定义序列"

3. 插入单元格

（1）单击"开始"选项卡选择"单元格"命令组中的"插入"按钮，在弹出的下拉菜单中选择"插入单元格"命令，在弹出的"插入"对话框（图 4-24）中选择插入的方式，单击"确定"按钮。

（2）选中单元格后单击右键，在弹出的下拉菜单中选择"插入"命令，也可打开"插入"对话框进行插入单元格。

4. 删除单元格

（1）单击"开始"选项卡选择"单元格"命令组中的"删除"按钮，在弹出的下拉菜单中选择"删除单元格"命令，在弹出的"删除"对话框（图 4-25）中选择删除的方式，单击"确定"按钮。

图 4-24　"插入"对话框

图 4-25　"删除"对话框

（2）选中单元格后单击右键，在弹出的下拉菜单中选择"删除"命令，也可打开"删除"对话框进行删除单元格的设置。

提示：若只需要删除单元格的内容或格式等，则单击"开始"选项卡选择"编辑"命令组中的"清除"按钮，在弹出的下拉菜单中选择清除的相应命令。如图 4-26。

5. 复制或移动单元格

除上述利用填充命令来复制单元格外还可以使用以下方式进行复制：

（1）选取需要复制的单元格，然后单击"开始"选项卡，选择"剪贴板"命令组中的"复制"命令或单击右键在下拉菜单中选择"复制"命令或按组合键 Ctrl+C，再将光标移动到需要复制到的位置，选择"粘贴"命令或按组合键 Ctrl+V。

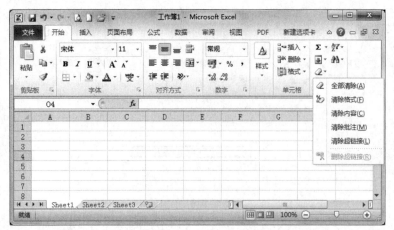

图 4-26　"清除"操作

（2）选取需要复制的单元格，将光标移动至单元格边缘，此时光标变为四向箭头形状时按住 Ctrl 键，同时拖动单元格到需要的位置即可复制单元格。

移动单元格方法与复制类似，只是其选择的是"剪切"命令或使用组合键 Ctrl+X，在拖动时不需要按住 Ctrl 键。在这里不再重复操作方法。

4.3　格式化工作表

4.3.1　设置单元格格式

单击"开始"选项卡选择"单元格"命令组，再单击"格式"按钮，在弹出的下拉列表框中选择"设置单元格格式"命令或右键单击单元格或单元格区域在弹出的下拉菜单中选择"设置单元格格式"命令，打开"设置单元格格式"对话框（如图 4-27）。对话框中有 6 个选项卡，分别是数字、对齐、字体、边框、填充和保护，利用这 6 个选项卡可设置单元格格式。

图 4-27　"设置单元格格式"对话框

1. 设置数字格式

可通过"开始"选项卡中的"数字"命令组或"数字"选项卡进行设置。

2. 设置对齐方式

可通过"开始"选项卡的"对齐方式"命令组或"对齐"选项卡（图 4-28）进行设置。

图 4-28　"对齐"选项卡

在对齐方式中可对文本的水平和垂直两个方向进行设置。

可控制单元格中内容自动换行以及相邻单元格的合并或拆分。

3. 设置字体

可通过"开始"选项卡的"字体"命令组或"字体"选项卡进行设置。主要是对字体、字形、字号、字体颜色、下划线等进行设置。

4. 设置表格边框

还可选择"字体"命令组中的"边框"按钮 ，在弹出的下拉列表框中选择"其他边框"命令打开"边框"选项卡。如图 4-29。选择边框线条的样式、线条颜色后在边框预览框中设置边框，单击"确定"即可。

图 4-29　"边框"选项卡

5．填充单元格

在"字体"命令组中选择"填充颜色"按钮可对单元格进行颜色填充；利用"填充"选项卡还可以对单元格进行渐变效果或图案的填充。如图 4-30。

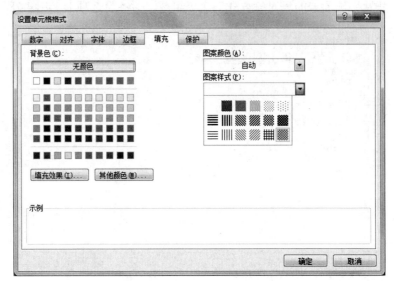

图 4-30　"填充"选项卡

4.3.2　调整行高和列宽

调整行高和列宽的方法类似，在这里只讲述调整行高的方法。

（1）先选择需要调整行高的单元格或单元格所在的行，再单击"开始"选项卡选择"单元格"命令组中的"格式"按钮，在弹出的下拉列表框中选择"行高"命令，在打开的"行高"对话框（图 4-31）中输入数值，单击"确定"即可调整具体值。

（2）可利用"单元格"命令组中的"格式"按钮，在弹出的下拉列表框中选择"自动调整行高"命令进行调整行高。

图 4-31　"行高"对话框

（3）将光标移动到需调整行高的行号下边框，鼠标指针变为十字双向箭头时，向上或向下拖动鼠标，即可粗略调整行高。

4.3.3　设置条件格式

在 Excel 中利用条件格式可以突出显示符合特定条件的数据，能够更好的对工作表中的数据进行分析。

例如：将"成绩表"中"数学"成绩大于 80 分的分数加红色底纹。如图 4-32。

	A	B	C	D
1	成绩表			
2	学号	语文	数学	英语
3	10011	89	90	76
4	10012	78	68	56
5	10013	87	68	91
6	10014	77	81	76
7	10015	69	54	60
8	10016	70	65	66

图 4-32　成绩表

（1）选择单元格区域 C3:C8。

（2）单击"开始"选项卡中"样式"命令组的"条件格式"命令，选择"突出显示单元格规则"，在下拉列表框中选择"大于"命令，打开"大于"对话框（图 4-33），在条件框中输入"80"，在设置框中选择"自定义格式"，选择"填充"选项卡，选择红色，点击"确定"再"确定"关闭对话框即可。

图 4-33　"大于"对话框

	A	B	C	D
1	成绩表			
2	学号	语文	数学	英语
3	10011	89	■	76
4	10012	78	68	56
5	10013	87	68	91
6	10014	77	■	76
7	10015	69	54	60
8	10016	70	65	66

图 4-34　设置效果

4.3.4　自动套用表格格式

自动套用表格格式可以快速将 Excel 提供的表样式套用到指定的单元格区域，使表格更加美观，易于浏览。方法：选择单元格区域，单击"开始"选项卡选择"样式"命令组中的"套用表格格式"命令，在弹出的下拉列表框中选择需要的表样式，打开"套用表格式"对话框（图 4-35），确认数据来源，单击"确定"即可。

图 4-35　"套用表格式"对话框

4.4 公式与函数

4.4.1 公式的使用

公式是由数据、单元格地址、函数、运算符等组成的表达式。在单元格中输入的公式必须以等号"="开头，等号后连接的是表达式。

表达式可以是算术表达式、关系表达式和字符串表达式，表达式可由运算符、常量、单元格地址、函数及括号等组成，但不能含有空格。

1. 运算符

用运算符将常量、单元格地址、函数及括号等连接起来组成表达式。常用的运算符有算术运算符、字符运算符和关系运算符。

运算符是有优先级别的，如果优先级相同，则按照从左到右的顺序进行计算。表 4-1 按照运算符优先级别从高到低排序。

表 4-1　常用的运算符

运算符	功能	举例
-	负号	-1，-2
%	百分号	3%
^	乘方	4^3（4 的 3 次方）
*，/	乘，除	2*4，4/2
+，-	加，减	5+6，8-7
&	字符串连接	"abc"&"123"（abc123）
=，<>	等于，不等于	1=2 的值为假，2<>3 的值为真
>，>=	大于，大于等于	3>2 的值是真，3>=2 的值为真
<，<=	小于，小于等于	3<2 的值为假，3<=2 的值为假

2. 输入公式

先选择需要输入公式的单元格，在单元格或编辑栏中输入"="和表达式（公式的内容），按回车键或单击编辑区的"输入"按钮确认输入。此时，在单元格中显示计算的值，在编辑栏中显示公式。

例如：计算"成绩表"中学号为 10011 的总分。

（1）先选定存放总分的单元格 E3。

（2）在 E3 中输入公式"=B3+C3+D3"，如图 4-36。

（3）确认输入。计算结果如图 4-37。

提示：若要在单元格中显示公式，可以选择"公式"选项卡"公式审核"命令组中的"显示公式"命令。如图 4-38、4-39 所示。

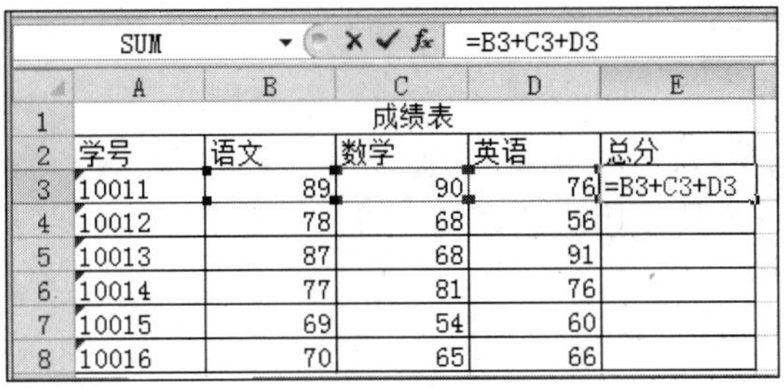

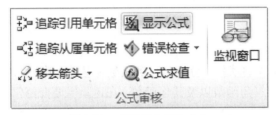

SUM　=B3+C3+D3

	A	B	C	D	E
1	成绩表				
2	学号	语文	数学	英语	总分
3	10011	89	90	76	=B3+C3+D3
4	10012	78	68	56	
5	10013	87	68	91	
6	10014	77	81	76	
7	10015	69	54	60	
8	10016	70	65	66	

图 4-36　输入公式

E3　=B3+C3+D3

	A	B	C	D	E
1	成绩表				
2	学号	语文	数学	英语	总分
3	10011	89	90	76	255
4	10012	78	68	56	
5	10013	87	68	91	
6	10014	77	81	76	
7	10015	69	54	60	
8	10016	70	65	66	

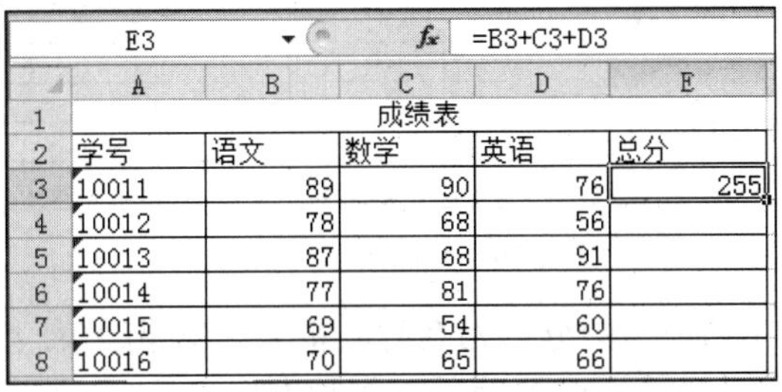

图 4-37　计算结果

图 4-38　“显示公式”命令

E3　=B3+C3+D3

	A	B	C	D	
1	成绩表				
2	学号	语文	数学	英语	总分
3	10011	89	90	76	=B3+C3+D3

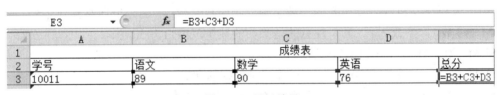

图 4-39　显示结果

3. 删除公式

（1）完全删除：将公式完全删除只需清除单元格内容即可。

（2）删除单元格中的公式且保留单元格中的数据：先选择需要删除公式的单元格，执行复制操作，然后选择“剪贴板”命令组中的“粘贴”按钮，在弹出的下拉列表框中选择“粘贴数值”栏的“值”命令（如图 4-40），即可将单元格中的公式删除并且保留单元格中的数据。

4. 公式中的常见错误

在单元格中输入的公式若出现错误，一般有以下几种情况：

（1）####错误：当单元格中所含数据宽度超过单元格本身列宽，或者单元格的日期时间公式产生了负值时就会出现。

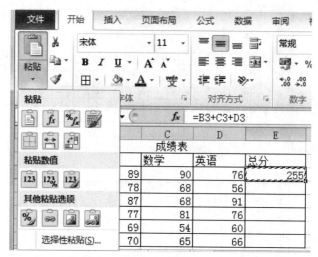

图 4-40　删除公式保留数据

（2）#DIV/0！错误：当公式的分母为 0 时，将会产生错误值。

（3）#VALUE！错误：当使用的参数或操作数类型错误时就会出现。

（4）#NAME？错误：在公式中使用 Excel 不能识别的文本时出现该错误。

4.4.2　函数的使用

函数是由函数名、参数组成的，语法结构为"=函数名（参数 1，参数 2，...）"。Excel 中一些预定好的公式，包含 7 种类型，分别是财务函数、逻辑函数、文本函数、日期和时间函数、查找与引用函数、数学和三角函数以及其他函数。在这里主要介绍常用函数的使用。其他函数见附录：Excel 常用函数表。

1.　常用函数的使用

（1）求和函数 SUM：此函数属于数学与三角函数类函数，将返回所有参数之和，格式为"SUM（参数 1，参数 2，...）"。注意的是参数的数量范围为 1~30 个。

SUM（10，20）：计算 10+20 的值。

SUM（A1，A2）：计算 A1 和 A2 单元格中数据的和。

SUM（A1：C3）：计算 A1 到 C3 单元格区域中数据的和。

（2）求平均值函数 AVERAGE：此函数属于统计类函数，将返回所有参数的算术平均值，格式为"AVERAGE（参数 1，参数 2，...）"。

（3）求最大/最小值函数 MAX/MIN：此函数属于统计类函数，将返回所有参数的最大值或最小值，格式为"MAX（参数 1，参数 2，...）"，"MIN（参数 1，参数 2，...）:。"

（4）统计个数函数

COUNT：将返回所有参数中数字项的个数，格式为"COUNT（参数 1，参数 2，...）"。

COUNTA：将返回所有参数中"非空"单元格的个数，格式为"COUNTA（参数 1，参数 2，...）"。

COUNTBLANK：将返回所有参数中"空"单元格的个数，格式为"COUNTBLANK（参数 1，参数 2，...）"。

（5）条件函数 IF：此函数属于逻辑类函数，将对第一参数进行判断，并根据判断做出的真假，返回不同的值，格式为"IF（逻辑表达式，表达式 1，表达式 2）"，若逻辑表达式的值为真，返回表达式 1 的值，否则为表达式 2 的值。

2. 输入函数

和输入公式一样先选择需要输入函数的单元格，在单元格或编辑栏中输入 "="、函数名和参数，按回车键或单击编辑区的 "输入" 按钮确认输入。

还可以使用插入函数按钮 f_x 将需要的函数插入到单元格中。操作方法是：选择单元格，单击 "公式" 选项卡选择 "函数库" 命令组中的 "插入函数" 按钮或单击编辑区的 "插入函数" 按钮，打开 "插入函数" 对话框，选择函数后单击 "确定"，打开 "函数参数" 对话框（图 4-42），设置好参数后单击 "确定" 完成函数的插入。

例如：计算 "成绩表" 中学号为 10011 的总分。

（1）先选定存放总分的单元格 E3。

（2）选择 "插入函数" 打开对话框，选择求和函数 "SUM"，如图 4-41。

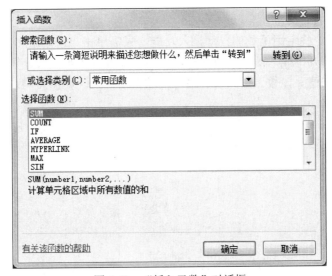

图 4-41 "插入函数" 对话框

（3）单击 "确定" 后打开 "函数参数" 对话框，设置参数，如图 4-42。

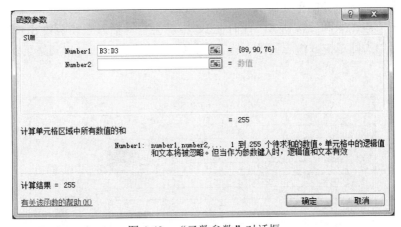

图 4-42 "函数参数" 对话框

（4）再单击 "确定" 后返回结果，如图 4-43。此时，在单元格中返回计算的结果，在编辑栏中显示插入的函数。

E3		f_x	=SUM(B3:D3)	

	A	B	C	D	E
1			成绩表		
2	学号	语文	数学	英语	总分
3	10011	89	90	76	255
4	10012	78	68	56	
5	10013	87	68	91	
6	10014	77	81	76	
7	10015	69	54	60	
8	10016	70	65	66	

图 4-43　返回结果

3. 自动求和函数的使用

Excel 中提供了一些常用函数的自动插入功能，只需单击"自动求和"按钮Σ，此时不需要输入任何公式或打开"插入函数"对话框，即可快速插入函数完成计算，"自动求和"功能提供了求和、求平均值、计数、最大值和最小值的自动插入。如图 4-44。

图 4-44　"自动求和"下拉列表框

例如：计算"成绩表"中学号为 10011 的总分。

（1）先选定存放总分的单元格 E3。

（2）单击"自动求和"按钮Σ，此时在 E3 中就会自动插入求和函数 SUM，如图 4-45。

（3）最后单击回车键或编辑区的"输入"按钮✔确定输入即可得到结果，计算结果如图 4-43。

SUM		X ✔ f_x	=SUM(B3:D3)			

	A	B	C	D	E	F	G
1			成绩表				
2	学号	语文	数学	英语	总分		
3	10011	89	90	76	=SUM(B3:D3)		
4	10012	78	68	56	SUM(**number1**, [number2], ...)		
5	10013	87	68	91			
6	10014	77	81	76			
7	10015	69	54	60			
8	10016	70	65	66			

图 4-45　自动求和

4.4.3　复制公式与单元格地址的引用

1. 复制公式

在实际操作过程中，经常遇到很多单元格的计算需要输入相同的公式，若每个单元格都重新输入一遍公式的话就会很麻烦，此时就可以使用复制公式的方法对其他单元格进行计算。复制公式的方法很简单，和前面讲述的复制单元格方法一样，在这里不再重复。在复制公式的过程中需注意单元格地址的引用。

2. 单元格地址的引用

当在单元格中输入公式的时候可以看到公式中包含的单元格会出现不同颜色的边框，表示公式中所使用的数据地址，也就是引用了单元格地址。一般地，单元格地址的引用分为相对地址引用、绝对地址引用和混合地址引用三种情况。Excel 默认的情况下，都是使用相对地址引用。

（1）相对地址引用

在相对地址引用中，被引用单元格的位置与公式所在单元格的位置相关联，当公式所在单元格的位置发生变化时，其引用的单元格的位置也会发生变化。例如 E3 单元格中的公式为"=B3+C3+D3"，若将 E3 单元格中的公式复制到 E4 单元格中，则公式内容变化为"=B4+C4+D4"，在编辑栏中可以看到。如图 4-46。

图 4-46　相对地址引用

（2）绝对地址引用

绝对地址引用与相对地址引用相反，无论公式所在单元格的位置如何改变，其公式内容也不会发生改变。绝对地址引用需在单元格的列号、行号前加一个"$"符号。例如 E3 单元格中的公式为"=$B$3+$C$3+$D$3"，若将 E3 单元格中的公式复制到 E4 单元格中，则公式内容仍然"=$B$3+$C$3+$D$3"，在编辑栏中可以看到。如图 4-47。

图 4-47　绝对地址引用

提示：选择公式内容后按 F4 键可以快速将相对地址转换为绝对地址。

（3）混合地址引用

混合地址引用是指公式中部分单元格地址为相对地址引用，部分单元格地址为绝对地址引用。如果公式所在单元格的位置发生改变，则公式中相对地址引用部分会随之改变，而绝对地址引用部分保持不变。常见在求百分比的时候。

例如，求"成绩表"中所有学生语文成绩的百分比。

先在 B8 单元格中计算所有学生语文的总成绩。

选定 E3 单元格，输入百分比计算公式"=B3/B8"，若要使用复制公式则输入"=B3/$B$8"。如图 4-48。

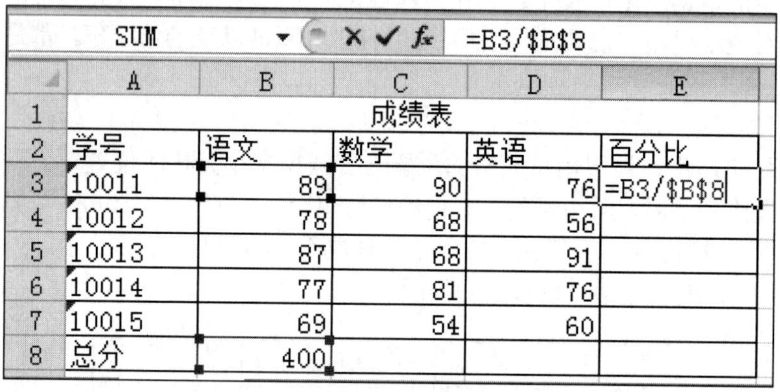

图 4-48　输入混合地址引用公式

使用填充柄将公式复制到 E4、E5、E6、E7 单元格中。计算结果如图 4-49。

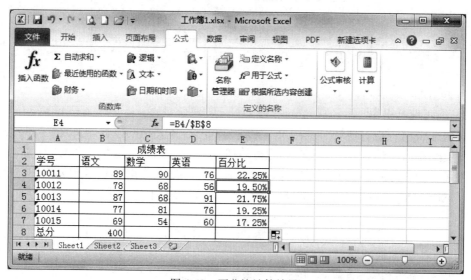

图 4-49　百分比计算结果

4.5　图表

图表是一个数据分析工具，利用图表可以很直观的表现数据。图表中包括图表标题、坐标轴、绘图区、数据系列、背景墙、图例等元素。图 4-50 所示为一个簇状柱形图图表。

Excel 提供了柱形图、折线图、饼图、条形图、面积图等 11 种类型的图表。

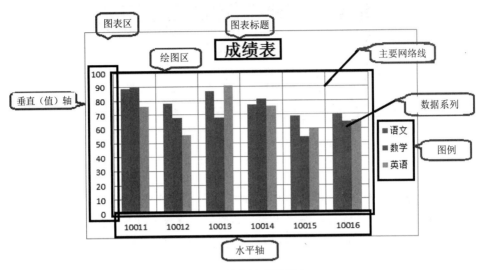

图 4-50　簇状柱形图图表

4.5.1　创建图表

先选择数据区域，再单击"插入"选项卡选择"图表"命令组中的各种类型图表的按钮或打开"插入图表"对话框（图 4-51）都可以创建图表。

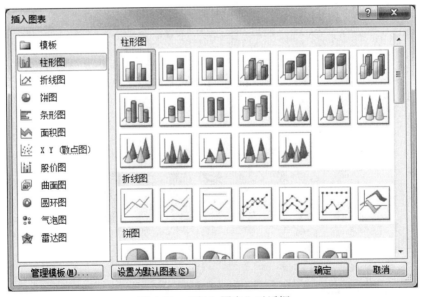

图 4-51　"插入图表"对话框

例如：对"成绩表"中 A2:A8 和 C2:C8 单元格区域建立"三维簇状柱形图"，图表标题为"数据成绩图"，图例位置为顶部，并将图插入到工作表的 A10:E23 单元格区域中。

（1）利用 Ctrl 键选择"成绩表"中 A2:A8 和 C2:C8 单元格区域，如图 4-52。

C2		f_x	数学	
	A	B	C	D
1		成绩表		
2	学号	语文	数学	英语
3	10011	89	90	76
4	10012	78	68	56
5	10013	87	68	91
6	10014	77	81	76
7	10015	69	54	60
8	10016	70	65	66

图 4-52　选中指定区域

（2）选择"插入"选项卡"图表"命令组中的"柱形图"按钮，在下拉列表框中选择"三维簇状柱形图"。

（3）选中图表，功能区会出现"图表工具"选项卡，选择"设计"选项卡中的"图表样式"命令组可以改变图表的样式，选择"图表布局"命令组可以改变图表的布局。

（4）选择"布局"选项卡中的"标签"命令组，更改图表标题为"数学成绩图"，将图例的位置在顶部显示。

（5）调整图表的大小，将其插入到工作表的 A10：E23 单元格区域中。如图 4-53。

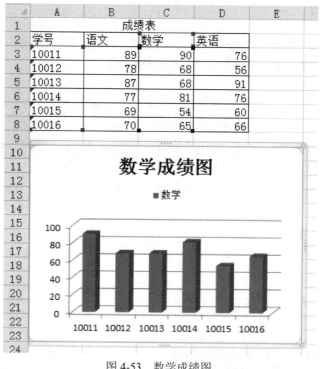

图 4-53　数学成绩图

提示：

按照此方法创建的图表和数据在同一个工作表中显示。

选定数据区域后，按 F11 键即可在同一个工作簿中创建一个独立图表，独立图表将显示在自动命名为"Chart1"的工作表中。

4.5.2 修改与修饰图表

1. 修改图表类型

选中图表的绘图区，选择"设计"选项卡中"类型"命令组的"更改图表类型"命令或单击右键也可打开"更改图表类型"对话框，即可对图表的类型进行修改。

2. 修改图表中的数据

（1）向图表中添加数据：选择"设计"选项卡中"数据"命令组的"选择数据"命令或是单击右键也可打开"选择数据源"对话框（图 4-54），然后按住 Ctrl 键的同时选择需要添加的数据区域，单击"确定"按钮即可。

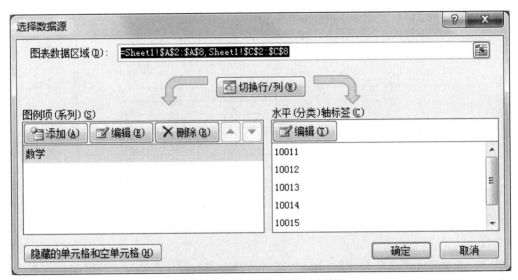

图 4-54 "选择数据源"对话框

（2）修改图表中的数据系列：若需要修改图表中的数据系列，只需在数据区域的单元格内修改即可。

（3）修饰图表：为了使图表看起来更加美观，以便更好的分析数据，可以对图表进行修饰。可利用"布局"选项卡和"格式"选项卡进行修饰。

4.6 数据管理

4.6.1 数据排序

数据排序是按照一定的条件将数据进行重新排列。

（1）选择"开始"选项卡"编辑"命令组中的"排序和筛选"按钮，打开下拉列表框（图 4-55）可以看到简单排序功能"升序"命令和"降序"命令。或者在"数据"选项卡下也可以找到简单排序功能"升序"命令 $\frac{A}{Z}\downarrow$ 和"降序"命令 $\frac{Z}{A}\downarrow$。

图 4-55   "排序和筛选"下拉列表框

例如：将"成绩表"按照总分由高到低排序。

1）选定"总分"列任一单元格。排序前如图 4-56 所示。

	A	B	C	D	E
1	成绩表				
2	学号	语文	数学	英语	总分
3	10011	89	90	76	255
4	10012	78	68	56	202
5	10013	87	68	91	246
6	10014	77	81	76	234
7	10015	69	54	60	183
8	10016	70	65	66	201

图 4-56   排序前"成绩表"

2）单击"降序"命令 $Z \downarrow \atop A$ 即可快速对"成绩表"的总分由高到低进行排序。排序后如图 4-57 所示。

提示：若选定"总分"列（图 4-58）进行总分由高到低排序的话，会弹出"排序提醒"对话框（图 4-59），此时应选择"扩展选定区域"再确定，否则排序出来的结果会产生错误或不进行本次排序。

	A	B	C	D	E
1	成绩表				
2	学号	语文	数学	英语	总分
3	10011	89	90	76	255
4	10013	87	68	91	246
5	10014	77	81	76	234
6	10012	78	68	56	202
7	10016	70	65	66	201
8	10015	69	54	60	183

图 4-57   排序后"成绩表"

	A	B	C	D	E
1	成绩表				
2	学号	语文	数学	英语	总分
3	10011	89	90	76	255
4	10012	78	68	56	202
5	10013	87	68	91	246
6	10014	77	81	76	234
7	10015	69	54	60	183
8	10016	70	65	66	201

图 4-58   选定"总分"列

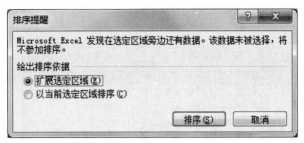

图 4-59　"排序提醒"对话框

（2）利用"数据"选项卡下的"排序"功能，打开"排序"对话框（图 4-60）设置排序条件，单击"确定"即可。在对话框中可增加排序条件。需注意的是，若不对选中区域的第一行进行排序，可选中"数据包含标题"复选框。

图 4-60　"排序"对话框

4.6.2　数据筛选

数据筛选功能可以在表格中选择性地显示满足条件的数据记录，把暂时不需要的数据隐藏起来。

1. 自动筛选

先选择数据表的任一单元格或选择需要筛选的数据区域，然后在"开始"选项卡"编辑"命令组中的"排序和筛选"按钮下选择"筛选"命令，或者在"数据"选项卡的"排序和筛选"命令组中选择"筛选"命令，此时在标题行或第一行的每个单元格字段名中出现一个下拉箭头 ▼|，可打开相应的选项列表框（图 4-61），在列表框中选择需要的即可。

列表框中有筛选选项，可根据复选框筛选、颜色筛选、数字筛选，还可以使用搜索框筛选数据。

若要恢复所有数据，只需再次单击"筛选"命令或选择"排序和筛选"命令组中的"清除"命令 清除即可。

提示：

有筛选条件的下拉箭头 ▼| 将变为 。

若筛选条件有多个，可执行多次自动筛选的方式完成。

2. 高级筛选

高级筛选功能主要用于筛选条件比较复杂的情况，可以筛选出同时满足两个或两个以上条件的数据记录。高级筛选是根据条件区域中的条件进行筛选的，所以在进行高级筛选前需建立一个条件区域，用来编辑筛选条件。

图 4-61   "自动筛选"列表框

条件区域的第一行是作为筛选条件的字段名，必须与数据区域中的字段名完全一样。其他行输入筛选条件，"与"关系的条件必须出现在同一行内，"或"关系的条件不能出现在同一行内。条件区域与数据区域不能连接，必须用空行隔开。

例如：用高级筛选的方法筛选出"成绩表"中数学大于 60 且小于 80 或英语小于 70 的数据记录。

（1）建立条件区域，如图 4-62。

图 4-62   条件区域

（2）选择数据表的任一单元格或选择需要筛选的数据区域，然后在"数据"选项卡的"排序和筛选"命令组中选择"高级"命令，打开"高级筛选"对话框（图 4-63）。

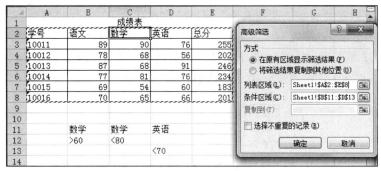

图 4-63　"高级筛选"对话框

（3）在对话框"方式"下设置筛选结果显示的位置，在"列表区域"下设置需要做筛选的数据区域所在的位置，在"条件区域"内设置筛选条件所在的位置，单击"确定"。筛选结果如图 4-64。

	A	B	C	D	E
1			成绩表		
2	学号	语文	数学	英语	总分
4	10012	78	68	56	202
5	10013	87	68	91	246
7	10015	69	54	60	183
8	10016	70	65	66	201
9					
10					
11		数学	数学	英语	
12		>60	<80		
13				<70	

图 4-64　高级筛选结果

4.6.3　数据分类汇总

分类汇总功能不仅能使表格中的数据按某一字段进行排序分类，还可以对同一数据记录进行统计运算。需要注意的是，进行分类汇总前必须对数据清单进行排序。

进行排序后，选择"数据"选项卡中"分级显示"命令组的"分类汇总"按钮即可创建分类汇总。

例如：对工作表"选修课程成绩单"（图 4-65）内数据清单的内容进行分类汇总（提示：分类汇总前先按主要关键字"课程名称"升序排序），分类字段为"课程名称"，汇总方式为"平均值"，汇总项为"成绩"，汇总结果显示在数据下方。

	A	B	C	D	E
1			选修课程成绩单		
2	系别	学号	姓名	课程名称	成绩
3	信息	991021	李新	多媒体技术	74
4	计算机	992032	王文辉	人工智能	87
5	自动控制	993023	张磊	计算机图形学	65
6	经济	995034	郝心怡	多媒体技术	86
7	信息	991076	王力	计算机图形学	91
8	数学	994056	孙英	多媒体技术	77
9	自动控制	993021	张在旭	计算机图形学	60
10	计算机	992089	金翔	多媒体技术	73
11	计算机	992005	扬海东	人工智能	90
12	自动控制	993082	黄立	计算机图形学	85

图 4-65　选修课程成绩单

（1）首先按主要关键字"课程名称"进行升序排序。

（2）单击"分类汇总"命令，在弹出的"分类汇总"对话框内设置分类字段为"课程名称"，汇总方式为"平均值"，汇总项为"成绩"并选中"汇总结果显示在数据下方"复选框，如图4-66。单击"确定"可得到分类汇总结果，如图4-67。

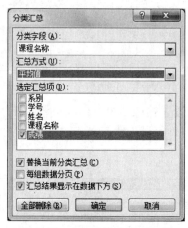

图 4-66　"分类汇总"对话框

1 2 3		A	B	C	D	E
	1			选修课程成绩单		
	2	系别	学号	姓名	课程名称	成绩
	3	信息	991021	李新	多媒体技术	74
	4	经济	995034	郝心怡	多媒体技术	86
	5	数学	994056	孙英	多媒体技术	77
	6	计算机	992089	金翔	多媒体技术	73
	7				多媒体技术 平均值	77.5
	8	自动控制	993023	张磊	计算机图形学	65
	9	信息	991076	王力	计算机图形学	91
	10	自动控制	993021	张在旭	计算机图形学	60
	11	自动控制	993082	黄立	计算机图形学	85
	12				计算机图形学 平均值	75.25
	13	计算机	992032	王文辉	人工智能	87
	14	计算机	992005	扬海东	人工智能	90
	15				人工智能 平均值	88.5
	16				总计平均值	78.8

图 4-67　分类汇总结果

提示：

进行分类汇总后，左上角会出现不同级别分类汇总的按钮 1 2 3，单击按钮 1 将隐藏分类的所有数据，只显示汇总后的总记录；单击按钮 2 将显示分类汇总后各项目的汇总项；单击按钮 3 将隐藏的所有分类级别显示出来。

分类汇总的级别显示可选择"分级显示"命令组中的"创建组"按钮 创建组 ▾ 下的"自动建立分级显示"命令创建，也可选择"分级显示"命令组中的"取消组合"按钮 取消组合 ▾ 下的"清除分级显示"命令取消。

进行分类汇总后，左侧会出现 ─ 按钮可以隐藏相应级别的数据，此时 ─ 按钮将变为 ＋；单击 ＋ 按钮可将相应级别的数据显示出来。

若需要删除分类汇总，只需打开"分类汇总"对话框，单击 全部删除(R) 按钮即可删除工作表中的分类汇总。

4.6.4　数据透视表

数据透视表是一种交互式报表，可以快速合并和比较表格中的大量数据信息，立即计算出结果。利用"插入"选项卡下"表格"命令组中的"数据透视表"命令可建立数据透视表。

例如：对工作表"图书销售情况表"（图 4-68）内数据清单的内容建立数据透视表，按行为"图书类别"，列为"经销部门"，数据为"销售额"求和布局，并置于现工作表的 H2:L7 单元格区域。

	A	B	C	D	E	F
1			某图书销售公司销售情况表			
2	经销部门	图书类别	季度	数量（册）	销售额（元）	销售量排名
3	第3分部	计算机类	3	124	8680	11
4	第3分部	少儿类	2	321	9630	2
5	第1分部	社科类	2	435	21750	1
6	第2分部	计算机类	2	256	17920	3
7	第2分部	社科类	1	167	8350	9
8	第3分部	计算机类	4	157	10990	10
9	第1分部	计算机类	4	187	13090	8
10	第3分部	社科类	4	213	10650	6
11	第2分部	计算机类	4	196	13720	7
12	第2分部	社科类	4	219	10950	5
13	第2分部	计算机类	3	234	16380	4

图 4-68　图书销售情况表

（1）选择"插入"选项卡下"表格"命令组中的"数据透视表"命令，打开"创建数据透视表"对话框，设置分析数据的区域以及放置数据透视表的位置"现工作表的 H2:L7 单元格区域"。如图 4-69。

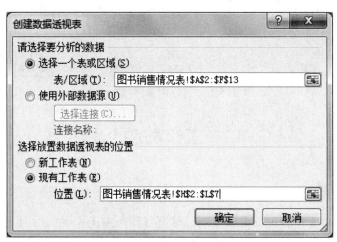

图 4-69　"创建数据透视表"对话框

（2）单击"确定"按钮后出现"数据透视表字段列表"对话框。

（3）在"数据透视表字段列表"对话框中将"图书类别"拖入行标签中，将"经销部门"

拖入列标签中，再将"销售额"拖入数值中并将"值字段设置"设置为求和项。如图 4-70。
完成的数据透视表如图 4-71。

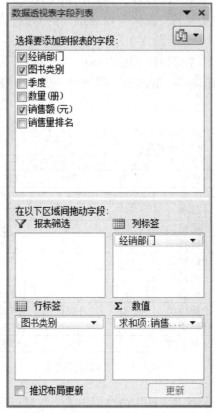

图 4-70　"数据透视表字段列表"对话框

求和项:销售额(元)	列标签 ▼			
行标签　　　　▼	第1分部	第2分部	第3分部	总计
计算机类	13090	48020	19670	80780
少儿类			9630	9630
社科类	21750	19300	10650	51700
总计	34840	67320	39950	142110

图 4-71　完成的数据透视表

4.7　工作表的打印

4.7.1　页面设置

页面设置用来对工作表进行页面布局，控制打印出的工作表的版面。选择"页面布局"
选项卡中"页面设置"命令组的按钮或是点击"页面设置"右下角的按钮■打开"页面设置"
对话框就可以对页面、页边距、页眉/页脚和工作表进行设置。

1. 设置页面

在"页面设置"对话框（图 4-72）的"页面"选项卡上可以对页面的打印方向、缩放比例、纸张大小以及打印质量进行设置。

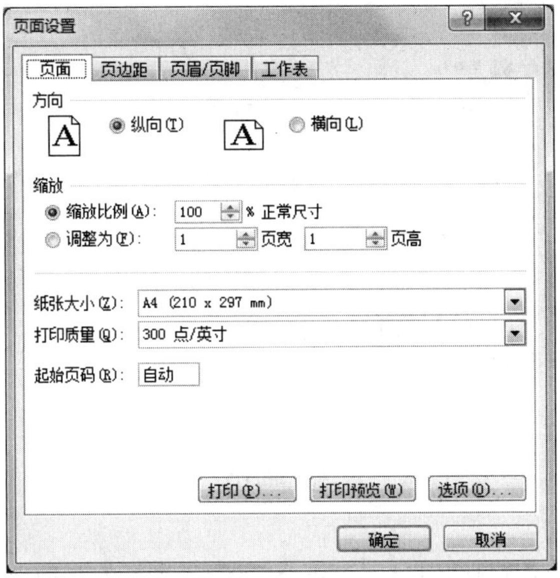

图 4-72　"页面设置"对话框

2. 设置页边距

设置页边距也就是设置页面中正文与页面上、下、左、右边缘的距离，分别在"页边距"选项卡的数值框中输入数值即可。还可以选择正文的居中方式，分别是水平和垂直，选中复选框即可。

3. 设置页眉/页脚

在"页眉/页脚"选项卡内可设置内置的页眉格式和页脚格式。若果需要自定义页眉和页脚，可单击"自定义页眉"和"自定义页脚"按钮，在打开的对话框中进行设置。还可以选择"插入"选项卡中"文本"命令组的"页眉和页脚"按钮，在"页眉和页脚工具"中进行设置，还可以进行删除操作。

4. 设置工作表

在"工作表"选项卡里有打印的区域、顶端标题行、左端标题列等工作表的设置。

4.7.2　打印预览

在"打印预览"功能下可以看到实际打印的效果，避免了预期打印效果与实际打印效果有差别。可以单击快速访问工具栏里的"打印预览和打印"按钮 或"页面设置"对话框里的"打印预览"命令 打印预览(W) 实现。

4.7.3　打印

页面设置和打印预览完成后就可以进行打印工作表了。单击"文件"选项卡下的"打印"命令或"页面设置"对话框里的"打印"命令 打印(P)... ，然后输入打印的份数、选择打印机，单击"打印"按钮（图 4-73）即可完成打印。

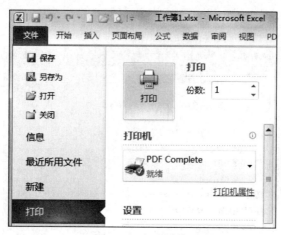

图 4-73　打印功能

习题四

1．（1）将"某大学各专业招生人数情况表"（题 1 图）的 A1:D1 单元格合并为一个单元格，内容水平居中，计算"增长比例"列的内容，增长比例＝（当年人数－去年人数）/去年人数，百分比型，将工作表命名为"招生人数情况表"。

（2）选取"某大学各专业招生人数情况表"的"专业名称"列和"增长比例"列的单元格内容，建立"簇状圆锥图"，X 轴上的项为专业名称，图表标题为"招生人数情况图"，插入到表的 A7:F18 单元格区域内。

	A	B	C	D
1	某大学各专业招生人数情况表			
2	专业名称	去年人数	当年人数	增长比例
3	计算机	289	436	
4	信息工程	240	312	
5	自动控制	150	278	
6				

题 1 图

2．（1）对工作表"选修课程成绩单"内数据清单的内容按主要关键字"系别"的降序次序和次要关键字为"课程名称"的降序次序进行排序，对排序后的数据进行自动筛选（自定义），条件为"成绩大于或等于 60 并且小于或等于 80"，保存为 exc1.xlsx。

（2）对工作表"选修课程成绩单"内数据清单的内容进行分类汇总（分类汇总前先按主要关键字"课程名称"升序排列），分类字段为"课程名称"，汇总方式为"平均值"，汇总项为"成绩"，汇总结果显示在数据下方，保存为 exc2.xlsx。

（3）对工作表"选修课程成绩单"内数据清单的内容进行高级筛选，条件为"系别为计算机并且名称为计算机图形学"（在数据表前插入三行，前两行作为条件区域），筛选后的结果显示在原有区域，筛选后保存为 exc3.xlsx。

（4）对工作表"选修课程成绩单"内数据清单的内容建立数据透视表，按行为"系别"，列为"课程名称"，数据为"成绩"平均值布局，并置于新工作表中。

	A	B	C	D	E
1	系别	学号	姓名	课程名称	成绩
2	信息	'991021	李新	多媒体技术	74
3	计算机	'992032	王文辉	人工智能	87
4	自动控制	'993023	张磊	计算机图形学	65
5	经济	'995034	郝心怡	多媒体技术	86
6	信息	'991076	王力	计算机图形学	91
7	数学	'994056	孙英	多媒体技术	77
8	自动控制	'993021	张在旭	计算机图形学	60
9	计算机	'992089	金翔	多媒体技术	73
10	计算机	'992005	扬海东	人工智能	90
11	自动控制	'993082	黄立	计算机图形学	85
12	信息	'991062	王春晓	多媒体技术	78

选修课程成绩单　Sheet2　Sheet3

题 2 图

第5章　演示文稿软件 PowerPoint 2010

【学习目标】

- 掌握制作幻灯片的基本方法，能在幻灯中熟练插入各种对象。
- 掌握主题、母版、版式、模板、占位符等基本概念，理解它们的用途和使用方法。
- 掌握多媒体对象的插入和设置方法。
- 掌握动画的添加和设置技巧，能熟练控制动画的播放效果。
- 掌握幻灯片的放映方式，了解不同的视图显示方式。

【重点难点】

- 统一演示文稿的外观。
- 利用动画控制演示文稿的播放效果。
- 设置演示文稿的放映时间和放映方式。

5.1　幻灯片基本操作

5.1.1　创建演示文稿的方式

PowerPoint 2010 中文版提供了多种创建演示文稿的方式，提供了大量模板与主题方式，用户可以灵活地制作出完整、漂亮的演示文稿。创建演示文稿的多种方式包括："空白演示文稿""模板""主题""根据现有内容"。

如果要创建演示文稿，单击"文件"选项卡中的"新建"命令，将出现如图 5-1 所示的"新建演示文稿"界面，本书主要介绍"利用模板创建演示文稿"和"利用主题创建演示文稿"两种方式。

1. 利用模板创建演示文稿

PPT 模板提供了许多演示文稿的组织方式（包含、主题颜色、主题字体、主题效果和背景样式）与建议内容，根据创建演示文稿的需要选择相应的模板类型，然后根据给出的指示实施操作，即可轻松快速地生成具有不同专业风格的演示文稿。具体的操作如下：

（1）在"文件"选项卡上单击"新建"。

（2）在"可用的模板和主题"下执行下列操作之一：

1）要重新使用最近使用过的模板，请单击"最近打开的模板"。如图 5-1 所示。

2）若要使用用户先前安装到本地驱动器上的模板，可单击"我的模板"，再单击所需的模板，然后单击"确定"。

3）在"Office.com 模板"下单击模板类别，选择一个模板，然后单击"下载"将该模板从 Office.com 下载到本地驱动器。

4）若要使用内置模板，可单击"样本模板"，如图 5-2 所示。

图 5-1　新建演示文稿

图 5-2　根据模板创建演示文稿

（3）在模板提供的幻灯片中，根据提示重新键入需要的新内容。

2. 利用主题创建演示文稿

PowerPoint 提供了多种设计主题，包含协调配色方案、背景、字体样式和占位符位置。使用预先设计的主题，可以轻松快捷地更改演示文稿的整体外观。

　　默认情况下，PowerPoint 会将普通的"Office 主题"应用于新建的空白演示文稿。用户也可以通过应用不同的主题来轻松地更改演示文稿的外观。

　　（1）在"文件"选项卡上单击"新建"。

　　（2）在"可用的模板和主题"下，单击"主题"，在所列出的内置主题中选择，如图 5-3 所示。

图 5-3　根据主题创建演示文稿

　　（3）若要将不同的主题重新应用于演示文稿，在"设计"选项卡上的"主题"组中，将指针停留在该主题的缩略图上可预览幻灯片的外观，确定后单击要应用的文档主题，会将主题应用于整个演示文稿。

　　（4）若要将多个主题应用于同一个演示文稿，则可以执行以下操作之一：

　　1）在要应用的文档主题上单击鼠标右键，选择"应用于选定幻灯片"，这样就可以将不同的幻灯片应用不同的主题，如图 5-4 所示。

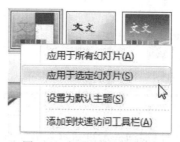

图 5-4　应用文档主题效果

　　2）在演示文稿中插入多个幻灯片母版，这样使每个主题与一组版式相关联，每组版式与一个幻灯片母版相关联。

3）在"幻灯片母版"视图中，选定母版幻灯片并为其应用所需主题。

4）在幻灯片母版和版式缩略图任务窗格中，将光标定位到上一组版式组中的最后一张版式的正下方，在"幻灯片母版"选项卡的"编辑主题"组中，单击"主题"。重复此步骤，可将更多应用了不同主题的幻灯片母版添加到同一个演示文稿中。

5.1.2　选择幻灯片

要对幻灯片进行操作，首先要选取对象。下面介绍幻灯片的选择技巧。

打开一个演示文稿，在左侧的"幻灯片"窗格中单击幻灯片缩略图，即可选择需要的单张幻灯片，如图 5-1 所示。

在"幻灯片"窗格中单击一张幻灯片缩略图，然后按住 Shift 键的同时在另外一张幻灯片上单击，则这两张幻灯片之间的所有幻灯片都被选中。

在"幻灯片"窗格中单击选择一张幻灯片之后，按住 Ctrl 键的同时单击需要的其他幻灯片，则所有被单击的幻灯片都被选中，这样能够实现对演示文稿中多张不连续幻灯片的选择。如图 5-5 所示。

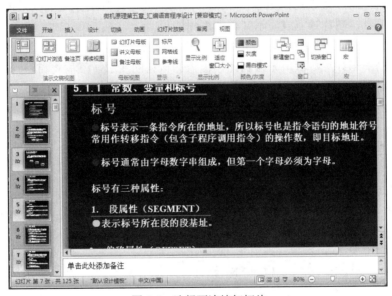

图 5-5　选择不连续幻灯片

5.1.3　插入幻灯片

（1）在幻灯片窗格中右击某张幻灯片，选择快捷键菜单中的"新建幻灯片"命令，此时在该幻灯片的后面添加了一张幻灯片。

（2）在"幻灯片"窗格中选择一张幻灯片，打开"开始"选项卡，在"幻灯片"组中单击"新建幻灯片"按钮下方的三角按钮，然后在下拉列表中选择需要使用的幻灯片版式选项，此时在演示文稿中将插入选择版式的幻灯片。

5.1.4　复制和移动幻灯片

在演示文稿中，幻灯片的排列顺序决定了幻灯片的播放顺序，如果顺序不符合要求，用户可以根据需要来改变幻灯片的位置，对于内容相同的幻灯片，复制后再修改是一个好的方法。

（1）在幻灯片窗格中选择需要移动的幻灯片，按住鼠标左键拖动，此时将会出现一条虚横线，表示幻灯片移动位置。

（2）在"幻灯片"窗格中选择需要复制的幻灯片，然后在"开始"选项卡的"剪贴板"中单击"复制"按钮。

（3）在"幻灯片"窗格中选择一张幻灯片定位为目标位置，然后单击"剪贴板"组中的"粘贴"按钮，即可将复制的幻灯片粘贴到该幻灯片后。

提示：在 PowerPoint 2010 中还有一种快捷复制幻灯片的方法，那就是在"幻灯片"窗格中选择需要复制的幻灯片，然后在"开始"选项卡的"幻灯片"组中单击"新建幻灯片"按钮下方的三角按钮，再在下拉列表中选择"复制幻灯片"命令，即可在选择的幻灯片后粘贴幻灯片。

案例 1　制作个人述职总结演示文稿

【情境】大学毕业后，刘文进入畅捷通软件有限公司从事市场部工作。年底公司进行年终总结大会，市场部经理决定用 PPT 演示文稿进行部门总结，但将制作演示文稿的任务交由刘文完成，同时要求刘文制作个人的工作报告演示文稿，做好在总结会上的发言准备。

刘文决定首先制作个人述职报告演示文稿，因为此幻灯片制作简单，只需要用文字、段落、项目符号编号、图片等完成演示文稿的编辑即可。

步骤 1　规划演示文稿的草图，确定所需要幻灯片的数量。

要计算所需的幻灯片数量，先绘制计划覆盖的材料的轮廓，然后将材料分成各个幻灯片。用户可能至少需要：

- 一个主标题幻灯片；
- 一个介绍性幻灯片，列出演示文稿中主要的点或面；
- 一个适用于在介绍性幻灯片上列出的每个点或面的幻灯片；
- 一个总结幻灯片，重复演示文稿中主要的点或面的列表。

通过使用此基本结构，如果有三个要显示的主要的点或面，则可以计划最少有六个幻灯片：一个标题幻灯片、一个介绍性幻灯片、三个分别适用于三个主要的点或面的幻灯片和一个总结幻灯片。绘制的结构如图 5-6 所示。

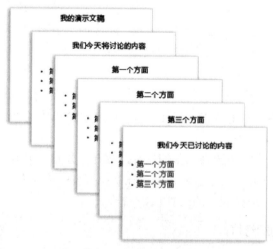

图 5-6　演示文稿结构

　　如果在任何一个主要的点或面中有大量要显示的材料，则需要通过使用相同的基本轮廓结构为该材料创建一组幻灯片。

　　步骤 2　启动 PowerPoint 2010，创建演示文稿。

　　（1）启动 PowerPoint 2010

　　1）利用"开始"菜单。选择"开始"菜单中的"程序"，打开其下级菜单中的 Microsoft Office 2010，启动 PowerPoint 2010。

　　2）利用快捷图标。双击桌面上的 PowerPoint 快捷图标，即可启动 PowerPoint 2010。

　　3）利用现有的演示文稿文档。双击任何演示文稿文档或演示文稿文档的快捷方式，即可启动 PowerPoint 2010。

　　（2）创建演示文稿

　　创建空文稿有多种方式，常用的有以下几种：

　　1）启动 PowerPoint 2010 时将自动建立一个空白文稿"演示文稿 1"，PowerPoint 2010 文档的扩展名为.pptx。

　　2）单击"文件"选项卡，然后单击"新建"，执行下列操作之一：

● 　单击"空白演示文稿"，然后单击"创建"。

● 　应用 PowerPoint 2010 中的内置模板或主题，或者应用从 Office.com 下载的模板或主题。选中相应的类别，然后单击"创建"。如图 5-7 所示。

图 5-7　新建演示文稿

　　步骤 3　添加新幻灯片，刘文添加了版式为"标题和内容"的若干幻灯片。

　　向演示文稿中添加幻灯片时，可同时选择新幻灯片的布局：

　　（1）在普通视图中包含"大纲"和"幻灯片"选项卡的窗格上，单击"幻灯片"选项卡，然后在打开 PowerPoint 时自动出现的单个幻灯片下单击。

　　（2）在"开始"选项卡上的"幻灯片"组中，单击"新建幻灯片"旁边的箭头，选择所需的布局。如图 5-8 所示。

　　新幻灯片现同时显示在"幻灯片"选项卡的左侧（新幻灯片突出显示为当前幻灯片）和"幻灯片"窗格的右侧（突出显示为大幻灯片）。

　　步骤 4　在幻灯片中添加文本。

　　在幻灯片中输入文字时，可以向文本占位符、文本框和形状中添加文本。

　　所谓"占位符"，就是先占住一个固定位置的一种带有虚线边缘的框，在这些框内可以放置标题及正文，或者是图表、表格和图片等对象，它能起到规划幻灯片结构的作用。

在普通视图下，插入文本框的方法与 Word 或 Excel 中类似，使用文本框，可以在一页上放置数个文字块，或使文字按与文档中其他文字不同的方向排列。

步骤 5　格式排版。

（1）设置幻灯片文本格式

PowerPoint 幻灯片中的文字要求美观、醒目并且具有吸引力。因此，制作幻灯片的一项重要任务就是对文本格式的设置。①选择观众可从一段距离以外看清的字形，避免使用窄字体（如 Arial Narrow）和包含花式边缘的字体（如 Times）。②选择观众可从一段距离以外看清的字号，通常文本的字号不能小于 30。③使用项目符号、编号或短句使文本简洁。

图 5-8　新建幻灯片

设置字体字号可使用"开始"选项卡→"字体"组，或如图 5-9 所示的"字体"对话框。

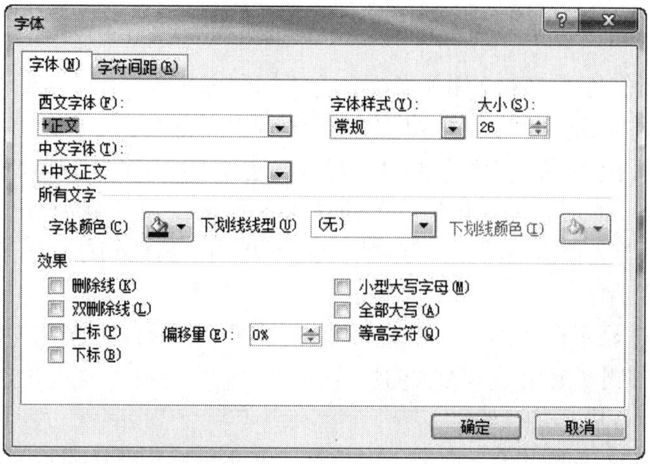

图 5-9　"字体"对话框

（2）设置项目符号

其设置方法与 Word 中一致，使用"开始"选项卡→"段落"组中（如图 5-10 所示）的按钮即可设置项目符号和编号。

图 5-10　"段落"选项组

（3）更改文字颜色

在 PowerPoint 2010 中，可以更改演示文稿中一张或所有幻灯片上的文本颜色，也可以通过应用文档主题来快速轻松地设置整个文档的格式。

1）更改幻灯片上的文本颜色，在"开始"选项卡上的"字体"组中，单击"字体颜色"按钮 **A** ▾ 旁边的箭头，然后选择所需的颜色。

2）更改主题颜色，在"设计"选项卡上的"主题"组中，单击"颜色"，选择新的主题颜色时，PowerPoint 2010 将自动使用颜色来设置演示文稿中各部分的格式。

（4）设置段落格式

幻灯片段落格式就是成段文字的格式，包括段落的对齐方式、段落行距和段落间距等。PowerPoint 中段落格式设置的操作方法有：利用"开始"选项卡→"段落"组中的按钮（ ▤ ▤ ▤ ▤ ）进行设置，或利用如图 5-11 所示段落对话框。

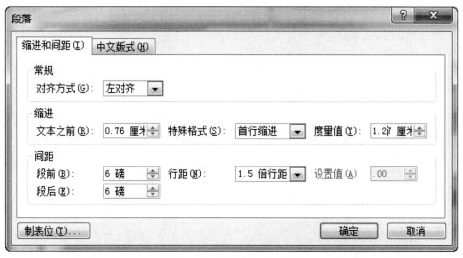

图 5-11　"段落"对话框

（5）设置文本框的格式

PowerPoint 中除了对文字和段落进行格式化外，还可以对插入的文本框进行格式化操作，包括填充颜色、边框、阴影等。

操作方法是利用"绘图工具"选项卡→"形状样式"组中的对应按钮，如图 5-12 所示，这与在 Word 文档中的设置基本一致。

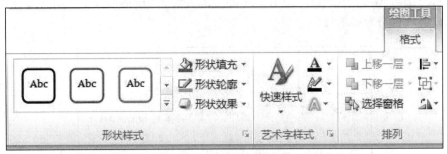

图 5-12　设置文本框格式

步骤 6　保存演示文稿。

（1）单击"文件"选项卡，然后单击"保存"，弹出"另存为"对话框。

（2）在"文件名"框中，键入 PowerPoint 演示文稿的名称，然后单击"保存"。

默认情况下，PowerPoint 2010 将文件保存为 PowerPoint 演示文稿（.pptx）文件格式。若要以非.pptx 格式保存演示文稿，请单击"保存类型"列表，然后选择所需的文件格式。

完成后的演示文稿的参考效果如图 5-13 所示。

图 5-13　演示文稿效果参考图

步骤 7 打印演示文稿。

（1）单击"文件"选项卡，然后单击"打印"（如图 5-14 所示）。

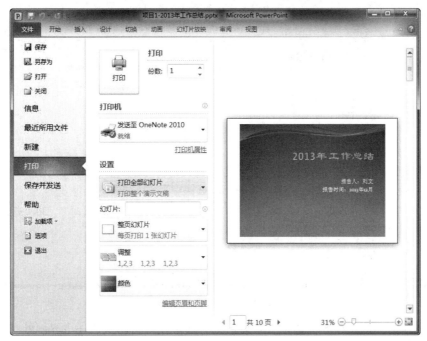

图 5-14 打印设置

（2）在"设置"选项组中，单击"打印全部幻灯片"，弹出下拉列表：

若要打印所有幻灯片，单击"打印全部幻灯片"。

若要仅打印当前显示的幻灯片，单击"打印当前幻灯片"。

若要按编号打印特定幻灯片，单击"自定义范围"，然后输入各幻灯片的列表或范围。

（3）在"其他设置"下，单击"颜色"列表，然后选择所需设置。

（4）选择完成后，单击"打印"。

5.2 演示文稿的视图模式

5.2.1 普通视图

普通视图是 PowerPoint 2010 的默认视图模式，在视图模式下可以方便的编辑和查看幻灯片的内容、调整幻灯片的结构以及添加备注内容。普通视图分为两种显示模式，即幻灯片模式和大纲视图模式。如图 5-15 所示。

5.2.2 幻灯片浏览视图

利用幻灯片浏览视图可以浏览演示文稿中的幻灯片，在这种模式下能够方便地对演示文稿的整体结构进行编辑，但在这种模式下不能对幻灯片的内容进行修改。

（1）打开功能区的"视图"选项卡，在该选项卡下的"演示文稿视图"组中单击"幻灯片浏览"按钮，即可切换到幻灯片浏览视图。如图 5-16 所示。

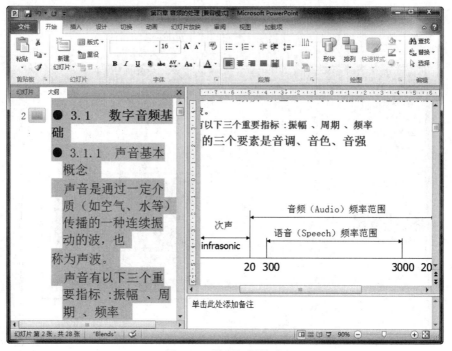

图 5-15　普通视图模式

　　（2）在功能区的"视图"选项卡下单击"普通视图"按钮，或在主界面的状态栏中单击"普通视图"按钮，即可从幻灯片浏览视图切换到普通视图模式。

　　提示：在起幻灯片浏览视图模式下，双击一张幻灯片能够切换回普通视图模式。

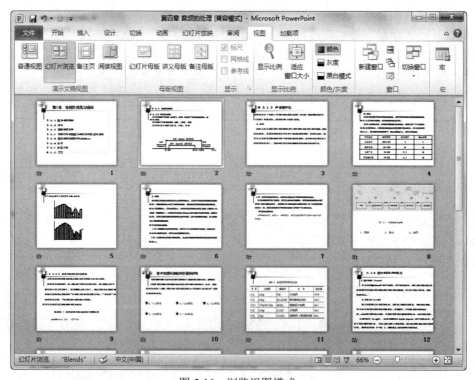

图 5-16　浏览视图模式

5.2.3　备注页视图

备注页视图主要用于为演示文稿中的幻灯片添加备注页内容或对备注内容进行编辑修改，在该视图模式下，无法对幻灯片内容进行编辑。

（1）打开功能区的"视图"选项卡，在该选项卡下的"演示文稿视图"组中单击"备注页"按钮，即可切换到幻灯片备注页视图。如图 5-17 所示。

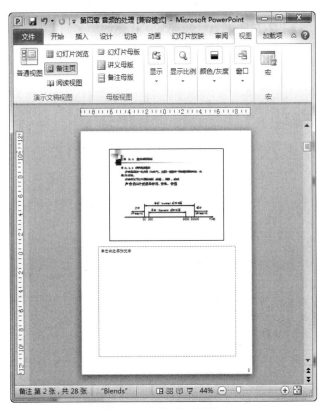

图 5-17　备注页视图模式

（2）在备注页视图中，页面上方显示当前幻灯片内容缩略图，下方显示备注页内容占位符，单击该占位符，即可向幻灯片中添加备注内容。

提示：在备注页视图模式下，按住 PageUp 键可以切换到上一张幻灯片，按 PageDown 键可以切换到下一张幻灯片。拖动右侧滚动条可以快速定位。

5.2.4　幻灯片阅读视图模式

在此模式下，将演示文稿作为适应窗口大小的幻灯片放映。此模式与幻灯片放映视图相似，但窗口尺寸与现在窗口尺寸一致。

5.2.5　幻灯片放映视图

幻灯片放映视图就是用于对演示文稿进行放映的视图模式。在该视图下，可以查看演示文稿中的动画、声音以及切换效果等内容的放映效果，但无法对幻灯片进行编辑。

5.3 在幻灯片中编辑文字格式

5.3.1 使用占位符

在普通视图模式下，占位符是幻灯片中被虚线框或斜线框环绕的部分。当使用了设计视图时，一般在每张幻灯片中均提供占位符，这些占位符起到建立主体的作用，也可用于插入图片、多媒体对象。占位符中的文字事先已经被格式化了，具有一定的字体和字号，在占位符中可以直接输入文字。

提示：在输入文本时，如果占位符无法容纳所有的文本，用户可以通过调整字体大小来增加输入文本的量。

5.3.2 使用大纲视图

有些演示文稿文字量较大，具有不同的层次，有时候还带有项目符号，使用大纲视图能够很方便地创建这种文字结构的幻灯片。如图 5-18 所示。

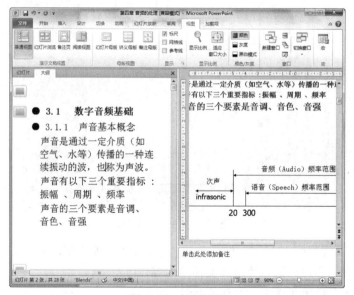

图 5-18 大纲视图

提示：在大纲视图中输入文字后，按 Ctrl+Enter 快捷键可以插入一张新的幻灯片，按 Shift+Enter 快捷键能够实现换行输入。

5.3.3 使用文本框

幻灯片中的占位符是一种特殊的文本框，其出现在幻灯片的特殊位置，包含预设文本格式。用户可以根据需要在幻灯片的任何位置绘制文本框，并能设置文本框的格式。

（1）在演示文稿中选择需要插入文本框的幻灯片，单击"文本"组中"文本框"按钮下方的三角按钮，选择下拉列表中的"横排文本框"命令，拖动鼠标在幻灯片中绘制文本框，然后输入文字。

（2）在"插入"选项卡下单击"文本"组中"文本框"按钮，可在幻灯片中单击插入一个文本框，然后在文本框中输入文字。

提示：文本框的两种创建方法，采用步骤 1 的方法绘制文本框时，输入文字时可自动换行。采用步骤 2 的方法，文本框随着文字的输入而自动改变，但不自动换行。

5.3.4　设置文本框的格式

（1）选择需要设置格式的文本框，在"开始"选项卡下的"字体"组中设置文本框中文字的样式，如字体、字号和文字颜色。

（2）在文字前放置插入点光标，在"段落"组中单击"项目符号"按钮右侧的下三角按钮，然后在下拉列表中选择需要使用的项目编号样式。将插入点光标放置到下一行文字前，为该行添加项目符号。如图 5-19 所示。

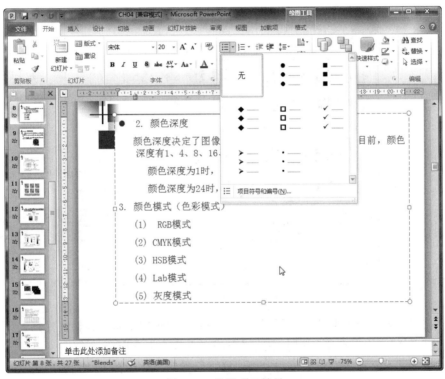

图 5-19　设置项目符号

（3）在"段落"组中单击"提高列表级别"按钮，提高文字的级别，按 End 键将插入点光标移至本行的末尾，按 Delete 键后按 Enter 键重新换行，此时下一行文字自动添加项目编号。

（4）选择整个文本框，单击"行距"按钮，在下拉列表中选择"行距选项"命令。打开"段落"对话框，将"行距"设置为"固定值"，在其后的"设置值"增量框中输入行距值。如图 5-20 所示。

5.3.5　设置文本框样式

在 PowerPoint 2010 中增加了文本框的样式类型，特别是使用带有立体效果的样式。

（1）在幻灯片中选择文本框，在功能区"格式"选项卡的"形状样式"组中单击"其他"

按钮，然后在下拉列表中选择样式，应用到文本框，如图 5-21 所示。

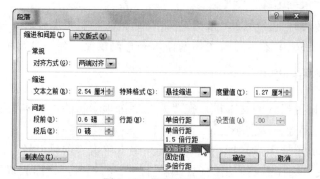

图 5-20　设置行距选项

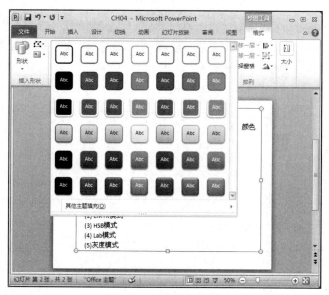

图 5-21　选择形状样式

（2）在"格式"选项卡的"插入形状"组中单击"编辑形状"按钮，然后在下拉列表中选择"更改"形状命令，在下级列表中选择形状，更改文本框形状。

（3）在"艺术字样式"组中单击"快速样式"按钮，然后在下拉列表中选择一款艺术字样式，将其应用到文本框的文字，使用相同的方法对幻灯片中的其他文本对象应用艺术字效果，设置效果如图 5-22 所示。

5.3.6　快速创建艺术字

艺术字是一种特殊的图形文字，常用来表现幻灯片的标题，也常用于突出显示文字。在 PowerPoint 2010 中，用户可以直接使用内置的艺术字样式库中的样式快速创建文字特效。

1. 设置艺术字的三维效果

立体字是一种常见的文字特效，在幻灯片中为文字创建立体效果能够获得很好的视觉效果。

（1）在幻灯片中插入艺术字，选中艺术字后打开"格式"选项卡的"艺术字样式"选项组，单击"设置文本效果格式：文本框"按钮。

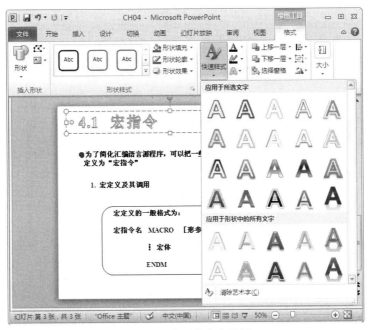

图 5-22　应用艺术字效果

（2）此时打开"设置文本效果格式"对话框。在左侧列表中选择"文本填充"选项，单击选中"渐变填充"单选按钮，设置以渐变填充文本。在"预设颜色"列表中选择"雨后初晴"样式。如图 5-23 所示。

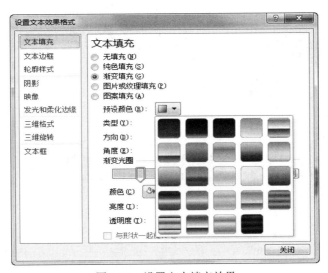

图 5-23　设置文本填充效果

2. 使用纹理效果

（1）在幻灯片中插入艺术字，选中艺术字后打开"格式"选项卡中的"艺术字样式"选项组，单击"设置文本效果格式：文本框"按钮。

（2）此时打开"设置文本效果格式"对话框。在左侧列表中选择"文本填充"选项，单击选中"图片或纹理填充"单选按钮，在"纹理"下拉列表中选择"栎木"纹理。

（3）在对话框左侧选择"三维格式"选项，对"顶端"样式进行设置，如图 5-24 所示。

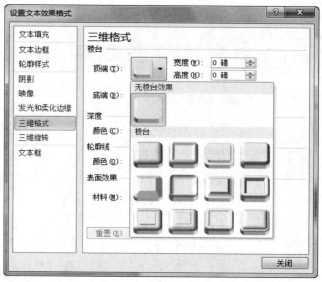

图 5-24　设置顶端样式

（4）在"格式"选项卡下单击"形状样式"组中的"设置形状样式"按钮。

（5）在对话框左侧选择"三维格式"选项，效果如图 5-25 所示。

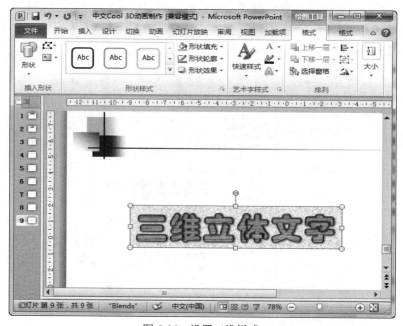

图 5-25　设置三维样式

设置文本框的三维顶端效果，在"材料"下拉列表中选择文本框的表面材质效果，在"照明"下拉列表中选择文本框的照明效果。

案例 2　制作部门总结报告

【情景】刘文收集完毕部门相关的业绩资料，开始用 PowerPoint 制作一个图文并茂、内容丰富的演示文稿。

刘文为提高工作效率，决定用公司统一的现有演示文稿来创建新演示文稿。

步骤 1　利用公司模板创建演示文稿。

（1）在"文件"选项卡上，单击"新建"。

（2）在"可用的模板和主题"下，单击"根据现有内容新建"，如图 5-26 所示。

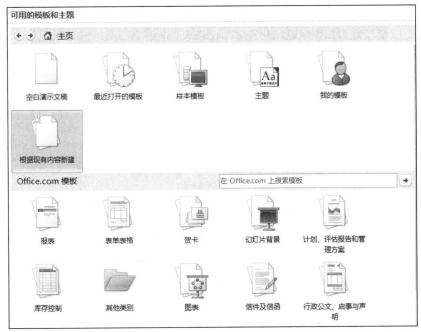

图 5-26　利用模板建立演示文稿

步骤 2　添加新幻灯片。

步骤 3　在幻灯片中添加文本。

步骤 4　在幻灯片中插入图片和剪贴画。

在制作幻灯片的过程中，刘文需要使用一些图形、图片来直观展示总结资料，以达到图文并茂的良好效果。

为增强效果，可利用"插入"选项卡中的"图像"组（如图 5-27 所示），在演示文稿中插入图片和剪贴画。插入图片和剪贴画的方法和 Word 或 Excel 中的方法基本一致。普通视图方式下，在幻灯片窗格中单击要插入图片的位置，在"插入"选项卡上的"图像"组中，单击"图片"按钮。找到要插入的图片，然后双击该图片。若要添加多张图片，可在按住 Ctrl 键的同时单击要插入的图片，然后单击"插入"。

图 5-27　"图像"组命令

步骤 5　利用图形制作按钮修改图片。

（1）添加"组合形状"命令。

单击"文件"选项卡中的"选项"命令，打开"PowerPoint 选项"对话框，点击"自定义功能区"按钮，在"从下列位置选择命令"的下拉列表里选择"不在功能区中的命令"，在左侧列表框中找到"形状联合、形状组合、形状交点、形状剪除"这四个功能命令，然后在右侧列表中创建新的选项卡，如图 5-28 所示，单击"添加"按钮，将命令添加到指定的选项卡中。

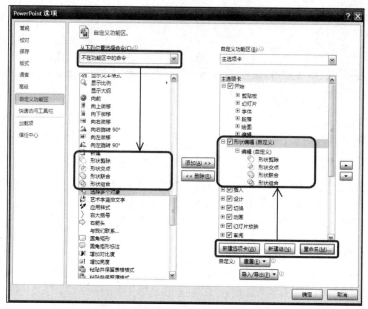

图 5-28　添加命令

（2）使用形状组合命令。当选中两个以上的图形时，这几个命令就可以被激活了，如图 5-29 所示。

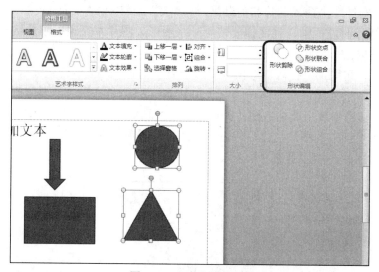

图 5-29　添加好的命令

形状组合：把两个以上的图形组合成一个图形，如果图形间有相交部分，则会减去相交部分（见图 5-30）。

形状联合：不减去相交部分（见图 5-31）。

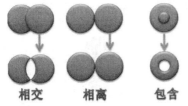

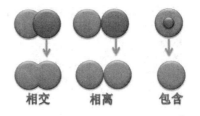

图 5-30　形状组合　　　　　　　　　　　　图 5-31　形状联合

形状交点：保留形状相交部分，其他部分一律删除（见图 5-32）。

形状剪除：把所有叠放于第一个形状上的其他形状删除，保留第一个形状上的未相交部分（见图 5-33）。

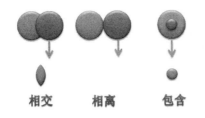

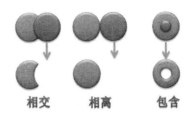

图 5-32　形状交点　　　　　　　　　　　　图 5-33　形状剪除

步骤 6　图形化显示支撑材料。

刘文一直在思考如何将文字介绍和图片资料完美地结合在一起，以更佳的视觉效果进行展示。PowerPoint 2010 中提供的 SmartArt 图形，成为了刘文的首选，它既专业，又精美，操作起来也很简单。

（1）在演示文稿中，定位到需要展示图形化的幻灯片，然后切换到"插入"选项卡，在"插图"选项组中单击"SmartArt"按钮。如图 5-34 所示。

图 5-34　插入 "SmartArt 图形" 命令

（2）在打开的"选择 SmartArt 图形"对话框中，单击左侧导航窗格中的"循环"选项。在"循环"布局中，浏览并选择一种合适的布局（可在右侧的预览窗格中预览图形效果及应用说明），如图 5-35 选择"分离射线"。

（3）单击"确定"按钮关闭"选择 SmartArt 图形"对话框后，在当前幻灯片中即可看到已插入的预置 SmartArt 图形。如图 5-36 所示。

（4）添加了一个预置的 SmartArt 图形后，需要将自己的资料填充到其中，如果默认的图形布局中预置的形状位置不够，可以切换到"SmartArt 工具"的"设计"选项卡中（确保 SmartArt 图形为选中状态），并在"创建图形"选项组中单击"添加形状"按钮，即可添加新形状，如图 5-37 所示。

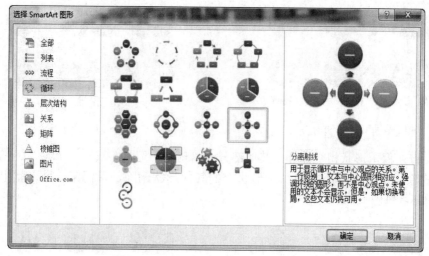

图 5-35   "选择 SmartArt 图形"对话框

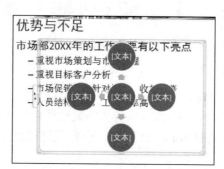

图 5-36   插入 SmartArt 图形

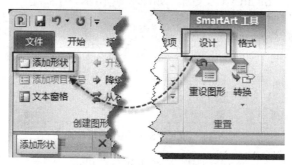

图 5-37   "添加形状"命令

（5）为了使幻灯片中的 SmartArt 图形具有更好的视觉效果，可以通过"SmartArt 工具"对其外观进行快速美化。

1）更改颜色。在"SmartArt 工具"的"设计"选项卡中，单击"SmartArt 样式"选项组中的"更改颜色"按钮，在随即打开的颜色库中，可以为其选择一种更漂亮的颜色，如图 5-38 所示选择"彩色范围-强调文字颜色 6"。

2）使用艺术字。选中形状中某些需要突出显示的文字，然后切换到"格式"选项卡，在"艺术字样式"选项组中，单击"其他"按钮，在随即打开的"艺术字样式库"中，选择一种合适的样式。

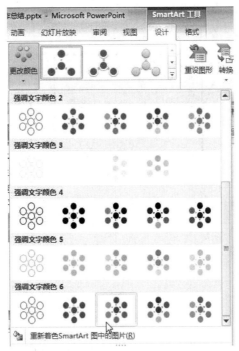

图 5-38　SmartArt 图形颜色库

至此，一个精美的 SmartArt 图形制作完毕，与普通的文字相比较而言，其更简洁、更整齐、更具视觉穿透力。如图 5-39 所示。

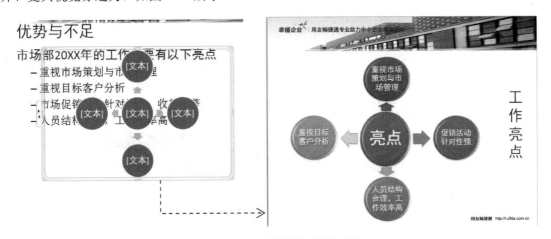

图 5-39　将文本图形化的效果对比

步骤 7　在幻灯片中添加图表。

在 PowerPoint 2010 中，添加图表的方法和 Word 或 Excel 中的方法一致，用户可以插入多种数据图表和图形，如柱形图、折线图、饼图、条形图、面积图、散点图、股价图、曲面图、圆环图、气泡图和雷达图。

（1）在"插入"选项卡上的"插图"组中，单击"图表"按钮。如图 5-40 所示。

（2）在弹出的"插入图表"对话框中，单击箭头滚动图表类型，选择所需图表的类型，然后单击"确定"。将鼠标指针停留在任何图表类型上时，屏幕提示将会显示其名称，如图 5-41 所示。

图 5-40 "插图"功能组

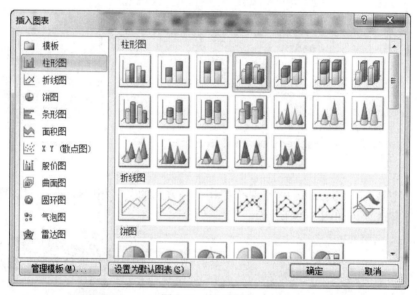

图 5-41 插入图表

（3）图表制作完毕，与普通的文字相比较而言，其更直观、更具说服力。如图 5-42 所示。

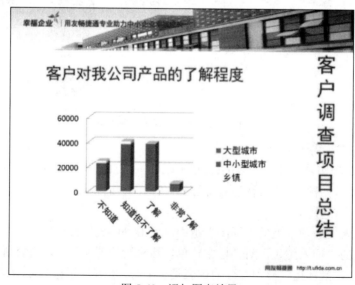

图 5-42 添加图表效果

步骤 8　将该演示文稿保存为"20XX 年部门工作总结.pptx"。

5.4　幻灯片的设置

5.4.1　幻灯片版式

幻灯片版式包含要在幻灯片上显示的全部内容的格式设置、位置和占位符。占位符是版式中的容器，可容纳如文本、表格、图表、SmartArt 图形、影片、声音、图片及剪贴画等内容。而版式也包含幻灯片的主题、字体、效果和背景。如图 5-43 所示显示了 PowerPoint 幻灯片中可以包含的所有版式元素。

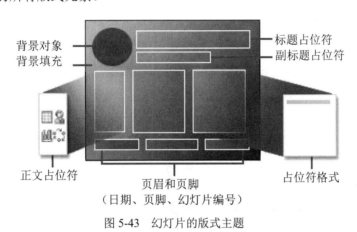

图 5-43　幻灯片的版式主题

1．在演示文稿中设置内置版式

在"开始"选项卡的"幻灯片"功能区中，可以根据需要创建幻灯片的版式，如图 5-44 所示。PowerPoint 中包含 11 种内置幻灯片版式，用户也可以创建满足特定需求的自定义版式，并与使用 PowerPoint 创建演示文稿的其他人共享。下图显示了 PowerPoint 中内置的幻灯片版式。

2．在演示文稿中创建自定义版式

（1）在"视图"选项卡上的"母版视图"组中，单击"幻灯片母版"。

（2）在包含幻灯片母版和版式的窗格中，找到并单击与用户需要的自定义版式最接近的版式。

（3）删除不需要的默认占位符（如页眉、页脚或日期和时间），可单击占位符的边框，然后按 Delete 键。

（4）要添加占位符，可执行以下操作：

在"幻灯片母版"选项卡上的"母版版式"组中，单击"插入占位符"按钮，然后从列表中选择一种占位符类型。

单击版式上的某个位置，然后拖动鼠标绘制占位符。选择尺寸控点或角边框，并将角向内或向外拖动，可调整占位符的大小。

（5）重命名版式：在版式缩略图列表中，右键单击要自定义的版式，然后单击"重命名版式"，在"重命名版式"对话框中，键入新名称。

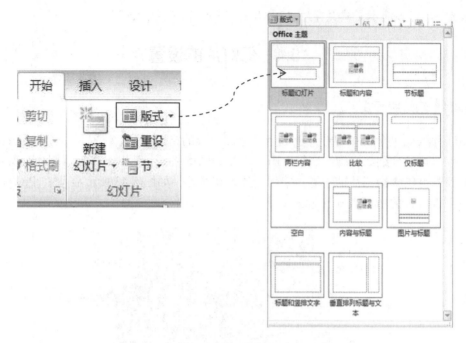

图 5-44　版式类型

5.4.2　幻灯片主题

主题是一组统一的设计元素，主要使用颜色、字体和图形设置文档的外观，以及幻灯片使用的背景。

1．设置主题颜色

主题颜色可以很得当地处理浅色背景和深色背景。主题颜色包含 12 种颜色槽。4 种水平颜色用于"文字和背景"，用浅色创建的文本总是在深色中清晰可见，而用深色创建的文本总是在浅色中清晰可见。6 种垂直颜色用于"强调文字"，它们总是在四种潜在背景色中可见。最后两种颜色为"超链接（带有颜色和下划线的文字或图形，单击后可以转向万维网中的文件、文件的位置或网页，或是 Intranet 上的网页，还可以转到新闻组或 Gopher、Telnet 和 FTP 站点。）"和"已访问的超链接（一种指向已访问的目标的超链接。一旦通过超链接访问它指向的目标，该超链接就会改变颜色。）"。如图 5-45 所示。

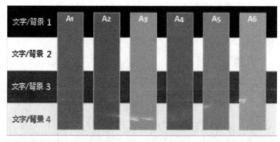

图 5-45　主题颜色槽

当单击"主题"组中的"颜色"时，主题名称旁边显示的颜色代表该主题的强调文字颜色和超链接颜色。主题颜色库显示内置主题中的所有颜色组，要创建自己的自定义主题颜色，可在"主题"组中单击"颜色"，然后单击"新建主题颜色"，如图 5-46 所示。

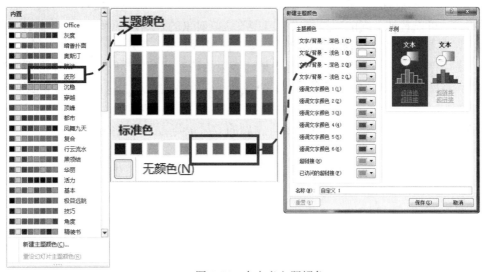

图 5-46　自定义主题颜色

当主题颜色发生更改时，颜色库将发生更改，使用该主题颜色的所有文档内容也将发生更改。

2. 设置主题字体

主题字体可以统一整个文档的所有文字字体。专业的文档设计应对整个文档只使用一种字体，这始终是一种美观且安全的设计选择。当需要营造对比效果时，使用两种字体将是更好的选择。每个 Office 主题均定义了两种字体：一种用于标题；另一种用于正文文本。二者可以是相同的字体，也可以是不同的字体。PowerPoint 使用这些字体构造自动文本样式。此外，用于文本和艺术字快速样式库也会使用这些相同的主题字体。

更改主题字体可将演示文稿中的所有标题和项目符号文本进行更新，而在以前的 PowerPoint 发行版中，只能在幻灯片母版上进行此类全局更改。

单击"主题"组中的"字体"时，用于每种主题字体的标题字体和正文文本字体的名称将显示在相应的主题名称下。要创建自己的自定义主题字体，可在"主题"组中单击"字体"，然后单击"新建主题字体"，如图 5-47 所示。

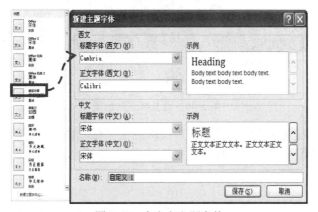

图 5-47　自定义主题字体

3. 设置主题效果

主题效果指定如何将"轮廓效果""填充效果""特殊效果"应用于幻灯片对象。通过使用主题效果库，可以替换不同的效果集以快速更改这些对象的外观。PowerPoint 不能创建自定义主题效果，但是可以任意选择要在自己的主题中使用的效果。

每个主题中都包含一个用于生成主题效果的效果矩阵，此效果矩阵包含三种格式度量的线条、填充和特殊效果。通过组合三种格式设置度量可以生成与同一主题效果完全匹配的视觉效果。

以下为演示文稿默认主题——"Office"主题的效果矩阵。如图 5-48 所示。

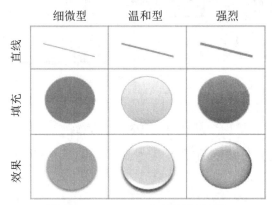

图 5-48　"Office"主题的效果矩阵

4. PowerPoint 的背景样式

背景样式是 PowerPoint 独有的样式，它们使用新的主题颜色模式，新的模型定义了将用于文本和背景的两种深色和两种浅色，浅色总是在深色上清晰可见，而深色也总是在浅色上清晰可见。并且提供了 6 种强调文字颜色，它们在 4 种可能出现的背景色中的任意一种背景色上均可以清晰可见。如图 5-49 所示。

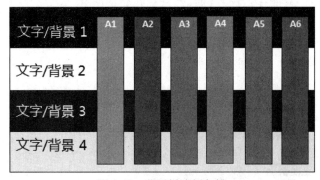

图 5-49　背景样式颜色槽

在内置主题中，背景样式库的首行总是使用纯色填充。要访问背景样式库，可在"设计"选项卡上的"背景"组中，单击"背景样式"，如图 5-50 所示。

5.4.3　母版概述

所谓"母版"，是 PowerPoint 中一类特殊的幻灯片，母版中包含可出现在每一张幻灯片上的显示元素，如文本占位符的大小和位置、图片、背景设计和配色方案等。幻灯片母版上的对象将出现在每张幻灯片的相同位置上，只需更改一项内容就可更改所有幻灯片的设计，使用母版可以方便的统一幻灯片的风格。

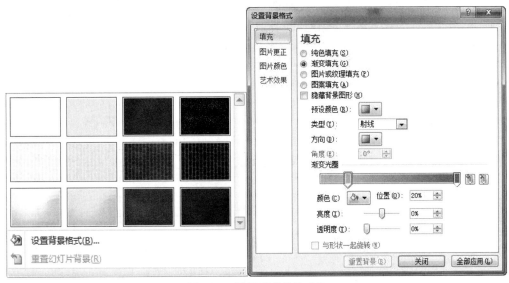

图 5-50　设置"背景格式"

PowerPoint 母版可以分成三类：幻灯片母版、讲义母版和备注母版。通过"视图"选项卡中的"母版视图"组可进入到需要的母版视图中。如图 5-51 所示。

图 5-51　"母版视图"组

1. 幻灯片母版

幻灯片母版是模板的一部分，它存储的信息包括：幻灯片版式、文本样式、背景、主题颜色、效果和动画。

每个演示文稿至少包含一个幻灯片母版，修改和使用幻灯片母版可以对演示文稿中的每张幻灯片（包括以后添加到演示文稿中的幻灯片）进行统一的样式更改。使用幻灯片母版时，无需在多张幻灯片上键入相同的信息，因此节省了时间。如图 5-52 所示。

在"幻灯片母版"视图下，左侧的幻灯片缩略图中①是幻灯片母版，②是与它上面的幻灯片母版相关联的幻灯片版式。在修改幻灯片母版下的一个或多个版式时，实质上是在修改该幻灯片母版。每个幻灯片版式的设置方式都不同，然而，与给定幻灯片母版相关联的所有版式均包含相同主题（配色方案、字体和效果）。

注意：幻灯片母版修改完成后，可将当前演示文稿另存为模板类型的文件（例如：文件名可存为"自定义模板.pptx"），供以后创建演示文稿时调用。

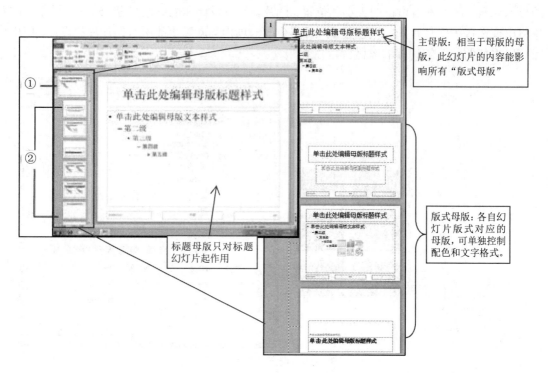

图 5-52　幻灯片母版视图详解

2. 讲义母版

讲义母版用于用户控制幻灯片以讲义的形式打印演示文稿。在"讲义母版"选项卡中，用户可以控制一页纸中要打印的幻灯片数量，是否在幻灯片中打印"页码、页眉和页脚"等，该讲义主要用于在以后的会议中使用。

讲义母版的设计主要是控制打印出来的页面所包含的内容，主要有：

页眉、页脚、日期、页码可以设置成有或者无，或者在页眉页脚（如图 5-53 所示的"页眉"占位符）中输入相应内容。讲义母版里页码占位符中的数字区页码是自动生成的，不需用户手动输入，自动编码才能变化页码。

讲义和幻灯片的版式类型，即打印方向是横向还是纵向。

设置讲义打印出来的背景效果，其设置方法与 PowerPoint 的基本背景设置相同。

设置效果在"文件"选项卡"打印"中可以看到，打印预览允许选择讲义的版式类型和查看打印版本的实际外观。如图 5-54 所示。

3. 备注母版

备注母版主要用于供演讲者备注使用的空间以及设置备注幻灯片的格式。备注母版只对幻灯片备注窗格中的内容起作用。

制作演示文稿时，把需要展示给观众的内容添加在幻灯片里，不需要展示给观众的内容（如话外音，专家与领导指示，与同事同行的交流启发）写在备注里。如果需要把备注打印出来，在"打印内容"的下拉菜单里选择"备注页"，如图 5-55 所示。

注意：幻灯片母版用于同一所有幻灯片的外观风格；讲义母版只在将幻灯片内容按讲义形式打印时才起作用；备注母版通常也在打印时才起作用，但它所设置的打印内容为备注窗格里的内容而非幻灯片里的内容。

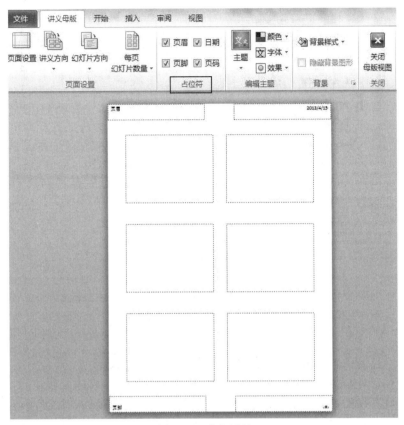

图 5-53 讲义母版

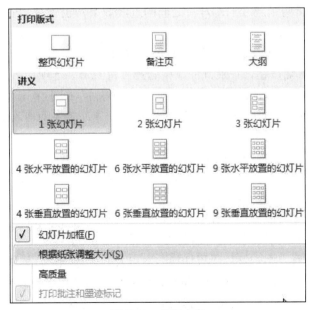

图 5-54 打印内容

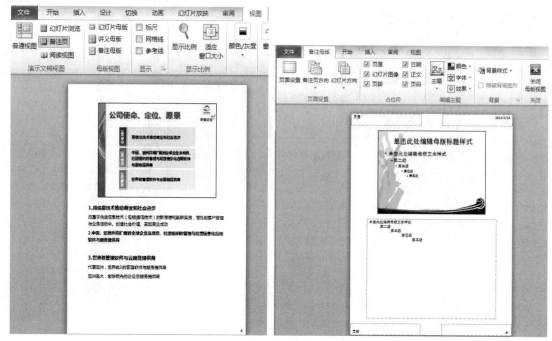

图 5-55　备注页视图和母版

5.5　为幻灯片添加动画效果

幻灯片可以添加的效果包括：添加动画、插入声音、插入视频、添加超链接、添加工作按钮等内容。

1. 幻灯片的切换

幻灯片的切换是指两张连续的幻灯片之间的过渡效果，也就是从前一张幻灯片转到下一张幻灯片时要呈现的效果。

（1）为幻灯片添加切换动画。打开一个 PowerPoint 文件，在"切换"选项卡单击"切换至此幻灯片"组中的快翻按钮，在展开的库中选择"百叶窗"选项。

（2）设置幻灯片切换效果选项。在"切换至此幻灯片"组中单击"效果选项"按钮，在展开的下拉列表中选择"垂直"选项，此时可以看到幻灯片切换动画效果。

2. 设置切换动画及时间选项

设置动画切换选项（例如切换动画时出现声音、持续时间、换片方式等）的操作如下。

（1）选择幻灯片切换声音效果。在"计时"组中单击"声音"列表框右侧的下三角按钮，在展开的下拉列表中选择"打字机"选项。

（2）设置动画持续时间。在"计时"组中的"持续时间"列表框中可以设置切换动画持续的时间，单击后面的微调按钮即可进行设置。

（3）全部应用设置。为幻灯片设置切换方案以及效果选项后，如果需要应用到所有幻灯片，则在"计时"组中单击"全部应用"按钮，如要显示幻灯片切换效果，在"预览"组中单击"预览"按钮，可以在幻灯片窗格中看到其他幻灯片的切换效果。

5.5.1　幻灯片对象添加动画

幻灯片的动画效果，就是在放映幻灯片时各个对象不是同时全部显示，而是按照设置的顺序，以动画的方式依次显示。用户可以使用预定义的动画方案，直接为幻灯片设置动画效果，也可以自定义动画。

1. 设置对象的进入效果

对象的进入效果是指幻灯片放映过程中，对象进入放映界面时的动画效果。设置对象进入效果的操作步骤如下。

（1）打开"自定义动画"任务窗格。打开一个文件并切换至"动画"功能区，单击"动画"组中的快翻按钮，在展开的库中选择"飞入"选项区域中的动画效果，此时可以预览到选择的进入动画效果。

（2）设置动画方向。在"动画"组中单击"选项效果"按钮，在展开的下拉列表中选择动画进入方向，选择"自底部"选项，此时即可预览到所设置的动画效果。

PowerPoint 2010 自定义动画，具体有"进入、退出、强调、动作路径"4 种动画效果，可以单独使用任何一种动画，也可以将多种效果组合在一起。例如，可以对一行文本应用"飞入"进入效果及"放大/缩小"强调效果，使它在从左侧飞入的同时逐渐放大。如图 5-56 所示。

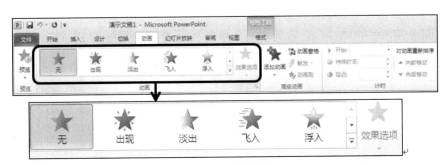

图 5-56　添加效果

（3）如果没有看到所需的动画效果，请单击"更多进入效果""更多强调效果""更多退出效果"或"其他动作路径"。

（4）在将动画应用于对象或文本后，幻灯片上已制作成动画的项目会标上不可打印的编号标记，该标记显示在文本或对象旁边。仅当选择"动画"选项卡或"动画"任务窗格可见时，才会在"普通"视图中显示该标记。

（5）若要对同一对象应用多个动画效果，在"动画"选项卡上的"高级动画"组中，单击"添加动画"按钮。如图 5-57 所示。

图 5-57　"添加动画"按钮

2. 设置幻灯片上当前的动画效果

（1）在"动画"选项卡上的"高级动画"组中，单击"动画窗格"。如图 5-58 所示。

图 5-58　动画窗格

（2）数字编号即表示了动画执行的先后顺序，与幻灯片上显示的不可打印的编号标记相对应。选中列表中的动画项目后，使用面板下方的"⬆⬇"重新排序按钮或者直接按下鼠标左键进行上下拖拽便可更改动画播放顺序。

（3）选择列表中的项目后会看到相应菜单图标（向下箭头），单击该图标即可显示相应菜单。

3. 设置指示动画效果开始计时的类型（如图 5-59 所示）

（1）"单击开始"（鼠标图标）：动画效果在用户单击鼠标时开始。

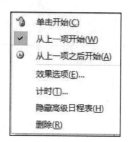

图 5-59　"动画效果"菜单

（2）"从上一项开始"（无图标）：动画效果开始播放的时间与列表中上一个效果的时间相同。此设置在同一时间组合多个效果。

（3）"从上一项之后开始"（时钟图标）：动画效果在列表中上一个效果完成播放后才开始。

4. 设置动画退出效果

对象退出效果是指幻灯片放映过程中，对象退出放映界面时的动画效果。设置动画退出效果操作如下。

（1）设置对象退出效果。打开一个文件并选择一张幻灯片的节标题文本框，单击"动画"组中的快翻按钮，在展开的库中选择"退出"选项区域中的动画。

（2）设置动画退出效果选项。在"动画"组中单击"效果选项"按钮，在展开的下拉列表中可以选择动画退出的方向，如选择"自底部"选项，表示对象将退出到幻灯片的底部。

5．设置对象的强调效果

用户不仅可以设置幻灯片中对象的进入和退出效果，还可以为其中需要突出强调的内容设置强调动画效果来增加表现力。设置强调效果的步骤如下。

（1）选择对象强调效果。打开一个 PowerPoint 文件，切换至"动画"功能区，选择需要设置强调动画的对象，单击"动画"组中的快翻按钮，在展开的库中选择"更多强调效果"选项。

（2）选择强调动画效果。弹出"添加强调效果"对话框，在其中显示了可以使用的强调动画效果，在此选择"补色"选项，勾选"预览效果"复选框，可以预览补色动画效果，如图5-60 所示。

图 5-60　动画"强调效果"

6．删除、更改动画效果

在 PowerPoint 中删除某个动画效果或更改设置的动画效果，可以在"动画"功能区下进行设置，具体操作步骤如下。

（1）删除动画。选择一个标题文本，切换到"动画"功能区，单击"动画"组中的快翻按钮，在展开的"动画样式"库中选择"无"选择，删除动画后，该幻灯片编号下方的动画标记也会消失。

（2）选择动画。切换至第一张幻灯片，选择标题文本框，切换至"动画"功能区，单击"添加动画"按钮，在展开的库中选择需要的动画，如选择"出现"选项。

5.5.2　对象动画效果的高级设置

PowerPoint 2010 增强了动画效果高级设置选项，比如使用动画刷复制、重新排序动画，用户可以对对象动画效果进行更高级的设置。

1. 使用"动画刷"复制动画

在 PowerPoint 2010 中，如果用户需要为其他对象设置相同的动画效果，那么可以在设置了一个对象动画后通过"动画刷"功能来复制动画，具体操作如下。

（1）单击"动画刷"按钮。切换至另一张幻灯片 5，单击一个文本框对象，在"高级动画"组中单击"动画刷"按钮，直接单击需要应用与上一个文本具有相同动画的对象。

（2）继续复制动画。用同样的方法，单击"动画刷"按钮，并单击其他文本框，对其应用同样的动画。如图 5-61 所示。

图 5-61　动画刷

2. 重新排序动画

如果一张幻灯片中设置了多个动画对象，那么还可以重新排序动画，即调整动画出现的顺序，具体操作如下。

（1）向前移动动画。在"动画"任务窗格中选择需要向前移动的动画，在"计时"组中单击"向前移动"按钮。

（2）向后移动动画。在"动画"任务窗格中选择需要向后移动的动画，在"计时"组中单击"向后移动"按钮，可将所选动画向后移动一位。

5.5.3　在幻灯片中插入声音对象

在制作演示文稿时，用户可以在演示文稿中添加各种声音文件，使其变得有声有色，更具有感染力。用户可以添加剪辑管理器中的声音，也可以添加文件中的音乐。在添加声音后，幻灯片上会出现一个声音图标，具体插入声音对象的方法如下。

1. 使用剪辑管理器中的声音

（1）打开一个 PowerPoint 文件，在"插入"功能区的"媒体"组中单击"音频"下拉按钮。

（2）此时在串口右侧出现了"剪贴画"任务窗格，在该窗格的列表中显示了可插入的声音，将指针指向该声音文件时，即可显示该文件的名称、大小、格式等信息，单击该文件即可插入。

2. 从文件中添加声音

（1）在"媒体"功能区中单击"单频"下拉按钮，在下拉列表中选择"文件中的音频"选项。如图 5-62 所示。

（2）弹出"插入音频"对话框，在该对话框中打开声音文件所在的文件夹，选择需要插入的声音文件，单击"插入"按钮，可以看到当前的幻灯片中出现声音文件图标，即插入了所选择的计算机中保存的声音文件。

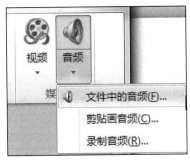

图 5-62　"音频"下拉菜单

5.5.4　在幻灯片中插入视频

1．插入剪辑管理器中的视频

（1）插入剪辑管理器中的影片。打开一个 PowerPoint 文件，在"插入"功能区单击"视频"下拉按钮，在展开的下拉列表中选择"剪贴画视频"选项。

（2）此时窗口右侧出现了"剪贴画"任务窗格，并显示了剪辑管理器中的视频，将指针指向影片文件时，将显示该视频的相关信息，单击需要插入的视频。

2．插入文件中的视频

（1）在"插入"选项卡单击"媒体"组中的"视频"下拉按钮，在展开的下拉列表中选择"文件中的视频"选项。如图 5-63 所示。

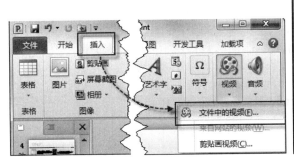

图 5-63　插入视频

（2）弹出"插入视频文件"对话框，在该对话框中打开影片文件所在的文件夹，选择需要插入的影片文件，单击"插入"按钮。

5.5.5　添加超链接

在 PowerPoint 中，用户可以设置超链接，将一个幻灯片链接到另一个幻灯片，还可以为幻灯片中的对象设置链接。

（1）打开一个 PowerPoint 文件，在第一张幻灯片中选中需要设置超链接的文本。

（2）切换至"插入"功能区，在"链接"组中单击"超链接"按钮。

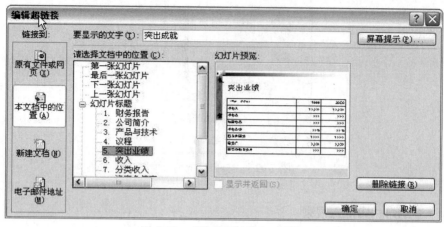

图 5-64 "编辑超链接"对话框

（3）弹出"编辑链接"对话框，在"链接到"列表框中选择"本文档中的位置"选项，在"请选择文档中的位置"列表框中选择"突出业绩"选项，即链接到第 5 张幻灯片。

（4）设置链接位置之后单击"确定"按钮，返回幻灯片中，此时可以看到所选文本已经插入了超链接，文本显示为超链接格式，即带有下划线。

5.5.6 添加动作按钮

在幻灯片中，用户可以添加 PowerPoint 自带的动作按钮，从而在放映过程中激活另一个程序或连接至某个对象。具体操作步骤如下。

（1）打开一个 PowerPoint 文件并选择第 3 张幻灯片，切换至"插入"选项卡的"插图"功能区，单击"形状"按钮，在下拉列表的"动作按钮"区域中选择"动作按钮：自定义"图标。

（2）此时鼠标呈现十字形状，在幻灯片的右下角合适位置处按下左键不放并拖动，绘制动作按钮，拖至合适大小后释放鼠标。

（3）弹出"动作设置"对话框，在"单击鼠标"选项卡中选中"超链接到"单选按钮，选择其下拉列表中的幻灯片选项，单击"确定"按钮，就连接到所选择的幻灯片，如图 5-65 所示。

图 5-65 动作设置对话框

（4）设置完毕后单击"确定"按钮返回幻灯片中，在动作按钮中输入文字"返回首页"。为形状应用样式，并复制到后面的所有幻灯片中。

5.6　幻灯片放映与发布

5.6.1　设置幻灯片放映方式

PowerPoint 提供了三种幻灯片的放映方式，以满足用户在不同场合下使用。

1. 演讲者放映

（1）打开"设置放映方式"对话框。打开一个 PowerPoint 文件，切换至"幻灯片放映"选项卡，在"设置"组中单击"设置幻灯片放映"按钮。

（2）选择放映类型。弹出"设置放映方式"对话框，在"放映类型"选项区域中用户可以选择放映的类型，比如在此选中"演讲者放映（全屏幕）"单选按钮。

（3）设置放映的幻灯片。在"放映幻灯片"选项区域可设置放映幻灯片的页数，比如在此选中"从-到"单选按钮，并设置放映第 1 张到第 10 张幻灯片。如图 5-66 所示。

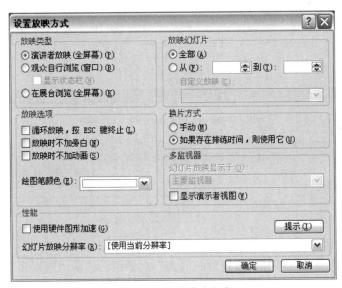

图 5-66　设置放映方式

（4）在 PowerPoint 2010 中，用户可以使备注信息只出现在自己的计算机上供自己查看而不会投影到大屏幕上被观众看到，使备注信息在用户的演讲过程中更好地起到提示作用。

1）确保当前计算机有两个或两个以上的监视器。

2）在"幻灯片放映"选项卡"监视器"选项组中选择"使用演示者视图"复选框，将弹出如图 5-67 所示的"显示"设置对话框，在"多显示器"中选择"扩展这些显示"。

3）修改显示位置，将第二个监视器用于全屏幕放映幻灯片，如图 5-68 在"监视器"组中设置"显示位置"为"监视器 2"。

（5）设置放映选项和换片方式。勾选"放映选项"区域中"循环放映，按 Esc 键终止"复选框，选中"换片方式"选项区域中的"手动"单选按钮，单击"确定"按钮。

图 5-67　"使用演示者视图"

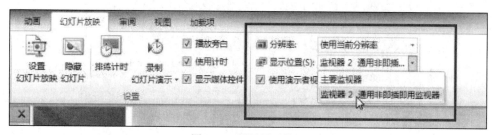

图 5-68　设置显示位置

2. 观众自行浏览

（1）选择放映类型。打开"设置放映方式"对话框，选中"观众自行浏览（窗口）"单选按钮，设置放映选项，单击"确定"按钮。

（2）显示观众自行浏览效果。返回幻灯片，单击显示比例左侧的"幻灯片放映"按钮。进入幻灯片放映视图，可以看到观众浏览的效果。

3. 在展台浏览

打开"设置放映方式"对话框，在"放映类型"选项区域中选中"在展台浏览（全屏幕）"单选按钮，设置放映选项、换片方式，单击"确定"按钮，返回到幻灯片中，进入幻灯片放映视图，可以看到展台浏览的效果。

5.6.2　隐藏幻灯片

如果用户希望演示文稿中的某一张幻灯片不放映出来，可以将其隐藏，在放映幻灯片时将自动跳过隐藏的幻灯片。具体操作如此下。

选择需要隐藏的幻灯片，在"幻灯片放映"选项卡，单击"设置"组中的"隐藏幻灯片"按钮即可。

经过以上操作后，可以看到所选择的幻灯片已经隐藏，左侧窗格中幻灯片编号发生了变化。

5.6.3　放映幻灯片

放映幻灯片有多种方式，可以从头开始放映、从当前幻灯片开始放映等，当需要退出幻灯片放映时，按下"Esc"键即可。

1. 从头开始放映

切换到"幻灯片放映"选项卡，在"开始放映幻灯片"组中单击"从头开始"按钮，此时进入幻灯片放映视图，从第一张幻灯片开始依次放映。

2. 从当前幻灯片开始放映

切换至"幻灯片放映"选项卡，在"开始放映幻灯片"组中单击"从当前幻灯片开始"按钮，如图 5-69 所示。

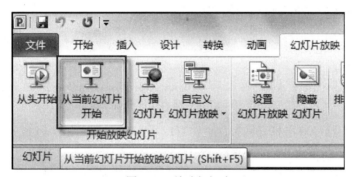

图 5-69　放映幻灯片

5.6.4　将演示文稿保存为其他文件类型

制作好演示文稿之后，可以使用 PowerPoint 的"另存为"功能将演示文稿以其他文件类型进行保存，比如保存为 XML 文件、视频文件等。

1. 将演示文稿直接保存为网页

利用 PowerPoint 中的"另存为"功能，可以直接将演示文稿保存为 XML 的文件格式，使用户能以网页的形式将演示文稿打开，操作步骤如下。

（1）打开一个 PowerPoint 文件，单击"文件"按钮，在展开的菜单中单击"另存为"命令。

（2）在弹出的"另存为"对话框中选择文件保存的路径，在"保存类型"下拉列表中选择"PowerPoint XML 演示文稿"选项，单击"保存"按钮。

2. 将演示文稿保存为视频

将演示文稿保存为视频，也可以实现演示文稿在其他计算机上放映，操作步骤如下。

（1）打开一个 PowerPoint 文件，单击"文件"按钮，在展开的菜单中单击"保存并发送"按钮，单击"创建视频"按钮。

（2）选择文件保存的路径，在"保存类型"下拉列表中选择"Windows Media 视频"选项，单击"保存"按钮，如图 5-70 所示。

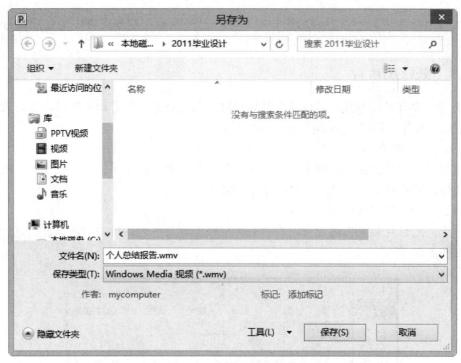

图 5-70　存储为视频格式

（3）根据保存路径双击打开视频文件，可以看到演示文稿内容在播放器中打开。

案例 3　调试放映效果

刘文将整个演示文稿制作完成后，将演示文稿交给了部门李经理，李经理开始对所有内容进行检查，并进行必要的演讲彩排。他是如何做的呢？

步骤 1　查看放映效果的同时设计幻灯片。

（1）在演示文稿中，首先切换到"幻灯片放映"选项卡，然后在"开始放映幻灯片"选项组中，按住"Ctrl"键的同时单击"从当前幻灯片开始"按钮。如图 5-71 所示。

图 5-71　设置从当前幻灯片开始放映

（2）此时，演示文稿便开始在桌面的左上角放映。在幻灯片的放映过程中，如若发现某项内容出现错误，或者某个动态效果不理想，则可直接单击演示文稿编辑窗口，并定位到需要修改的内容上，进行必要的修改。

（3）修改完成后，可单击放映状态下的幻灯片，即左上角处的幻灯片，可继续播放演示文稿，以便查看和纠正其他错误。如图 5-72 所示。

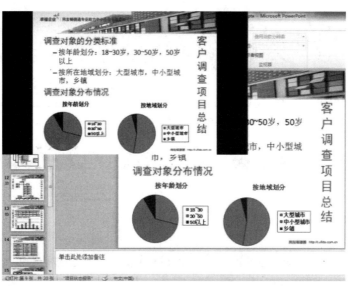

图 5-72　小窗口放映幻灯片

　　李经理一边放映幻灯片，一边修改幻灯片。在放映幻灯片中发现问题后，及时切换到问题幻灯片中进行修改，修改后可继续放映。操作起来十分方便，而放映幻灯片与真实的放映状态是完全一样的，方便好用。

　　对演示文稿检查完毕后，接下来李经理需要对自己的演讲进行彩排，以便在公司各位同事面前有更出色的表现。

　　步骤 2　利用排练计时功能进行演讲彩排。

　　演讲前的排练十分必要，演讲不可或缺的能力就是对演讲时间的掌控。排练计时功能可以帮助演讲者精确地记录下放映每张幻灯片的时长。

　　（1）在演示文稿中，切换到"幻灯片放映"选项卡，并在"设置"选项组中单击"排练计时"按钮。如图 5-73 所示。

图 5-73　排练计时

　　（2）此时，PowerPoint 立刻进入全屏放映模式。屏幕左上角显示一个"录制"工具栏，借助它，李经理可以准确记录演示当前幻灯片时所使用的时间（工具栏左侧显示的时间），以及从开始放映到目前为止总共使用的时间（工具栏右侧显示的时间）。如图 5-74 所示。

　　演讲完成时，会显示提示信息，单击"是"按钮可将排练时间保留下来。

　　（3）此时 PowerPoint 2010 已经记录下放映每张幻灯片所用时长。通过单击状态栏中的"幻灯片浏览"按钮，切换到 PowerPoint 幻灯片浏览视图，在该视图下，即可清晰地看到演示每张幻灯片所使用的时间。如图 5-75 所示。

图 5-74　录制排练计时结果

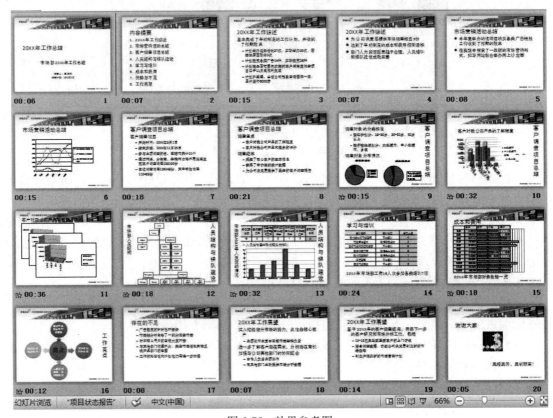

图 5-75　效果参考图

　　李经理进行了多次的排练演讲后，单个幻灯片的演讲时间以及总时间都很恰当，也很稳定。他的信心顿时倍增，良好的信心以及对演示文稿的全面掌控，一定可以使他在公司其他部门同事面前有精彩的展示，给他们留下深刻的印象，进而为市场营销工作做好铺垫。

习题五

一、单项选择题

　　1．PowerPoint 2010 为用户提供了多种不同方式的演示文稿视图，（　　）视图可以从菜单栏的"视图"中取得，也可以直接从 PowerPoint 2010 视图切换栏中取得。

　　A．普通、幻灯片、大纲、幻灯片浏览、幻灯片放映

    B．普通、大纲、幻灯片、页面、幻灯片放映

    C．联机版式、页面、大纲、主控文档、幻灯片

    D．普通视图、幻灯片浏览视图、幻灯片放映视图、备注页视图、视图、母版视图

2．在 PowerPoint 2010 中，不能对个别幻灯片内容进行编辑修改的视图方式是（　　）。

    A．阅读视图　　　　　　　　　　B．幻灯片浏览视图

    C．备注页视图　　　　　　　　　D．以上三项均不能

3．PowerPoint 中，在浏览视图下按住 Ctrl 键并拖动某张幻灯片，可以完成（　　）操作。

    A．移动幻灯片　　　　　　　　　B．复制幻灯片

    C．删除幻灯片　　　　　　　　　D．选定幻灯片

4．在 PowerPoint 2010 演示文稿中，欲更改某张幻灯片的版式，应选择的选项卡是（　　）。

    A．视图　　　　　　　　　　　　B．插入

    C．开始　　　　　　　　　　　　D．幻灯片放映

5．PowerPoint 中，关于图片使用的说法错误的是（　　）。

    A．允许插入在其他图形程序中创建的图片

    B．可以插入静态的图片，也可以插入动态图片

    C．选择"插入"选项卡中的"图像"组，再选择"图片"按钮

    D．插入的图片只能是演示文稿外部的图片

6．PowerPoint 2010 中的母版有多种，它们分别是（　　）。

    A．版式母版、幻灯片母版两种

    B．背景母版、文稿母版和 Web 页母版三种

    C．演示文稿、设计文稿和 Web 页模板三种

    D．幻灯片母版、讲义母版、备注页母版

7．要终止幻灯片的放映，应按（　　）键。

    A．Ctrl＋C　　　　　　　　　　B．Esc

    C．End　　　　　　　　　　　　D．Alt＋F4

8．在一张纸上最多可以打印（　　）张幻灯片。

    A．2　　　　　　　　　　　　　　B．4

    C．9　　　　　　　　　　　　　　D．6

9．以下（　　）模式下不能使用幻灯片缩略图的功能。

    A．幻灯片视图　　　　　　　　　B．大纲视图

    C．幻灯片浏览视图　　　　　　　D．备注页视图

10．在幻灯片页脚设置中，有一项是讲义或备注的页面上存在的，而在用于放映的幻灯片页面上无此选项设置的是（　　）项。

    A．日期和时间　　　　　　　　　B．幻灯片编号

    C．页脚　　　　　　　　　　　　D．页眉

11．在（　　）模式下，不能使用视图功能区中的演讲者备注选项添加备注。

    A．幻灯片视图　　　　　　　　　B．大纲视图

    C．幻灯片浏览视图　　　　　　　D．备注页视图

12．幻灯片中占位符的作用是（　　）。

    A．表示文本长度　　　　　　　　B．限制插入对象的数量

    C. 表示图形大小   D. 为文本、图形预留位置

13. 幻灯片上可以插入（   ）多媒体信息。
    A. 声音、音乐和图片   B. 声音和影片
    C. 声音和动画   D. 动画、图片、声音和影片

14. 在 PowerPoint 中，增加幻灯片可在（   ）功能区中选择"新建幻灯片"命令。
    A. 设计   B. 开始
    C. 视图   D. 插入

15. 在 PowerPoint 中，如果希望改变幻灯片的颜色效果，可执行（   ）命令。
    A. 设计模板   B. 背景样式
    C. 幻灯片版面设置   D. 主题的颜色

16. 下列对象中，不能插入 PowerPoint 幻灯片的是（   ）。
    A. Excel 图表   B. Excel 工作簿
    C. 演示文稿   D. BMP 图像

17. 在 PowerPoint 中，动画刷可以将一个对象的（   ）复制给另一个对象。
    A. 文字格式   B. 动画效果
    C. 段落   D. 特殊效果

18. 幻灯片的"背景"不可以是（   ）。
    A. 单一颜色或双色过渡   B. 纹理填充
    C. 图片填充   D. 影片

19. PowerPoint 属于（   ）。
    A. 高级语言   B. 操作系统
    C. 语言处理软件   D. 应用软件

20. 如果要将 PowerPoint 演示文稿用 IE 浏览器打开，则文件的保存类型应为（   ）。
    A. 演示文稿   B. Web 页
    C. 演示文稿设计模板   D. PowerPoint 放映

二、简答题

1. PowerPoint 2010 有哪几种视图显示方式？每种视图各有何特点？
2. 什么是 PowerPoint 2010 的模板与主题？它们有何联系与区别？
3. 如何在幻灯片中加入动画效果？
4. 如何设定在演示幻灯片时每张幻灯片的切换方式？
5. 试述 PowerPoint 2010 中幻灯片有哪几种放映方式？分别在何时采用？

第6章　计算机网络基础应用

【学习目标】

- 应知：计算机网络的组成及功能、将计算机加入网络的方法、网络资料的收集、电子邮件相关知识、网络文件的下载。
- 应会：将计算机接入局域网、将计算机接入互联网、使用网络、电子邮件收发。

【重点难点】

- 重点：计算机网络的组成、计算机入网的方法及实作、网络应用、电子邮件收发。
- 难点：计算机入网的方法及实作。

计算机的产生和发展，特别是个人计算机的出现，彻底改变了人们的工作和生活方式，为人们带来了极大的方便。随着社会信息化技术的进一步发展，面对浩如烟海的信息和知识，人们已经不满足计算机仅仅能单独工作，迫切的提出了计算机相互协作的要求，计算机网络解决了这一问题。计算机网络的出现、Internet 的普及，使得"资源共享"成为 21 世纪最流行的词语，"网络就是计算机"是人们普遍的认识，计算机应用正进入一个全新的网络时代。因此，学习、了解计算机网络及其应用知识是 21 世纪所有人的基本要求。

计算机网络是指将地理位置分散的、具有独立功能的多台计算机系统，通过通信设备和线路连接起来，在网络操作系统的控制下，按照特定的通信协议进行信息传输，以实现资源共享为目的的系统。按其规模从小到大，计算机网络分为局域网（LAN）、城域网（MAN）、广域网（WAN）。

要应用计算机网络，首先要求能将独立的计算机连接成网络，或者将单台计算机加入已有的网络。下面，我们将通过日常生活中常见的几种情境，训练大家将计算机加入网络和应用网络的技能。

6.1　网络基本概念

6.1.1　计算机网络的定义

计算机网络是指将地理位置分散的、具有独立功能的多台计算机系统，通过通信设备和线路连接起来，在网络操作系统的控制下，按照特定的通信协议进行信息传输，以实现资源共享为目的的系统。

从定义中可以看出，计算机网络主要涉及以下三个方面的问题：

（1）网络硬件：包括通信设备、通信介质和至少两台具有独立功能的计算机。

（2）网络软件：NOS（网络操作系统）、通信协议。

（3）网络目的：信息通信、资源共享（软件资源、硬件资源、用户信息）。

6.1.2　计算机网络的功能

计算机网络的功能，体现在软件资源共享、硬件资源共享和用户信息共享三个方面。

（1）软件资源共享主要是指可使用远程数据，如访问远程数据库、下载软件等，当然，我们也可以登录到远程计算机上使用该计算机上的软件。

（2）硬件资源共享主要是指可在整个网络范围内，对处理器、存储设备和输入/输出设备的共享，如共享打印机、大容量的外部存储设备等，从而节省资源，同时也便于集中管理和分担负荷。

（3）用户信息共享主要是指用户可通过网络发布信息、传送文件和进行电子商务等活动。

6.2　计算机网络组成

6.2.1　计算机网络的逻辑组成

从逻辑上而言，计算机网络由通信子网、资源子网两部分组成。通信子网主要负责全网的数据传输、加工等通信处理工作；资源子网主要负责向网络用户提供网络资源、网络服务等。如图 6-1 所示。

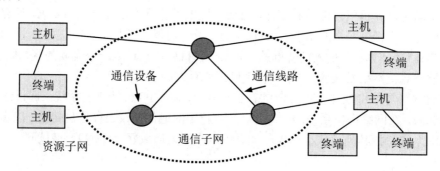

图 6-1　计算机网络逻辑结构示意图

6.2.2　计算机网络的物理组成

从物理上而言，计算机网络由网络硬件系统和网络软件系统两部分组成。

1.　网络硬件系统

网络硬件系统是指组成计算机网络的所有物理设备。主要包括计算机设备和通信传输设备，常见的有计算机（服务器、客户机）、线路集中设备（集线器、交换机）、传输介质（双绞线、光纤、同轴电缆、无线介质）、网络适配器（网卡）和路由器等。如图 6-2 所示。

服务器，一般为高性能计算机，用于网络管理、运行应用程序、处理各种网络请求等。

工作站，连入网络的、并由服务器进行管理的任何计算机都属于工作站，其性能一般低于服务器。

集线器或交换机，都是用于连接网络设备的连接设备，一般的，前者的性能低于后者，因为集线器是所有端口共享带宽，而交换机是每个端口独享带宽。

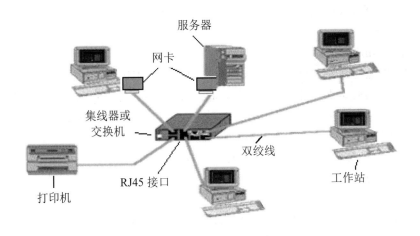

图 6-2　局域网物理组成示意图

双绞线，是常见的网络传输介质，主要用于局域网中，其传输距离要求在 100m 之内。

网卡，是计算机接入网络必不可少的设备，其主要作用有两个：一是从网络上接收信息；二是将计算机内的信息发送到网络上。

路由器，主要用于连接不同的网络，如局域网要接入广域网，一般情况下都是使用路由器进行连接。

2．网络软件系统

网络软件系统主要包括网络操作系统（Network Operation System，NOS）、网络应用软件和网络通信协议三个方面的内容。

网络操作系统主要是指能为用户提供各种网络服务、方便用户使用网络资源的操作系统软件，如 Windows NT/2003/2008 server、Linux、UNIX 等。网络操作系统除应具备普通操作系统的功能外，还应提供高效、可靠的网络通信能力和各种网络服务，如远程管理、电子邮件、文件转输等。

网络应用软件是指为满足网络用户不同需求而在网络操作系统上构建的应用程序，包括各种网络通信软件和网络数据库系统，如腾讯 QQ、用友财务软件等。

网络通信协议实际上是计算机与计算机通信必须遵守的一组规则、标准或约定。在计算机网络中，将这些规则、标准或约定统称为协议。常见的协议有 TCP/IP 协议、NetBEUI 协议和 IPX/SPX 协议。

6.3　Internet 提供的主要服务

早期的 Internet 主要提供远程登录访问服务（Telnet）、电子邮件服务（E-mail）、FTP 文件传输服务、网络新闻、电子公告牌 BBS 等服务，现在最流行的则是 WWW（万维网）服务。从功能上来说，Internet 提供的服务基本可分为三类：交流信息、发布和获取信息以及共享资源。

1．获取和发布信息

通过 Internet 可以得到几乎无穷尽的信息，如各种不同的杂志、期刊、报纸、电子书库和图书馆，还有各种公司、企业、学校、政府等机构的相关信息。古人曾说，"行万里路读万卷书"，现在我们坐在家里，就可以知道全世界正在发生的事，或曾经发生的事，同时也可将自己的信息发布到 Internet。

2. 电子邮件（E-mail）

传统的信件一般通过邮局传递，收信人要等几天才能收到信件，这种相互通信的方式在今天已经不能满足人们的需求，因为效率实在太低，同时，其表达信息的方式也很单一。而电子邮件与传统的邮件有很大不同，电子邮件的写信、发信、收信都是在计算机网络上完成的，从发信到收信，时间一般是以秒为单位的，并且，电子邮件几乎是免费的，其表达信息的方式也更加多种多样。同时，电子邮件可以在世界上任何可以上网的地方收取，而不像传统的邮件，必须到收信地址所指的地方才能拿到信件。

3. 电子商务

Internet 是一种不受时间与空间限制的交流方式，网上促销及进行网上技术服务已经很普遍。并且在网络上进行商业贸易已经成为现实，可以利用网络开展网上购物、网上销售、网上拍卖、网上货币支付等。它已经在海关、外贸、金融、税收、销售、运输等方面得到广泛的应用。电子商务现在正向一个更加深远的方向发展，随着社会金融基础设施及网络安全设施的进一步健全，电子商务将在世界上引起一场新的革命。在不久的将来，人们可以坐在计算机前进行各种各样的商务活动。

4. 网络电话

最近，仅用市内话费的价格拨打国际长途已在网上流行。而近几年，IP 电话卡也成为一种流行的电信产品，受到人们的普遍欢迎，因为它的长途话费只有传统电话的三分之一左右。IP 电话的电话费为什么这么便宜呢？最基本的原因就在于它采用了 Internet 技术，是一种网络电话。现在市场上已经出现了多种类型的网络电话，它不仅能听到对方的声音，而且能看到对方，还可以几个人同时进行对话，这种模式被称为"视频会议"。

5. 网上办公

Internet 的出现将改变传统的办公模式，人们可以坐在家里上班，然后通过网络将工作的结果传回单位；出差或进行商务活动的时候，不用带上很多资料，因为随时都可以通过网络从单位提取需要的信息，Internet 使得全世界都可以成为办公的地点。

6. 其他应用

Internet 还有很多其他方面的应用，如网上交友、远程医疗、远程教育等。

6.3.1 Internet 接入方式

Internet 接入方式是指将计算机接入 Internet 的方法，即俗称的"上网"。目前，常见的接入方式有以下四种：电话拨号接入、光纤加局域网专线接入、ISDN 接入、xDSL 接入。

1. 电话拨号接入

用户只需一根电话线、一台调制解调器（Modem）和一台计算机即可入网。如图 6-3 所示。

2. 光纤加局域网专线接入

所谓"光纤加局域网专线接入"，是指用户通过局域网上网，局域网使用路由器通过光纤与 ISP 相连，再通过 ISP 接入 Internet，要使用专线，用户必须有一条专线、一台路由器及自己的局域网系统。如图 6-4 所示。

图 6-3 电话拨号接入

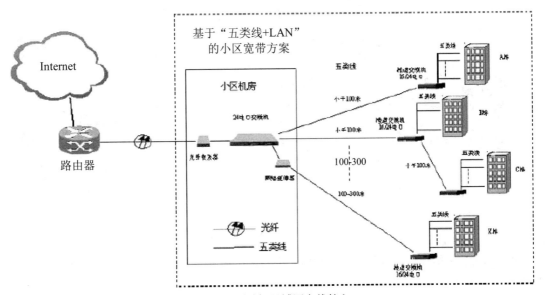

图 6-4 光纤+局域网专线接入

3. ISDN 接入

ISDN（Integrated Service Digital Network）中文名称是综合业务数字网，俗称"一线通"。综合业务数字网 ISDN 将多种业务集成在一个网内，为用户提供经济有效的数字化综合服务，包括电话、传真、可视图文及数据通信等。ISDN 使用单一入网接口，利用此接口可实现多个终端（ISDN 电话、终端等）同时进行数字通信连接。图 6-5 是各种设备接入 ISDN 的示意图。

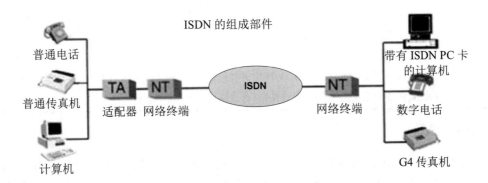

图 6-5 各种设备接入 ISDN 示意图

4. xDSL 接入

DSL（Digital Subscriber Line）是数字用户环路的简称，是以铜质电话双绞线为传输介质的点对点传输技术。DSL 利用软件和电子技术结合，使用在电话系统中没有被利用的高频信号传输数据以弥补铜线传输的一些缺陷。

DSL 分为两种类型：一种是 ADSL（非对称数字用户环线），用于要求很快的下载速度，但上传速度较慢可以接受的互联网接入领域，现在上行（从用户到网络）带宽最高可达 1Mbps，下行（从网络到用户）带宽最高可达 8Mbps；还有一种是 SDSL（对称数字用户环线），用于对下载和上传速度都有较高要求的短距离网络连接。图 6-6 即为典型的 ADSL 接入示意图。

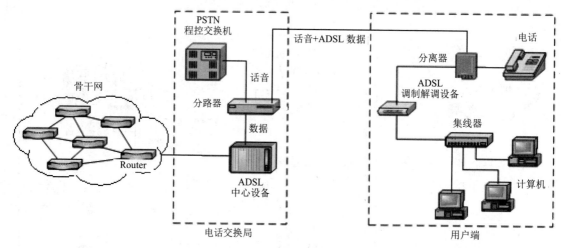

图 6-6　典型 ADSL 接入

ADSL 是一种廉价的宽带网接入方式，它克服了传统用户在"最后一公里"的瓶颈问题，实现了宽带接入。

四种接入方式对比如表 6-1 所示。

表 6-1　四种接入方式对比

接入方式	拨号接入	ISDN 接入	ADSL 接入	局域网专线接入
上网速度	56kbps	128kbps	1Mbps～8Mbps	10/100/1000Mbps
用户需要的设备	普通调制解调器	网络终端 NT1	ADSL 调制解调器、网卡	10M/100M 网卡
特点	● 速度慢 ● 使用通用设备 ● 需拨号上网 ● 上网时不能打电话 ● 利用原有电话线上网	● 速度较慢 ● 专用设备接入 ● 需拨号上网 ● 上网时可打电话 ● 利用原有电话线	● 速度快 ● 专用设备接入 ● 可随时上网 ● 上网打电话两不误 ● 利用原有电话线	● 传输速度更快 ● 通用设备接入 ● 随时上网无须拨号 ● 提供各种宽带服务

6.3.2　域名

在现实生活中，人的身份证号是可以唯一确定一个人的，但不便于记忆，称呼一个人时，我们不是叫他的身份证号，而是叫他的名字，网络中的计算机也是如此。虽然将 32 位二进制的 IP 地址用点分十进制来表示方便了人们记忆，但是仍然不符合人的记忆习惯，而且也不够直观。为此，人们可以为网络上的每一台计算机起一个直观的、唯一的标识名称，这就是域名。

域名的基本结构为：主机名.单位名.类型名.国家代码。

如 IP 地址为 202.181.28.52 的主机其域名为：www.163.com，代表的是网易公司的 web 服务器。其中 www 代表主机名，163 代表的是网易，com 代表商业网络。

国家代码又称为顶级域名，常见的国家/地区代码如表 6-2 所示。

表 6-2　常见顶级域名

顶级域名	国家/地区	顶级域名	国家/地区	顶级域名	国家/地区
cn	中国内地	de	德国	nz	新西兰
tw	中国台湾	fr	法国	sg	新加坡
hk	中国香港	gb	英国	it	意大利
au	澳大利亚	In	印度	kr	韩国
ca	加拿大	jp	日本	us	美国

常见的域名类型如表 6-3 所示。

表 6-3　常见域名类型

类型名	类型	类型名	类型	类型名	类型
com	商业	org	非营利组织	net	网络机构
edu	教育	info	信息服务	mil	军事机构
gov	政府	int	国际机构	firm	公司企业

6.4　认识拓扑、认识设备

6.4.1　网络拓扑结构

假如某公司财务部的网络是一个局域网，要想顺利的将自己的计算机加入这个网络，首先必须弄清楚网络的拓扑结构。

网络拓扑是网络中各种设备之间的连接形式，常见的有星型、环型、总线型、树型和网状型五种。

1. 星型拓扑

星型拓扑以中央结点（集线器或交换机）为中心，外围设备均连接到此中心结点，一般采用双绞线连接。如图 6-7 所示。

2. 环型拓扑

环型拓扑通过通信线路将所有设备连接成一个闭合的环，一般采用光纤连接。如图 6-8 所示。

3. 总线型拓扑

总线型拓扑将所有设备连接在一根总线上，一般采用同轴电缆连接。如图 6-9 所示。

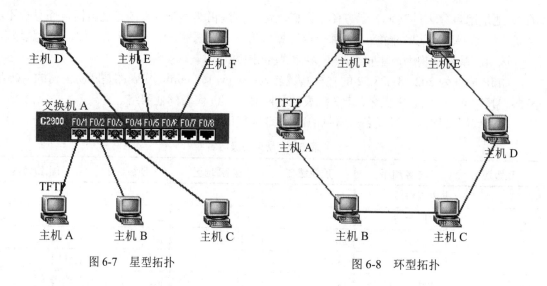

图 6-7　星型拓扑　　　　　　　　　　图 6-8　环型拓扑

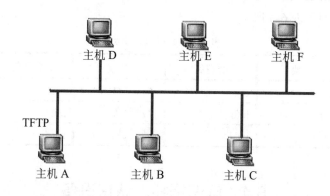

图 6-9　总线型拓扑

4. 树型拓扑

如图 6-10 所示，树型拓扑是一种分级管理的集中式网络，小型网络中用得不多。

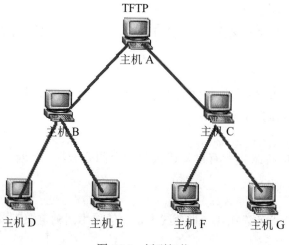

图 6-10　树型拓扑

5. 网状型拓扑

网状型拓扑有全连接网状拓扑和不完全连接网状拓扑两种形式，要求每一个结点都至少与其他两个结点相连，一般用于大型网络中。如图 6-11 所示。

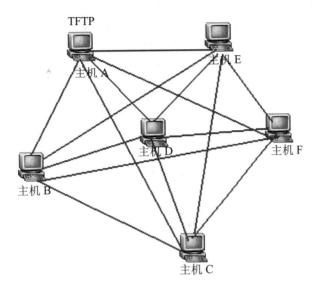

图 6-11　网状型拓扑

通过公司网管，我们得到如图 6-12 所示的网络拓扑。

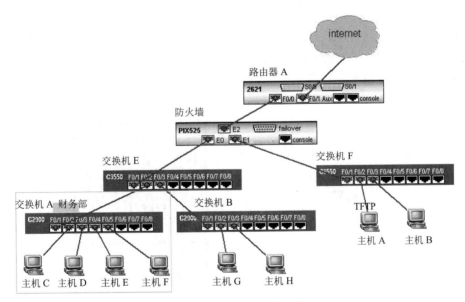

图 6-12　某公司网络拓扑

仔细观察该图后，通过查阅资料，得出下面的结论：

公司财务部的网络拓扑为（　　）型拓扑，中心结点用的是一台（　　）。这种拓扑结构的网络连线一般采用的是（　　），其单段网线最长不得超过（　　）米，是现在用得最多的一种网络拓扑。

明确公司财务部的网络拓扑之后，现在要做的就是制作一条网线，从物理上将自己的计算机连接上财务部的交换机。

6.4.2 制作网线

网络连接方式分为有线和无线两种，假如某公司采用有线方式，该公司财务部采用的是星型拓扑结构，这种结构的网络一般采用双绞线作为连接介质。

双绞线做为星型网络最常用的连接介质，其连接方式有两种：直通线和交叉线。交叉线用于同种设备相连（如网络设备和网络设备相连、计算机与计算机直接相连）；直通线用于异种设备相连（如网络设备和计算机相连）。需要注意的是目前很多网络设备已支持直通线相连，也就是说，实际应用时，除了计算机与计算机相连使用交叉线之外，一般情况下用直通线即可。

双绞线一般由 8 根细铜线组成，铜线外面包有绝缘塑料层，其颜色分别是橙白、橙、绿白、绿、蓝白、蓝、棕白、棕，每种颜色的两根为一组绞合在一起，这种方式可以降低信号受干扰程度。一般与 RJ-45 水晶头配合使用。如图 6-13 所示。

图 6-13　双绞线、水晶头

在制作网线时，双绞线的 8 根线要求按照一定顺序标准排列，其排列标准有两种：T568A 和 T568B。所谓直通线，即双绞线两端采用相同的线序标准；交叉线即双绞线两端采用不同的线序标准，如图 6-14 所示。

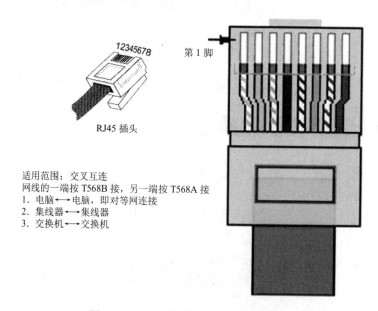

图 6-14　RJ45 型网线插头的 T568A 线序

T568A：绿白—1、绿—2、橙白—3、蓝—4、蓝白—5、橙—6、棕白—7、棕—8

T568A 线序标准一般应用在交叉线中，双绞线一端采用 T568A，另一端采用 T568B。

T568B：橙白—1、橙—2、绿白—3、蓝—4、蓝白—5、绿—6、棕白—7、棕—8

理论上，直通线两端可以采用 T568A 或采用 T568B，但在实际应用中，一般认为，T568B 比 T568A 的抗干扰性好，所以在制作直通线时，一般采用 T568B，即双绞线两端同时用 T568B 线序标准，如图 6-15 所示。

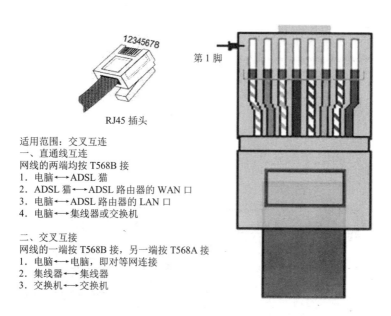

图 6-15　RJ45 型网线插头的 T568B 线序

RJ45 型网线插头引脚号的识别方法是：手拿插头，有 8 个小镀金片的一端向上，有网线装入的矩形大口的一端向下，同时将没有细长塑料卡销的那个面对着你的眼睛，从左边第一个小镀金片开始依次是第 1 脚、第 2 脚、…、第 8 脚。

压制双绞线的方法如图 6-16 所示。

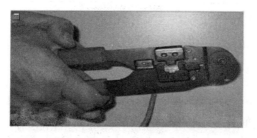

图 6-16　压制双绞线

通过观察及查阅资料，可以得到下面的结论：

要将自己的计算机连接上财务部的交换机，应该使用的连线方式为（　　），采用（　　）线序标准，其排线顺序是（　　）。

制作好网线之后，现在要做的就是将自己的计算机连上财务部的交换机。

6.4.3　连接网络

只需将双绞线的一端插在计算机的网卡上，另一端插在交换机应接口上即可，如图 6-17 所示。在连线时，要注意已有网线的布线方式，尽量与原有网线的走向一致。

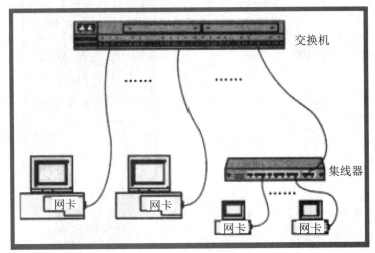

图 6-17　计算机与交换机相连

连好网线之后，并不意味着计算机已经可以和局域网中的其他计算机通信了，接下来还要设置与局域网中其他计算机相容的网络参数才行。

6.4.4　设置网络参数

通过询问网管和查看财务部同事的计算机，得到如表 6-4 所示的网络参数。

表 6-4　财务部网络参数

参数名称	参数值	备注
IP 地址	192.168.3.1 至 192.168.3.254	192.168.3.1 至 192.168.3.5 不能用
子网掩码	255.255.255.0	
默认网关	保密	
首选 DNS 服务器	保密	
备用 DNS 服务器	保密	

1．网络通信协议

人与人的交谈需要使用双方都能听得懂、说得出的语言，如果一个只懂中文，另一个只懂英文，很显然这两人之间是无法直接交流的。

计算机与计算机的通信也是一样，通信的计算机双方必须遵守同一组规则（即同一种计算机网络通信协议），否则，通信将不能进行。

网络通信协议实际上是计算机与计算机通信必须遵守的一组规则、标准或约定。在计算机网络中，将这些规则、标准或约定统称为协议。常见的协议有 TCP/IP 协议、NetBEUI 协议和 IPX/SPX 协议。

例如，要将一台计算机接入 Internet，那么这台计算机就必须使用 TCP/IP 协议；接入 Microsoft 小型局域网，就必须使用 NetBEUI 协议；接入 Novell 网，就必须使用 IPX/SPX 协议。

TCP/IP（Transmission Control Protocol/Internet Protocol）即传输控制协议/网际协议，是实现 Internet 连接的最基本技术元素，是目前最完整、最易被普遍接受的通信协议标准。它可以让使用不同硬件结构、不同操作系统的计算机之间相互通信。Internet 网络中的计算机都使用 TCP/IP 通信传输协议，而且，正是由于各个计算机使用相同的 TCP/IP 通信传输协议，不同的计算机之间才能相互通信，进行信息交流。

其实，TCP/IP 协议是一个协议族，是一组协议的集合。只不过其中最主要的是 TCP 协议和 IP 协议，因此，人们将整个协议族命名为 TCP/IP 协议。在这个协议族中还有一些协议也是非常有名的，如进行电子邮件传输的 SMTP（简单邮件传输协议）、进行文件传输的 FTP（文件传输协议）、进行网络管理的 SNMP（简单网络管理协议）等。

TCP/IP 有独立的标准化组织支持改进，它不属于任何一个国家或公司，是全球人民共同拥有的一种协议标准。

在使用 TCP/IP 协议的网络中，计算机要实现相互通信及接入互联网，必须要设置正确的 IP 地址、子网掩码、默认网关及 DNS 服务器（域名解析服务器）地址。但在局域网中，只需设置前 IP 地址与子网掩码即可实现局域网中的计算机通信。

2. IP 地址

在 TCP/IP 协议集中，最重要的就是 IP 协议。IP 协议规定 TCP/IP 网络中的计算机（或其他网络设备）都必须拥有唯一的编码，习惯上，人们把这个编码称为 IP 地址。现在，共有两种 IP 地址编码方案，一种称为 IPv4，规定 IP 地址长度为 32 个二进制位，按这种方案，理论上可以表示 232 台主机，它已渐渐不能满足人们的需求；另一种称为 IPv6，其主要目的是为了解决 IPv4 中地址不够的问题，它规定 IP 地址长度为 128 个二进制位，理论上可以表示 2128 台主机，是未来的发展方向。然而，目前用得最多的还是 IPv4，因此，这里我们将以 IPv4 为例进行介绍。

（1）IP 地址的结构

IP 地址由 32 位二进制组成，分成两个部分：前面一部分为网络号，后面一部分为主机号，它不但可以用来唯一的标识某一台主机，而且隐含网际间的路由信息，其结构如图 6-18 所示。

图 6-18　IP 地址结构

假如网络上有两台计算机 A 和 B 要进行通信，有了 IP 地址，Internet 上的寻址过程可用一句话来简单描述：先按计算机 B 的 IP 地址中的网络号找到 B 所在的网络，再在这个网络中按照 B 的 IP 地址中的主机号就可找到计算机 B。

（2）IP 地址的"点分十进制"表示法

IP 地址是长度为 32 位的二进制数，为了便于记忆，人们发明了"点分十进制"表示法，将 32 位二进制每 8 位分一组，组与组之间用"."分开，再将每组数据分别转换成与之相等的十进制数，就得到用"点分十进制"表示的 IP 地址。

例：某 IP 地址为 11001001110000010000001111111101，将其写成点分十进制表示形式。

第一步：将 IP 地址按 8 位分组，组与组之间用"."隔开

11001001 . 11000001 . 00000011 . 11111101

第二步：将每组数据分别转换成与之相等的十进制数

11001001 . 11000001 . 00000011 . 11111101

201   .   193   .   3   .   253

得到 IP 地址的点分十进制表示形式为：201.193.3.253。

从 IP 地址的"点分十进制"表示规则中可以看出，每一个点分十进制数最小为 0，最大为 255，不在此范围内的 IP 地址都是错误的。如 202.256.4.250、36.201.−1.4 都是非法的 IP 地址。

（3）IP 地址分类

为了充分利用 IP 地址空间，根据网络规模不同，Internet 委员会将 IP 地址分成五类，分别是 A 类、B 类、C 类、D 类、E 类。其中，前三类（A、B、C 类）由 Internet 网络信息中心在全球范围内统一分配，后两类（D、E 类）是特殊 IP 地址。如表 6-5 所示。

表 6-5　IP 地址分类

	31～24 位	23～16 位	15～8 位	7～0 位	IP 范围
A 类	0 开始的网络号	主机号			1.0.0.1-126.255.255.254
B 类	10 开始的网络号		主机号		128.0.0.1-191.255.255.254
C 类	110 开始的网络号			主机号	192.0.0.1-223.255.255.254
D 类	1110 开始的广播地址				224.0.0.1-239.255.255.254
E 类	11110 开始的保留地址				保留，仅实验及开发用

A 类地址：网络号占一个字节，且必须以"0"开始，剩下的三个字节为主机号，因此，理论上共有 2^7 个 A 类网络，每个网络可有 2^{24} 台主机。但是全"0"和全"1"的网络号与主机号均不能直接使用，所以可用的 A 类网络共有 $2^7-2=126$ 个，每个网络可有 $2^{24}-2=16777214$ 台主机。

B 类地址：网络号占两个字节，且必须以"10"开始，剩下的两个字节为主机号，因此，B 类网络共有 $2^{14}-2=16382$ 个，每个 B 类网络可有 $2^{16}-2=65534$ 台主机。

C 类地址：网络号占三个字节，且必须以"110"开始，剩下的一个字节为主机号，因此，C 类网络共有 $2^{21}-2=2097150$ 个，每个 C 类网络可有 $2^8-2=254$ 台主机。

D 类地址：D 类地址是多点广播地址，主要留给 IAB（Internet Architecture Board，Internet 体系结构委员会）使用。

E 类地址：保留以后使用，实验及开发也有使用。

目前，大量使用的是 A、B、C 三类地址。

3. 子网掩码

各类地址的默认子网掩码如下：

A 类：255.0.0.0（11111111 00000000 00000000 00000000）

B 类：255.255.0.0（11111111 11111111 00000000 00000000）

C 类：255.255.255.0（11111111 11111111 11111111 00000000）

启动电脑之后，在 Windows 7 的桌面上右击 图标，在弹出的快捷菜单中选择"属

性"命令，此时会打开"网络和共享中心"窗口，在窗口中单击"本地连接"后，弹出"本地
连接状态"对话框，在"本地连接状态"对话框中单击"属性"按钮，打开"本地连接属性"
对话框，在对话框中选中"Internet 协议版本 4（TCP/IPv4）"后单击"属性"按钮，弹出"Internet
协议版本 4（TCP/IPv4）属性"对话框，整个操作过程如图 6-19 所示。

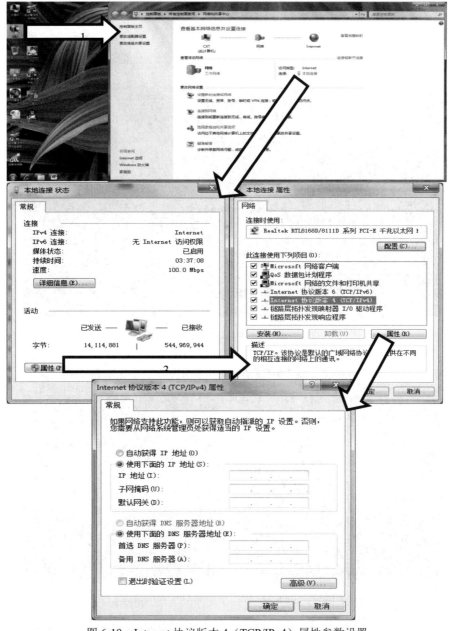

图 6-19　Internet 协议版本 4（TCP/IPv4）属性参数设置

通过计算，填入下面的参数：

IP 地址：（　　）

子网掩码：（　　）

参数设置完成后，是不是可以请公司人事经理和网管来验收了呢？此时还不行，因为网络并没有进行测试。

6.4.5　测试网络连通性

局域网的测试非常简单，在命令行模式下采用 ping 命令就可轻松完成。具体步骤如下。

1. 启动命令行模式

单击开始按钮，选择"运行"命令，在弹出的"运行对话框"中，输入"CMD"并回车，在弹出的"命令行模式对话框"中，输入"ping 127.0.0.1"并回车。其结果有两种，能 ping 通的正常情况如图 6-20，不能 ping 通的异常情况如图 6-21 所示。

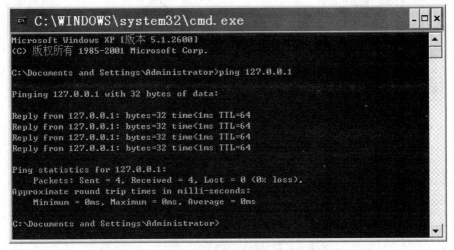

图 6-20　ping 127.0.0.1（能 ping 通的情况）

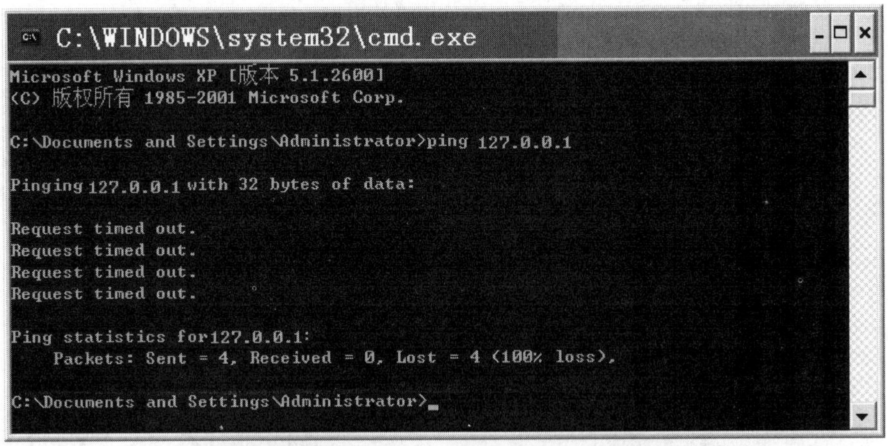

图 6-21　ping 127.0.0.1（不能 ping 通的情况）

Ping 命令用法一——本地环路测试，ping 127.0.0.1，此命令的数据被送到本地计算机的 IP

软件，该命令永不退出该计算机。如果 ping 不通，就表示 TCP/IP 的安装或运行存在某些最基本的问题。

Ping 命令用法二——ping 本机 IP，此命令的数据被送到所配置计算机的 IP 地址，所配置计算机始终都应该对该 Ping 命令作出应答，如果 ping 不通，则表示本地配置或安装存在问题。出现此问题时，局域网用户可断开网络电缆，然后重新发送该命令。如果网线断开后本命令正确，则表示另一台计算机可能配置了相同的 IP 地址。

Ping 命令用法三——ping 局域网内其他 IP，此命令的数据会离开所配置的计算机，经过网卡及网络电缆到达其他计算机，再返回。能 ping 通，表明本地网络中的网卡和载体运行正确。如果 ping 不通，即收到 0 个回送应答，那么表示子网掩码不正确或网卡配置错误或电缆系统有问题。

2. ping 本机 IP

结果如图 6-22 所示。

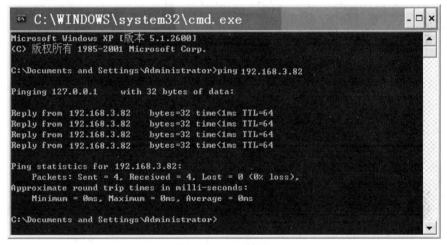

图 6-22　ping 本机 IP

3. ping 财务部其他同事的 IP

结果如图 6-23 所示。

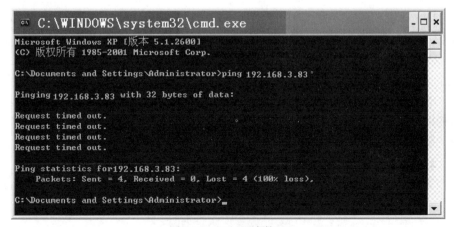

图 6-23　ping 同事的 IP

从结果中可以看出：

所配置计算机的 IP 地址为（　　），这是一个（　　）类地址，其默认子网掩码为（　　）。

假设 ping 本机 IP，出现"Request timed out."应答，其可能的原因是（　　），解决办法为（　　）。

假设 ping 其他同事的 IP，出现"Request timed out."应答，其可能的原因是：（　　），解决办法为（　　）。

6.5　单机通过局域网接入互联网

6.5.1　单机接入局域网

不论什么计算机，想要通过局域网接入互联网，首先必须保证这台计算机能够连入局域网。此过程上节已讲述。

6.5.2　设置网络参数

在 TCP/IP 网络中，要使计算机能正常通信，必须设置正确的网络参数，最基本最重要的参数有 IP 地址、子网掩码、默认网关、DNS（域名解析服务器地址），其中 IP 地址、子网掩码上节已经介绍过，此处不再赘述。

1．网关设置

（1）网关

网关（Gateway）就是一个网络连接到另一个网络的"关口"。大家都知道，从一个房间走到另一个房间，必然要经过一扇门。同样，从一个网络向另一个网络发送信息，也必须经过一道"关口"，这道关口就是网关。

（2）默认网关

一般而言，一个网络可有多个"关口"，将网络中凡是没有明确指定"关口"的通信要求都发往一个特定的网关，这个网关就是默认网关。

2．DNS 设置

（1）DNS 即域名解析，用于将域名解析成与之相对应的 IP 地址。

（前面三项设置已经可以使计算机连入 Internet 了，但是如果在 IE 浏览器中输入 http://www.163.com/，会提示无法访问，其原因就是没有设置 DNS 服务器，无法将此域名解析成 IP 地址，也就无法通信）。

（2）DNS 服务器地址位于 ISP（Internet 服务提供商）处，如 ADSL 就是电信公司。

此前的网络设置参数中有几项是保密的内容，这些内容正是使局域网中的计算机能接入互联网的关键。

与网管联系之后，得到表 6-6 所示的参数。

观察该表之后，打开网络连接 TCP/IP 属性设置对话框，如图 6-24，将参数填写到相应的位置。

表 6-6　旭日东升财务部网络参数

参数名称	参数值	备注
IP 地址	192.168.3.1 至 192.168.3.254	192.168.3.1 至 192.168.3.5 不能用
子网掩码	255.255.255.0	
默认网关	192.168.3.1	
首选 DNS 服务器	61.139.2.69	
备用 DNS 服务器	192.168.3.4	

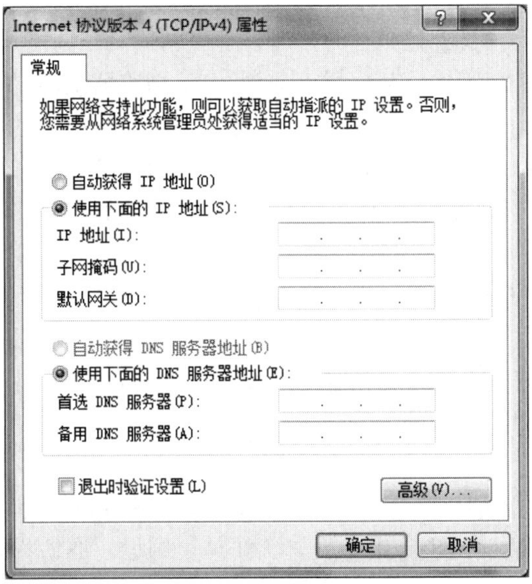

图 6-24　TCP/IP 参数设置对话框

完成参数设置，下面要进行的就是验证。

6.5.3　网络测试

最简单的测试方法就是直接打开一个网页看一看，如果能打开就说明参数正确，如果无法打开，一般都是参数设备不正确的原因，只是这种测试方法不能定位故障的范围，测试方法如下。

设备完属性之后，打开命令行模式窗口，并分别输入下面的命令：

命令一：ping 192.168.3.82

Ping 命令用法四——ping 网关，此命令的数据会离开本机到达网关路由器。如果应答正确，表示局域网中的网关路由器正在运行并能够作出应答。

命令二：ping www.163.com

Ping 命令用法五——ping 域名，此命令的数据会离开本机到达外网目的地，并且必须经过 DNS（域名解析服务器），如果这里出现故障，则表示 DNS 服务器的 IP 地址配置不正确或 DNS 服务器有故障（对于拨号上网用户，某些 ISP 已经不需要设置 DNS 服务器了）。

注：也可以利用该命令实现域名对 IP 地址的转换功能。

　　如果上面所列出的所有 Ping 命令都能正常运行，那么计算机进行本地和远程通信的功能基本上就可以实现了。但是，这些命令的成功并不表示所有的网络配置都没有问题，例如，某些子网掩码错误就可能无法用这些方法检测到。

　　两条命令若通过，说明计算机能接入互联网，否则将不能进入。

6.6　获取/传递网络文件

6.6.1　浏览网页

　　为了尽快的完成工作，双击桌面上的 图标直接启动 IE 浏览器。

　　IE 浏览器也叫 Web 浏览器。从本质上来说，IE 浏览器仍然是一种应用软件，主要用于 Internet 网络中的客户端，方便用户查看网上信息、使用网络提供的各种资源。现在最流行的浏览器除美国微软公司的 Internet Explorer 之外，还有 Mozilla 公司的 Firefox。

　　Internet 是全球最大的计算机网络，它将世界各地的计算机连接在一起，形成一个可以相互通信、资源共享的计算机网络系统。这意味着，只要与 Internet 相连接，就可以分享上面丰富的信息资源，并可以与其他 Internet 用户以各种各样的方式进行信息交流。Internet 使得地球上再没有国界，从信息交流、资源共享的角度成为实际意义上的"地球村"。而进行信息发布与交流、资源共享用得最多的就是浏览器。此处，将以 Windows 自带的 Internet Explorer 7.0（以下简称 IE）为例说明浏览器的使用方法。

　　1．访问网站

　　通常要利用 IE 浏览器访问某一个网站的主页，只需在浏览器的"地址栏"中输入网站地址（网站地址可以是 IP 地址，也可以是域名）即可。例如，要访问网易公司的网站主页，可在"地址栏"中输入"http://www.163.com/"，也可以输入"202.181.28.52"，然后按回车键即可，但人们更习惯用第一种方式。

　　进入网站主页后，可以通过主页中的超级链接再去访问网站的其他网页。这里，有几个概念要说明一下，便于大家区分。

　　主页——在浏览器地址栏中直接输入域名或 IP 地址后，显示的第一个页面称为主页。

　　网页——网站的所有超文本文件都叫网页。

　　起始页——启动浏览器后显示的第一个页面，用户可以在浏览器中自行设置。

　　2．存储网页

　　有时候，对于一些有用的网页，我们希望将其存储下来，最常用的方法是：打开网页后，使用浏览器"文件"菜单中的"另存为…"命令，在弹出的对话框中，选择网页要保存的位置，并给出文件名，单击"保存"后就可将网页保存下来。

　　对于一些重要文件，也可以直接打印出来，打印的方法为：进入要打印的网页，直接使用 IE 浏览器"文件"菜单中的"打印"命令即可。

　　3．添加收藏夹

　　对于一些要经常访问的网页，可以分类将其地址保存到浏览器的"收藏夹"中。例如，要将网易公司的主页地址保存到"收藏夹"中，其操作步骤为：进入网易公司的网页，点击 IE 浏览器"收藏夹"菜单中的"添加到收藏夹"，然后按照提示操作即可。

　　这样，以后要访问网易的网页时，就不用每次都输入地址，直接在"收藏夹"中就可以快速的访问。

　　4．清除历史记录

　　默认的情况下，浏览器会记录最近 20 天访问过的网页，这样，当再次去访问相同网页时，速度将变得很快。如果要再次去查看访问过的网页，只需单击工具栏中的"历史记录"按钮 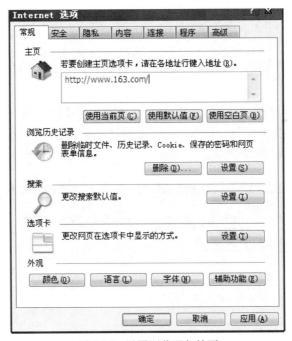（历史记录），在其中选择相应的记录即可。

　　然而，有时候我们并不希望自己的隐私数据在其中显示出来，此时，可以通过以下步骤清除历史记录，其操作步骤为：在退出 IE 浏览器之前，使用 IE 浏览器"工具"菜单中的"删除浏览历史记录"命令，然后按照提示操作即可。

　　5．IE 浏览器的设置

　　浏览器可进行多种设置，来限制用户访问网络的环境。

　　（1）设置浏览器起始页

　　浏览器起始页是指浏览器启动时或单击"主页"按钮（主页(M)）时显示的自动访问的网页，可以在浏览器的"Internet 选项"对话框中设置。设置方法为：在"Internet 选项"的"常规"选项卡中的"主页"输入框中输入网站地址即可。如图 6-25 所示。

图 6-25　设置浏览器起始页

　　（2）设置安全级别

　　在"Internet 选项"对话框中的"安全"选项卡中，可以分别针对"Internet""Intranet"设置安全级别，安全级别共有 5 级：低、中低、中、中高、高，每一个级别允许的操作不同，级别越高，允许的操作越少。

　　对于 Internet 区域，安全级别最低只能为"中"；对于 Intranet 区域，安全级别最低可以为"低"，这是因为计算机在 Internet 中，面临的威胁更多。

　　除此之外，在"安全"选项卡中，还可以设置"受信任站点"和"受限制站点"。

（3）设置弹出窗口阻止程序

　　有一些网站，打开其网页后，总会随之弹出一些窗口，不但影响正常使用，而且容易使计算机受到威胁，为此，IE7.0 专门设置了弹出窗口阻止功能。在"Internet 选项"对话框的"隐私"选项卡中，可以"打开"或"关闭"弹出窗口阻止程序。如图 6-26 所示。

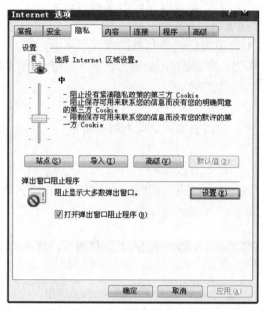

图 6-26　打开弹出窗口阻止程序

　　默认情况下，只要打开了弹出窗口阻止程序，所有站点的弹出窗口将被阻止。对于有些站点，如果需要允许其弹出窗口，只需单击图 6-26 中的"设置"按钮，在弹出的对话框中添加允许的站点即可。如图 6-27 所示。

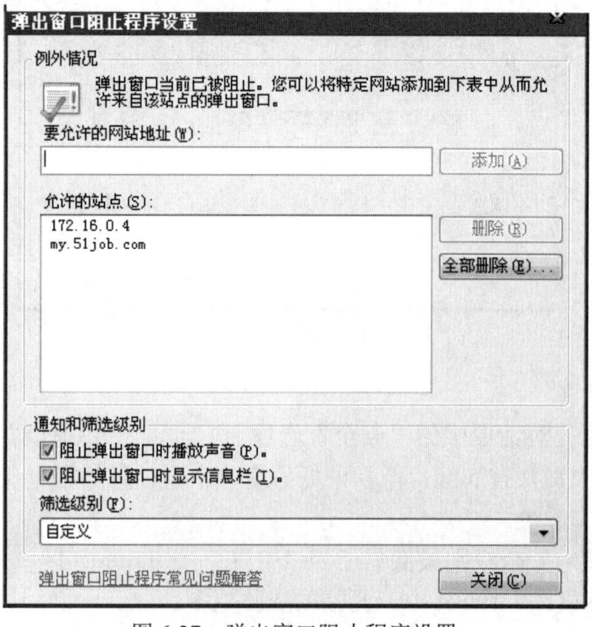

图 6-27　弹出窗口阻止程序设置

6.6.2　搜索信息资源

启动 IE 之后，可使用搜索引擎搜索信息，常用的搜索引擎有 Baidu（百度）、Google（谷歌）、Yahoo!（雅虎）等。

此处以百度为例，利用"百度"搜索"新会计法规"的内容。

在搜索引擎的"搜索条件"输入框中输入"新会计法规"，结果发现搜索结果太多了，很难找到需要的内容。

在 Internet 广阔的信息海洋中，要想找到自己需要的信息并不是件容易的事，而搜索引擎正是为了解决信息查找问题而出现的。

1. 搜索单一信息

直接在"搜索条件"输入框中输入单一条件，如输入"网页设计"，就可得到与网页设计相关的所有内容。

2. 减少无关的资料

使用单一搜索，可以得到所有与搜索条件相关的信息，如果信息太过庞杂，可以使用"—"号，减少不需要的资料。如搜索"网页设计"相关资料，如果不想要与"JSP"相关的，可在搜索条件输入框中输入"网页设计 —JSP"（注意："—"前必须有一个空格），就可得到除 JSP 之外的所有网页设计资料。

3. 增加搜索条件

可以使用"+"号增加搜索条件，如搜索"网页设计"相关资料，且只要"JSP"相关的，可在搜索条件输入框中输入"网页设计 +JSP"（注意："+"前必须有一个空格），就可得到所有与网页设计相关的 JSP 资料。

6.6.3　获取文件

找到需要的内容后，直接点击提供下载的链接，按照提示操作，即可将资料下载到自己的计算机上。

获取网络文件的方法有很多，但最常用的只有两种：一种是针对网页上的文字或图片文件，此时直接使用"复制""粘贴"即可；另一种是网页上提供的可下载的文件，点击下载链接之后，会弹出如图 6-28 所示的"文件下载"对话框，在对话框中，单击"保存"按钮，在弹出的"另存为"对话框中选择保存的位置并给出文件名，再单击"保存"即可。

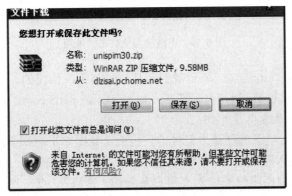

图 6-28　下载文件

文件下载后，就成为了本地文件，其使用方法与普通文件相同。

6.6.4　发送文件

常用的收发电子邮件的方法有两种：通过 IE 浏览器和使用邮件客户端程序。但不论通过哪一种方式，都必须首先拥有一个电子邮箱，电子邮箱有免费的和付费的两种。下面，就以网易公司提供的免费邮箱为例，说明电子邮箱的申请和使用。

1．电子邮箱申请

每一个提供电子邮件服务的网站，申请电子邮箱的方法总是大同小异，一般要求选择一个邮箱用户名和设置相应的密码。例如，申请网易公司的电子邮箱，其步骤如下：

（1）启动 IE，在地址栏中输入"http://www.163.com/"，按回车键后进入网易首页。

（2）单击"免费邮"链接，打开"网易 163 邮箱"页面，在其中单击"注册 3G 网易免费邮箱"按钮，然后按照提示进行操作即可。如图 6-29 所示。

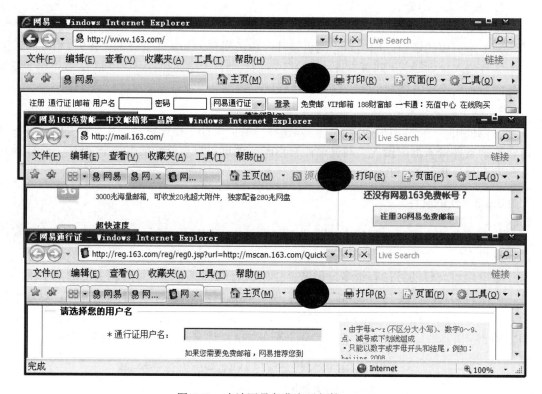

图 6-29　申请网易免费电子邮箱

通过以上步骤，可以申请到一个免费的网易电子邮箱，相应的，会得到一个电子邮件地址，电子邮件地址的格式为：用户名@域名，如 zhangsan@163.com、ls123@163.com 等。

2．通过 IE 浏览器收发电子邮件

通过 IE 浏览器收发电子邮件是人们经常使用的，其操作步骤如下：

（1）启动 IE，进入网易主页。

（2）在网易主页中相应位置输入"用户名"和"密码"，点击"登录"按钮，即可进入"网易通行证"。

（3）在"网易通行证"中选择"免费电子邮箱"即可进入电子邮箱操作页面。

（4）一般的，收信操作是自动完成的；同时在电子邮箱操作页面中还可写信和发信。如图 6-30 所示。

图 6-30　通过浏览器写电子邮件

3. 通过邮件客户端程序收发电子邮件

每一次收发电子邮件都要进入相应的网站，操作起来很不方便，为此，电子邮件客户端程序应运而生。通过电子邮件客户端程序，收发电子邮件就不需要直接进入网站，就如同使用本机上的文件一样。但要使用电子邮件客户端程序，前提是必须已经拥有一个电子邮箱，同时还要经过必要的设置。

设置完成后，其使用方式与通过网页收发电子邮件的方式基本一致。

习题六

一、选择题

1. 计算机网络的主要目标是（　　）。
   - A．分布处理
   - B．将多台计算机连接起来
   - C．提高计算机可靠性
   - D．共享软件、硬件和数据资源
2. Internet 采用的协议类型为（　　）。
   - A．TCP/IP
   - B．IEEE802.2
   - C．X.25
   - D．IPX/SPX
3. 广域网和局域网是按照（　　）来分的。

A．网络使用者　　　　　　　　　　　B．信息交换方式

C．网络连接距离　　　　　　　　　　D．传输控制规程

4．下面不属于局域网络硬件组成的是（　　）。

A．网络服务器　　　　　　　　　　　B．个人计算机工作站

C．网络接口卡　　　　　　　　　　　D．调制解调器

5．电子邮件地址的一般格式为（　　）。

A．用户名@域名　　　　　　　　　　B．域名@用户名

C．IP 地址@域名　　　　　　　　　　D．域名@ IP 地址

6．IP 地址是由（　　）组成。

A．三个黑点分隔主机名、单位名、地区名和国家名 4 个部分

B．三个黑点分隔 4 个 0～255 的数字

C．三个黑点分隔 4 个部分，前两部分是国家名和地区名，后两部分是数字

D．三个黑点分隔 4 个部分，前两部分是国家名和地区名代码，后两部分是网络和主
机码

7．Web 地址的 URL 的一般格式为（　　）。

A．协议名/计算机域名地址[路径[文件名]]

B．协议名:/ 计算机域名地址[路径[文件名]]

C．协议名:/ 计算机域名地址 /[路径[/ 文件名]]

D．协议名:// 计算机域名地址[路径[文件名]]

8．家庭用户与 Internet 连接的最常用方式是（　　）。

A．将计算机与 Internet 直接连接

B．计算机通过电信数据专线与当地 Internet 供应商的服务器连接

C．计算机通过一个调制解调器用电话线与当地 Internet 供应商的服务器连接

D．计算机与本地局域网直接连接，通过本地局域网与 Internet 连接

9．Internet 起源于（　　）。

A．美国　　　　　　　　　　　　　　B．英国

C．德国　　　　　　　　　　　　　　D．澳大利亚

10．HTTP 的中文意思是（　　）。

A．布尔逻辑搜索　　　　　　　　　　B．电子公告牌

C．文件传输协议　　　　　　　　　　D．超文本传输协议

二、判断题

1．连网的计算机是不能脱离网络而独立运行的。　　　　　　　　　　　　　　（　　）

2．个人用户通过拨号上网，在通信介质上传输的是数字信号。　　　　　　　　（　　）

3．Internet Explore 只能浏览网页，而不能用来收发电子邮件。　　　　　　　 （　　）

4．一个域名地址是由主机名和各级子域名构成的。　　　　　　　　　　　　　（　　）

5．在 Internet 上，IP 地址是联入 Internet 网络的节点全球唯一的地址。　　 （　　）

6．因特网是最大的局域网。　　　　　　　　　　　　　　　　　　　　　　　（　　）

7．电子邮件只能传送文字信息，不能传送图片、声音等多媒体信息。　　　　　（　　）

8．搜索引擎是某些网站提供的用于网上查询信息的搜索工具。　　　　　　　　（　　）

9．一般情况下，上网浏览的信息是通过 ftp 协议传输的。　　　　　　　　（　　）

10．多台计算机相连，就组成了计算机网络。　　　　　　　　　　　　　　（　　）

三、简答题

1．计算机网络的定义。

2．简述计算机网络的功能。

3．简述计算机网络的组成。

4．常用计算机网络拓扑有几种？简要说明它们的优缺点。

5．IP 地址分为几类？202.115.20.19 属于哪一类？

四、综合应用题

请画出计算机机房的网络拓扑图，并标明网络参数。如果要将一台计算机加入某一个机房，请写出步骤。

附录　EXCEL 常用函数表

分类	函数名称及链接	语法	作用和功能	应用及备注
日期与时间函数	DATE	date(year,month,day)	返回特定的日期序列号	
	EDATE	edate(start_date,months)	按指定日期上下推月份并回到相应日期	
	DATEVALUE	datevalue(date_text)	将各种日期格式改为序列号便于计算	
	YEAR	year(serial_number)	返回日期序列号或日期格式中的年份	
	MONTH	month(serial_number)	返回日期序列号或日期格式中的月份	
	DAY	day(serial_number)	返回日期序列号或日期格式中的天数	
	HOUR	hour(serial_number)	返回日期序列号或日期格式中的小时数	
	MINUTE	minute(serial_number)	返回日期序列号或日期格式中的分钟数	
	TODAY	today()	返回当前日期序列号	易失性函数
	NOW	now()	返回当前日期序列号并含当前时间	易失性函数
	WORKDAY	workday(start_day,days,holidays)	一段时间内工作日计算函数	不含法定及特殊假日
	NETWORKDAYS	networkdays(start_dayte,end_date, holidays)	计算两个日期之前的有效工作日天数，不包括周末和专门指定假日	
	WEEKDAY	weekday(serial_number,return_type)	返回某日期序列号代表的是星期数	
	DATEDIF	dateif(start_date,end_date,unit)	与 Lotus 兼容而设，用于计算两个日期之间的天数、月数和年数	年龄和工龄
查找函数	OFFSET	offset(reference,rows,cols,height, width)	以指定的引用为参照系，通过给定偏移量得到新引用	对记录进行排序、生成工资条、建立动态引用区
	MATCH	match(lookup_value,lookup_array, match_type)	返回指定方式下的与指定数值匹配的数组中元素的相应位置	特性是返回区域内每个记录第一次出现的位置
	INDIRECT	indirect(ref_text,al)	返回由文本字符串指定的引用，并将数值计算	
	CHOOSE	choose(index_num,valuel,value2, …)	按照给定的索引号，返回列表中的数值	常用于学生成绩等级转换、个税统计、返回区域查询
	ADDRESS	address(row_num,column_num, abs_num,al,sheet_text)	按给定的行号和列标来建立文本类型的单元格地址，行号和列标可指定，也可由公式计算产生，文本类型的地址也可以计算；	第四个参数 sheet_ text 如果是 false，则表示 R1C1 样式
	COLUMN	column(reference)	返回单元格所在列的列标	
	COLUMNS	columns(reference)	返回数组或引用的列数	
	HYPERLINK	hyperlink(link_location,friendly_name)	快捷的跳转方式以打开网络及其他工作簿	

分类	函数名称及链接	语法	作用和功能	应用及备注
	LOOKUP 向量	lookup(lookup_value,lookup_vector,result_vector)	在单行区域或单列区域中查找数值，然后返回第 2 个单行区域或单列区域中相同位置的数值	当查找区域无数值时，自动在取数区域取最大值
	LOOKUP 数组	lookup(lookup_value,array)	在数组的第一行或列中查找指定的数值，然后返回最后一行或列中相同位置的数值	
	HLOOKUP	hlookup(lookup_value,table_array,row_index_num,range_lookup)	在表格或数值数组的首行查找指定数值，并由此返回表格或数组当前列中指定行处的数值	
	VLOOKUP	vlookup(lookup_value,table_array,col_index_num,range_looup)	在表格或数值数组的首列查找指定的数值，并由此返回表格或数组当前行中指定的列处的数值	模糊查询、重复记录查询、多条件查询等，效果非常好
	INDEX__数组形式	index(array,row_num,column_num)	返回列表或数组中的元素值，此元素由行序号和列序号的索引值给定	
	INDEX__引用形式	index(reference,row_num,column_num,area_num)	返回指定的行与列交叉处的单元格引用，如果引用由不连续区域组成，可选择其中之一区域	
数学函数	SUM	sum(number1,number2,…)	返回该区域内所有数据之和	文本为0,逻辑值为1
	SUMIF	sumif(number1,number2,…)	按指定条件对区域内所有数据求和	
	SUMPRODUCT	sumproduct(array1,array2,…)	在给定的几给数组中，将数组间对应数据相乘，并返回乘积之和	
	SUBTOTAL	subtotal(function_num,ref1,ref2…)	在数据库分类汇总后再进行相关汇总工作	
	ROUND	round(number,num_digits)	对数值进行四舍五入	
	ROUNDUP	roundup(number,num_digits)	对数值按指定位数进行向上取整	

参考文献

[1] 王移芝，罗四维. 大学计算机基础教程[M]. 北京：高等教育出版社，2004.

[2] 杨振山，龚沛曾. 大学计算机基础[M]. 4 版. 北京：高等教育出版社，2004.

[3] 冯博琴. 大学计算机基础[M]. 北京：高等教育出版社，2004.

[4] 李秀. 计算机文化基础[M]. 5 版. 北京：清华大学出版社，2005.

[5] 山东省教育厅. 计算机文化基础[M]. 8 版. 东营：中国石油大学出版社，2010.

[6] 李建军. 计算机应用基础（Windows 7+office 2010 版）[M]. 北京：中国水利水电出版社，2013.

[7] 杨建存. 大学计算机基础教程[M]. 北京：北京理工大学出版社，2012.